Web
前端技术
丛书

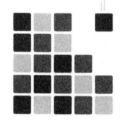

jQuery EasyUI
从零开始学

施尧 著

清華大学出版社
北京

内 容 简 介

本书详细介绍了 EasyUI 的各类组件以及在使用过程中容易遇到的一些问题，由于 EasyUI 版本更新较为频繁，本书在讲解时会注重向读者介绍 EasyUI 的设计思路，帮助读者从插件设计的高度来掌握 EasyUI 插件。本书附带资源和源码两个文件，其中资源文件中给出了 EasyUI 开发中的常用工具和资源，例如搭建本地服务器工具、图标资源等，在源码文件中给出了实用的 EasyUI 开发源码。

本书共 3 篇，12 章，涵盖的主要内容有表单设计、元素的拖放和缩放、提示框、滚动条、滑块、面板、布局、窗口、自定义插件设计、数据网格、树、CRUD 应用、移动端设计、主题更改、生成报表、扩展插件等。

本书内容丰富，学习门槛低，既可以作为 EasyUI 的参考文档，也可以作为 EasyUI 的入门书籍，特别适合 EasyUI 的初学者以及对 EasyUI 有部分困惑的开发人员阅读。

图书在版编目（CIP）数据

jQuery EasyUI 从零开始学 / 施尧著. —北京：清华大学出版社，2018（2021.8 重印）
（Web 前端技术丛书）
ISBN 978-7-302-50942-4

Ⅰ. ①j… Ⅱ. ①施… Ⅲ. ①JAVA 语言—程序设计 Ⅳ. ①TP312.8

中国版本图书馆 CIP 数据核字（2018）第 190834 号

责任编辑：夏毓彦
封面设计：王　翔
责任校对：闫秀华
责任印制：丛怀宇

出版发行：清华大学出版社
　　　　　网　　　址：http://www.tup.com.cn，http://www.wqbook.com
　　　　　地　　　址：北京清华大学学研大厦 A 座　　　邮　　编：100084
　　　　　社 总 机：010-62770175　　　　　　　　　邮　　购：010-62786544
　　　　　投稿与读者服务：010-62776969，c-service@tup.tsinghua.edu.cn
　　　　　质量反馈：010-62772015，zhiliang@tup.tsinghua.edu.cn

印 装 者：三河市龙大印装有限公司
经　　销：全国新华书店
开　　本：190mm×260mm　　　印　　张：23.25　　　字　　数：595 千字
版　　次：2018 年 10 月第 1 版　　　　　　　　　印　　次：2021 年 8 月第 5 次印刷
定　　价：69.00 元

产品编号：079808-01

前　言

　　Web 应用的本质就是信息的保存和浏览。信息的拥有者将信息保存到电脑的指定区域并对外开放，其他用户可以通过网络浏览这些信息。对于信息的拥有者来说，必须有一个可以供其保存信息的页面，这个页面可以称为管理员页面。对于信息的浏览者来说，必须有一个可以供其查看信息的页面，这个页面称为前端用户页面。

　　随着近年来互联网突飞猛进的发展，Web 应用正在发生翻天覆地的变化，前端用户界面变得越来越丰富，信息的展示方式也由传统的文字变成图片、视频、动画甚至地图等元素。随着前端页面的不断丰富，传统的 HTML+JavaScript+CSS 开发变得更加吃力，于是各类开发框架如雨后春笋般不断涌出。开发框架的主要目的是减轻开发者的工作。目前市场上的前端框架可以分为两类，第一类框架只做"该做的事情"，第二类框架做"该做的以及不该做的事情"。我们以遥控器为例，第一类框架仅仅只是设计了遥控器的外形，至于按下遥控器上的按钮电视机该调什么台，这些事情仍然需要开发者编写代码控制。第二类框架将遥控器的外形以及功能全部设计好，开发者只需要浏览说明书即可使用。EasyUI 就是第二类框架，因此它使用起来相当简单。我们知道一个简单的遥控器由数字按键、音量按键以及频道按键组成，通过使用这些按键用户即可操控一台电视机。EasyUI 组件由三部分组成，分别是属性、事件和方法。通过这三部分，开发者即可完全控制 EasyUI 的组件。

　　EasyUI 的优点也是其学习的难点，因为它封装了太多的内容，初学者在学习时常常会摸不着头脑。例如，当在 EasyUI 中使用文本框时，EasyUI 会在构建文本框时额外创建两个输入框，分别是展示值框、存储值框，它会将开发者定义的文本框及其构建的存储值框隐藏起来，仅向用户显示其构建的展示值框，此时开发者更改自己定义的文本框风格时就会发现不起作用了。又比如 EasyUI 为了让开发者更灵活地初始化组件，提供了五种初始化的渠道，这些渠道可以同时初始化同一属性，但是由于它们的优先级不一样，因此最终显示结果也不一样。

　　目前图书市场上关于 EasyUI 开发及框架整合的图书不少，但是这些书籍通常会出现两个极端：一部分书籍中重点讲解的是实战项目，EasyUI 仅仅被当作项目的一个工具来讲解，所占的讲解比例相当少；另一部分仅仅是向读者介绍 EasyUI 组件的属性、事件以及方法，而其如何使用却很少提及。作者力图摆脱这两个极端，在本书中以一个 EasyUI 初学者的角色与读者共同探讨学习，并且找出初学者容易困惑以及混淆的知识点重点讲解。

本书特色

1. 零基础入门，学习门槛低

本书不需要读者有太多的 Web 前端以及后端开发基础，对于需要用到的前端开发技术，本书都会做简要讲解；对于后端开发，读者仅需掌握后端获取数据和输出数据的参数和数据格式即可，因此本书是一本零基础入门的书籍。

2. 简约但不简单

为了方便读者更容易地掌握 EasyUI 的知识点，本书不做太多实战项目的分析和开发，力争每个例子仅介绍一个知识点，在源码文件中的每个例子仅介绍单个组件的使用方法。

3. 直击学习痛点

作者在论坛等技术社区收集了大量 EasyUI 初学者在学习中遇到的困惑，并在本书中给出解答，因此本书是一本"接地气"的书籍，直击初学者的学习痛点。

4. EasyUI 插件源码分析和"山寨"

本书在第 6 章带领读者分析 EasyUI 插件的源码，并且向读者介绍了 jQuery 中插件的设计方法，最后带领读者"山寨"EasyUI 插件的设计方法设计一个自定义插件。EasyUI 插件的设计有着非常优秀的规范，因此读者掌握了它的设计规范后，无论是否在项目开发中使用 EasyUI 框架都将受益匪浅。

本书内容

第 1 篇　EasyUI 的基础组件（第 1～6 章）

本篇介绍 EasyUI 开发中的基础组件，这些组件通常用于设计网站的布局以及向服务器提交用户输入的数据。第 6 章带领读者深入解析 EasyUI 插件的源码，在分析源码的过程中解释大量初学者容易混淆的概念以及使用方法，最后带领读者模拟 EasyUI 插件的设计规范设计自定义的插件。

第 2 篇　EasyUI 数据的获取和展示（第 7～8 章）

本篇主要介绍 EasyUI 中数据的获取和展示。相对于其他前端框架，EasyUI 的优势莫过于其强大的数据获取和展示功能。在第 8 章中向读者介绍三种使用 EasyUI 创建 CRUD 应用的方法。

第 3 篇　EasyUI 高级应用（第 9～12 章）

本篇主要介绍 EasyUI 的高级应用，包括移动端样式的设计、主题的更改以及 EasyUI 常见的扩展插件。在最后一章中向读者展示使用 EasyUI 开发一个实战项目。

代码下载与技术支持

　　本书配套代码，请用微信扫描右边二维码获取，可按提示把链接转发到自己的邮箱中下载。如果有疑问，请联系 booksaga@163.com，邮件主题为"jQuery EasyUI 从零开始学"。

本书读者

- 需要快速介入 Web 前端开发的程序员
- 需要快速掌握 Web 前端技术的后端开发人员
- 需要全面学习 EasyUI 开发技术的人员
- 网页设计人员
- 希望提高项目开发水平的人员
- 专业培训机构的网页设计与网页开发学员
- 软件开发项目经理

　　本书由施尧著，其他参与创作的还有陈晓珺、陈云香、王晓华、刘泽楷、薛燚、孙亚南、薛福辉、管书香、王云云、支传华、王启明、李一鸣。

施　尧
2018 年 8 月

目　录

第 3 篇　EasyUI 高级应用

第 1 篇

EasyUI 的基础组件

本篇 1~5 章介绍 EasyUI 开发中的基础组件，这些组件通常用于设计网站的布局以及向服务器提交用户输入的数据。第 6 章带领读者深入解析 EasyUI 插件的源码，在分析源码的过程中，解释大量初学者容易混淆的概念以及使用方法，最后带领读者模拟 EasyUI 插件的设计规范设计自定义的插件。

第 1 章
jQuery EasyUI快速入门

本章将向读者介绍 EasyUI 基本使用方法。我们可以使用 HTML 标记以及 JavaScript 两种方式来创建 EasyUI 组件。EasyUI 通常需要配合服务器来开发应用，本章也将简要地介绍搭建本地服务器的方法。

本章主要涉及的知识点有：

● 认识 EasyUI。
● EasyUI 的基本使用方法。
● 搭建本地服务器。

1.1 什么是 jQuery EasyUI

EasyUI 是一款基于 jQuery 的用户界面（简称 UI）插件结合。传统的 HTML 用户界面开发需要经过如下两步：

● 使用 CSS 渲染界面。
● 使用 JavaScript 设计交互功能。

EasyUI 的目标就是帮助开发者更轻松地开发功能丰富且美观的 UI 界面，EasyUI 允许开发者直接在 HTML 标记中定义 UI，开发者无须设计任何的 JavaScript 和 CSS 代码，EasyUI 会帮助开发者完成 UI 的美观和功能设计。

EasyUI 兼容绝大多数的 Web 浏览器，它是一个完美支持 HTML5 页面的框架。EasyUI 也支持与大部分的服务器端程序进行交互，本书将使用 PHP 作为服务器端语言开发。

 EasyUI 是多个 UI 插件的集合，而非一个插件中集合多个 UI 组件，因此开发者可以对其进行拓展，开发自定义的 EasyUI 插件。所谓的插件，其实就是一系列 UI 的属性、事件、方法的集合，本书中也称其为组件。

1.2 jQuery EasyUI 的初步使用

1.2.1 下载及版本说明

EasyUI 有两个版本供开发者使用，一个是免费版、一个是商用版。本书将使用免费版 1.5.4 进行开发讲解【相关资源见随书资料：\资源\jquery-easyui-1.5.4.4.zip】。如果读者需要使用其他版本，可以访问 http://www.jeasyui.com/download/index.php 自行下载。

EasyUI 解压后部分文件说明如下：

- themes：该文件夹中存放的是 EasyUI 应用的主题以及图标样式，本书示例中默认使用 default 主题。
- jquery.easyui.min.js：EasyUI 的核心文件，其中集成了一系列的 UI 插件。
- jquery.easyui.mobile.js：开发移动端应用时需要引入的文件。
- jquery.min.js：jQuery 插件。

1.2.2 直接在 HTML 中使用

开发者可以在 HTML 中定义 EasyUI 组件，此时只需要在 class 属性中定义组件的类别，在 data-options 中定义组件的配置，如下代码所示：

```
01  <div class="easyui-dialog" style="width:400px;height:200px"
02      data-options="
03          title:'My Dialog',
04          iconCls:'icon-ok',
05          onOpen:function(){}">
06      dialog content.
07  </div>
```

 "easyui-dialog"是该 EasyUI 组件的类型，"data-options "后给出了该类型组件的相关配置信息。

1.2.3 使用 Javascript 创建

开发者也可以通过 JavaScript 来创建 EasyUI 组件，如下代码所示：

```
01  <input id="cc" style="width:200px" />
02  $('#cc').combobox({
03      url: ...,
04      required: true,
05      valueField: 'id',
06      textField: 'text'
07  });
```

1.3　搭建本地服务器

本书中的示例需要在服务器上运行，因此读者需要搭建本地服务器。我们将使用 phpStudy 来搭建服务器，phpStudy 是一个集成最新的 Apache + PHP + MySQL + phpMyAdmin + ZendOptimizer，一次性安装，无须配置即可使用，具体安装步骤如下。

步骤 01 首先将资源文件中的 phpStudy 压缩文件解压到任意目录，在解压文件中找到 phpStudy20161103.exe 文件单击运行，此时会显示 phpStudy 自解压文件，如图 1.1 所示。

步骤 02 将该文件解压到指定目录，例如我们将它解压到 D 盘下，然后单击 OK 按钮确认。稍等片刻后本地服务器就已经安装完毕，在解压路径下打开 phpStudy 文件夹，其目录结构如图 1.2 所示。

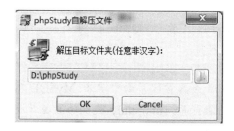

图 1.1　phpStudy 自解压文件

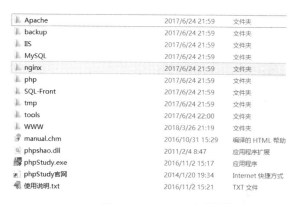

图 1.2　phpStudy 文件结构

步骤 03 单击 phpStudy.exe 打开服务器管理程序，单击"启动"按钮后即可开启本地服务器，如图 1.3 所示。

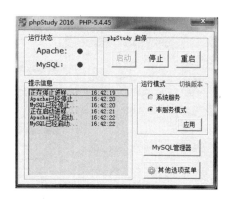

图 1.3　开启服务器界面

步骤 04 通常应用程序代码存放在 WWW 文件夹中，打开随书资料中的"源码"文件夹，将目录下的 easyui 文件夹复制到服务器目录下的 WWW 文件夹中。打开浏览器输入地址 http://127.0.0.1/easyui/example/index.html，此时浏览器中会显示本书的示例程序，如图 1.4 所示。

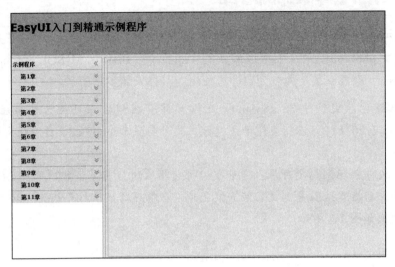

图 1.4　示例程序界面

 读者可以在该页面中运行本书的全部示例程序，其中 127.0.0.1 为本地地址，easyui/example/index.html 为 WWW 目录下的文件地址。

步骤 05　本书会使用数据库来提供部分初始化数据，在服务器管理界面中单击 MySQL 管理器，选择 phpMyAdmin，此时会打开数据库登录页面，phpStudy 默认的数据库账号为 root，密码为 root。输入后即可登录数据库，如图 1.5 所示。

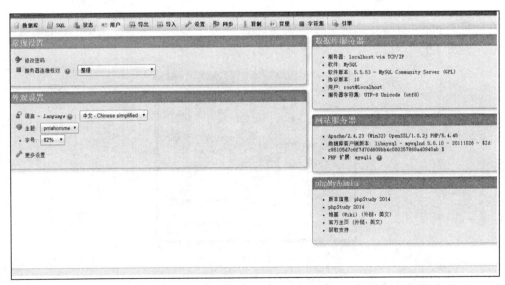

图 1.5　数据库管理页面

步骤 06　单击数据库按钮，新建一个名为 db_easyui 的数据库，如图 1.6 所示。

图 1.6　创建数据库

步骤 07　本书中需要用到的数据库数据存放在【\资源\db_easyui.sql】文件中，单击数据库管理页面中的导入功能，将该文件导入至数据库中，详情如图 1.7 所示。

图 1.7　导入数据库数据

　　数据导入完毕后，我们就完成了全部的服务器配置。本书重点将向读者介绍 EasyUI 组件的使用，并不要求读者拥有数据库、后端代码以及服务器相关的知识。读者仅需按照上述步骤搭建完本地服务器即可。

如果开发者修改了数据库的账户或者密码，请确保设置 ConfigSet.php 文件中的 DB_USER 和 DB_PWD 常数为对应的修改内容，否则应用将无法连接数据库。该文件所在位置为【\源码\easyui\example\small\lib\config\ConfigSet.php】。

1.4 实战：第一个 EasyUI 注册页面

接下来将演示使用 EasyUI 创建一个注册页面，相关代码如下：

```
01  <!DOCTYPE html>
02  <html>
03      <head>
04          <meta charset="UTF-8">
05          <title>注册页面</title>
06          <link rel="stylesheet" type="text/css"
href="../../themes/default/easyui.css">
07          <link rel="stylesheet" type="text/css" href="../../themes/icon.css">
08          <link rel="stylesheet" type="text/css" href="../../demo.css">
09          <script type="text/javascript" src="../../jquery.min.js"></script>
10          <script type="text/javascript"
src="../../jquery.easyui.min.js"></script>
11      </head>
12  <body>
13          <input class='easyui-textbox' data-options="
14              label:'账号',
15              labelWidth:100,
16              width:250
17          "><br/><br/>
18          <input class='easyui-passwordbox' data-options="
19              label:'密码',
20              labelWidth:100,
21              width:250
22          "><br/><br/>
23          <input class='easyui-passwordbox' data-options="
24              label:'确认密码',
25              labelWidth:100,
26              width:250
27          "><br/><br/>
28          <a class="easyui-linkbutton" style="margin-left:200px">确认</a>
29
30  </body>
31  </html>
```

最终运行结果如图 1.8 所示。

图 1.8 EasyUI 注册页面

【本节详细代码参见随书源码：\源码\easyui\example\ c1\register.html】

1.5　小结

本章向读者介绍了 EasyUI 的两种创建方法：使用 HTML 与 JavaScript 创建。大部分的 EasyUI 组件都可以通过这两种方式创建。在实际应用开发中，EasyUI 需要服务器端提供相关的数据，本章的最后向读者介绍了使用 phpStudy 搭建本地服务器的方法。

第 2 章

EasyUI表单

　　表单（Form）是 Web 前端开发中最常用的标记之一，通常使用表单来提交用户输入的数据以及上传文件。一个表单由三部分组成：表单标记、表单域、表单按钮。表单作为用户与服务器交互的重要枢纽，频繁受到各类恶意攻击，在设计表单时通常需要对表单域内的各类控件进行细致的过滤，这无疑增加了我们的开发难度。EasyUI 提供了丰富的表单控件，可以帮助我们快速设计一个功能强大的表单。本章将先介绍表单域内的常用组件，再将详细介绍如何初始化以及提交表单。

　　本章主要涉及的知识点有：

- 各类表单组件的使用方法。
- EasyUI 中值的含义。
- EasyUI 组件的依赖关系。
- 表单的提交和初始化。

2.1 文本框简介

　　文本框通常用来接收用户输入的数据。我们先来看一个使用 HTML 设计的登录页面，部分代码如下：

```
01  <div>账号<input  type="text"></div>
02  <div>密码<input  type="password"></div>
03  <button>提交</button>
```

运行结果如图 2.1 所示。

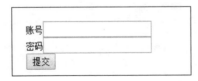

图 2.1　HTML 登录页面

读者先想一想这个登录页面有哪些问题。

首先我们没有限制账号、密码文本框为必填字段，这就导致登录用户可以什么也不输入就向服务器发送一个无效的登录请求。

其次如果后端开发人员设计的登录校验 SQL 语句为：

```
SELECT * FROM accounts WHERE username='账号' AND password = '密码'
```

正常情况下用户在账号输入框内输入"admin"，在密码输入框内输入"password"，后台执行的 SQL 语句就为：

```
SELECT * FROM accounts WHERE username='admin' AND password = 'password'
```

但是如果在账号输入框内输入"admin' AND 1=1 /*"，在密码输入框内输入任意字符串，那么后台执行的 SQL 语句就变成了：

```
SELECT * FROM accounts WHERE username='admin' AND 1=1 /* and password = 'aaa'
```

可以看到数据库实际执行的 SQL 为：

```
SELECT * FROM accounts WHERE username='admin' AND 1=1
```

"/*"后面的 SQL 语句被当作注释而忽略掉了，此时用户就可以绕开密码登录系统。

> SQL 注入以及 XSS 攻击等常见的网络攻击手段，其根本原理就是用户输入的数据没有经过充分的检查和过滤，意外变成了代码被执行，我们在设计表单的各个输入控件时，一定要进行相应的过滤，如限制用户只能输入数字、用户输入长度不能超过指定范围等。

要解决上述问题我们必须限制账号、密码文本框的输入内容，例如限制账户、密码不能为空；限制用户输入的长度不能超过指定值，此外还需要限制账号文本框的输入仅能为字母、数字或者下画线。在提交表单前，我们还需要检查每个字段的输入是否合法。要做到这些我们需要设计大量的 JavaScript 逻辑进行判断，这无疑增加了前端开发的难度。

针对这个开发难点，EasyUI 提供了验证框（ValidateBox）来帮助开发者对用户输入的内容进行验证。

2.1.1　验证框（ValidateBox）

验证框是为了防止提交无效字段而设计的，当用户输入无效值时，它将改变背景颜色，并且显示警示图标和提示消息。验证框的默认配置定义在$.fn.validatebox.defaults 中。

> 许多初学者会误以为文本框（TextBox）为 EasyUI 中最基本的输入框，验证框扩展于文本框。其实在 EasyUI 中文本框是扩展于验证框的一个输入框，一旦混淆了两者之间的扩展关系，就会产生诸如如何给验证框加上图标等困惑。关于 EasyUI 中的依赖和扩展关系，本书将会在 2.1.2 小节详细讲解。

1. 创建验证框

使用标记创建验证框的方法如下：

```
<input id="v" class="easyui-validatebox"
data-options="required:true,validType:'email'">
```

使用 JavaScript 创建验证框的方法如下：

```
01  <input id="v">
02      $('#v').validatebox({
03          required: true,
04          validType: 'email'
05      });
```

2. 验证框属性

验证框常用的属性说明见表 2.1。

表 2.1　验证框常用属性说明

名称	类型	描述	默认
require	boolean	定义字段是否应被输入	false
validType	string,array	定义字段的验证类型，比如 email、url 等	null
invalidMessage	string	当文本框的内容无效时的提示文本	null
missingMessage	string	当文本框的内容为空时的提示文本	This field is required
tipPosition	string	定义当文本框的内容无效时提示消息的位置，可能的值有'left' 'right' 'top' 'bottom'	right
deltaX	number	消息提示组件在 X 方向上的偏移量	0
novalidate	boolean	当设置为 true 时，禁用验证功能	false
delay	number	延迟验证最后的输入值	200
editable	boolean	定义验证框是否可被编辑	true
disabled	boolean	定义是否禁用验证框	false
readonly	boolean	定义验证框是否为只读模式	false
validateOnCreate	boolean	定义是否在页面加载完毕后立刻进行一次验证	true
validateOnBlur	boolean	定义是否在失去焦点后进行一次验证	false

 通常我们称光标进入某个组件时，该组件获得焦点；当光标离开组件时，该组件失去焦点。

validType 属性定义该字段的验证类型，例如 email、url、length 等。当验证单个规则时，validType 属性的值为字符串类型，如 validType:'email'。当验证多个规则时，validType 属性的值为数组类型，如 validType:['email','length[0,20]']。EasyUI 提供的验证规则有：

- email：检查输入是否为邮箱格式。
- url：检查输入是否为合法的地址格式。
- length[0,10]：检查输入的字符长度是否在指定范围区间。
- remote['http://.../check.php','paramName']：发送 ajax 请求来验证输入值，验证通过时返回'true'。

> length 是按照字符计算长度，而非字节。字符与字节的区别在于：一个汉字和英文字母都只算一个字符，而一个汉字占两个字节以上，一个英文字母只占一个字节。

对于 EasyUI 未支持的验证规则，开发者也可以自定义验证规则，如下代码自定义一个验证两次密码输入是否一致的规则：

```
01  <input  id="pw1"  name=" pw1"  type="password"  class="easyui-validatebox"
02  data-options="required:true"><!—密码文本框 A-->
03  <input  id="pw2"  name="pw2"  type="password"  class="easyui-validatebox"
04    required="required"  validType="equals['#pw1']"> <!—密码文本框 B-->
05  <script>
06  $.extend($.fn.validatebox.defaults.rules, {
07      equals: {
08        validator: function(value,param){
09          return value == $(param[0]).val();
10        },
11        message: '两次密码输入不一致'
12      }
13    });
14  </script>
```

其中$.extend($.fn.validatebox.defaults.rules,{})函数的意思是在 EasyUI 默认的验证规则中添加我们自定义的验证规则。equals 为我们自定义的验证规则名称，validator 函数中 value 参数为密码文本框 B 的值。param 为传递的参数；是一个数组，本例中传输的参数为#pw1，它是密码文本框 A 的 id，通过 id 可以获取密码文本框 A 的值$(param[0]).val()。最后判断其与密码文本框 B 的值是否相等，如果相等的话返回 true，此时验证通过；如果不相等的话，返回 false，同时将显示 message 中定义的验证失败提示内容。

> 使用自定义验证规则时，最重要的是理解 validator 函数的用法，其中 value 参数是验证字段的值，param 是其附带的数据。

3. 验证框事件

验证框常用事件说明见表 2.2。

表 2.2　验证框常用事件说明

名称	参数	描述
onBeforeValidate	none	验证字段前触发
onValidate	valid	验证字段时触发

4. 验证框方法

验证框常用方法说明见表 2.3。

表 2.3　验证框常用方法说明

名称	参数	描述
options	none	返回选项对象
destroy	none	移除并销毁该组件
validate	none	验证字段内容是否有效
isValid	none	调用 validate 方法并且返回验证结果，true 或者 false
enableValidation	none	启用验证
disableValidation	none	禁用验证
resetValidation	none	重置验证
enable	none	启用验证框
disable	none	禁用验证框
readonly	mode	启用/禁用只读模式

enableValidation 和 disableValidation 仅仅是启用/禁用验证，设置 disableValidation 为 true 后不会对用户的输入进行验证，而 disable 则禁用整个验证框，用户无法进行输入操作。

readonly 可以启用或者禁用只读模式，例如：

```
01  $('#v').validatebox('readonly');         // 启用只读模式
02  $('#v').validatebox('readonly',true);    // 启用只读模式
03  $('#v').validatebox('readonly',false);   // 禁用只读模式
```

isValid 方法可以返回当前验证结果，通常用于提交数据前检测用户输入是否通过验证，例如：

```
$("#v").validatebox('isValid');
```

接下来我们使用验证框设计一个用户登录页面，部分代码如下：

```
01      <div style="margin:20px 20px;">
02          账号 <input id="account">
03      </div>
04      <div style="margin:20px 20px;">
05          密码 <input id="password">
```

```
06          </div>
07          <div style="margin:20px 150px;">
08              <button id='login'> 登录</button>
09          </div>
10          <script>
11          $(function(){
12              //自定义验证规则，只能输入英文和数字或者下画线
13              $.extend($.fn.validatebox.defaults.rules, {
14                  englishOrNum : {
15                  validator : function(value) {
16                  return /^[a-zA-Z0-9_]{1,}$/.test(value);
17                  },
18                  message : '请输入英文、数字、下画线或者空格'
19                  }
20              });
21              $("#account").validatebox({
22                  required :true,                      //设置输入不能为空
23                  missingMessage :'请输入账号',          //输入为空时显示的提示
24                  invalidMessage:'请输入合法的账号格式', //输入验证失败时显示的提示
25                  validType: ['length[5,10]','englishOrNum'],
26                  //多个验证规则使用数组表示，长度在 5 至 10 个字符，英文、数字、下画线
27                  tipPosition:'bottom',               //提示框的位置
28                  validateOnCreate:false,             //页面加载完成后不进行一次验证
29              });
30
31              $("#password").validatebox({
32                  required :true,                      //设置输入不能为空
33                  missingMessage :'请输入密码',          //输入为空时显示的提示
34                  invalidMessage:'请输入合法的密码格式', //输入验证失败时显示的提示
35                  validType: 'length[6,13]',
36                  //单个验证规则使用字符串表示，长度在 5 至 10 个字符，英文、数字、下画线
37                  deltaX:-10,
38                  //提示框向左边便宜 10 个单位，数值为负数向左偏移，为正数向右偏移。
39                  validateOnCreate:false,                 //页面加载完成后不进行一次验证
40              });
41              $("#login").click(function(){
42                  //通过 isValid 方法检查是否验证通过
43                  if($("#account").validatebox('isValid')){
44                  alert("账号通过验证");
45              }else{
46                  alert("账号未通过验证");
47              }
48              if($("#password").validatebox('isValid')){
49                  alert("密码通过验证");
50              }else{
51                  alert("密码未通过验证");
52              }
53          });
54      });
55  </script>
```

最终运行结果如图 2.2 所示。

图 2.2　使用验证框设计登录页面

【本节详细代码参见随书源码：\源码\easyui\example\c2\validateLogin.html】

5. 服务器端验证用户输入

验证框可以通过 remote 规则来向服务器请求远程验证，注意当验证通过时服务器需要返回字符串'true'。通常我们会在自定义规则中使用 ajax 来请求远程验证，如下代码使用自定义规则来验证账号是否已被注册，部分代码如下：

```
01   //该规则用于验证账号是否已被注册
02   accountvalidate : {
03       validator : function(value, param) {
04       //获取用户输入的账户名
05           var account = value.trim();
06           var result;//保存验证的结果
07           $.ajax({
08               type : 'post',
09               async : false,//设置同步请求
10               url : 'server/checkaccount.php',
11               data : {
12                   //向服务器传递的参数，php 中可以使用$_POST['account']来获取该值
13                   "account" : account
14                   },
15               success : function(data) {
16                   //data 为服务器处理完毕后传递给客户端的值
17                       result = data;
18               }
19           });
20           //resault 为 true 时验证通过
21           if(result=='0'){
22               return true;
23           }
24           else{
25               return false;
26           }
27       },
28       message : '用户名已经被占用'
29   },
```

【本节详细代码参见随书源码：\源码\easyui\example\c2\remoteValidate.html】

 使用服务器端验证时必须设置 ajax 为同步请求。所谓的同步请求，就是必须获取到服务器返回的值后 JavaScript 代码才会向下执行，否则会一直等待服务器处理结果。因为验证规则中必须通过服务器返回的结果来判断验证是否通过，因此此时需要设置其为同步请求。

读者可以运行实例程序，在账号中输入 sj123、xiaom11、admin、vsi1sk，此时会出现用户名已被占用的提示。

2.1.2　文本框（TextBox）

回到图 2.1 中，我们使用 HTML 创建了一个登录页面，在 2.1.1 小节中带领读者使用 EasyUI 验证框解决了如何验证用户输入的问题。使用 HTML 开发还面临着另一个巨大的挑战，就是页面美观问题，通常前端开发人员都需要编写大量的 CSS 来美化页面。由于 CSS 编写规范不统一，经常会出现不同的 CSS 文件冲突，从而导致网站整体设计无法达到预期效果。例如，在图 2.2 所示的登录页面中通过给验证框添加外边框来进行简单的页面排版。文本框会使用指定的主题样式对组件进行渲染，从而节省开发者的美化时间。

文本框的依赖关系如下：

- validatebox
- linkbutton

文本框扩展于：

- validatebox

文本框的默认配置定义在 $.fn.textbox.defaults 中。

1. 创建文本框

使用标记创建文本框的方法如下：

```
<input class= "easyui-textbox" >
```

使用 JavaScript 创建文本框的方法如下：

```
01  <input  id="tb"  type="text ">
02  $('#tb').textbox();
```

2. 文本框属性

文本框常用的属性说明见表 2.4。

表 2.4   文本框常用属性说明

名称	类型	描述	默认值
width	number	文本框的宽度	auto
height	number	文本框的高度	auto
cls	string	给文本框添加一个 CSS 类型	
prompt	string	在文本框中显示的一段提示	
value	string	默认值	
type	string	文本框类型，可能的值有'text'和'password'	text
label	string,selector	文本框标签的名称	null
labelWidth	number	标签的宽度	auto
labelPosition	string	标签的位置，可能的值有'before' 'after'和'top'	before
labelAlign	string	标签对齐方式，可能的值有'left'和'right'	left
multiline	boolean	定义文本框是否可多行输入	false
editable	boolean	定义文本框是否可被编辑	true
disabled	boolean	定义是否禁用文本框	false
readonly	boolean	定义文本框是否为只读模式	false
icons	array	定义文本框中的图标，每个图标都拥有以下属性： ● iconCls: 图标类型 ● disabled: 图标是否可被单击 ● handler: 图标单击后的事件	[]
iconCls	string	图标类型	null
iconAlign	string	图标对齐方式，可能的值有'left'和'right'	right
iconWidth	number	图标宽度	18
buttonText	string	文本框中按钮的名称	
buttonIcon	string	文本框中按钮的图标	null
buttonAlign	string	文本框中按钮的对齐方式，可能的值有'left'和'right'	right

 文本框继承了验证框全部属性、事件和方法，在实际开发中我们几乎不会直接使用到验证框，而由文本框派生出各类丰富的 EasyUI 组件。

在下面的内容中，本书将详细讲解文本框的属性、事件和方法，在本节末尾介绍属性、事件和方法的含义，并带领读者探讨 EasyUI 中的依赖关系。

首先来看一下 width、height 属性，从字面意思可以理解这是一个设置文本框尺寸的属性，可以通过比例或者固定的像素值来设置宽度，使用像素值来设置高度。例如：

```
<input class="easyui-textbox" data-options="width:'90%'">
```

```
<input class="easyui-textbox" data-options="width:360,height:20">
```

 此处我们设置的 width:100%是相对于它的上一层父元素的宽度比，当设置为比例时应给值加上引号，请看下面示例：

```
01          <div id="parent2" style="width: 500px;">
02          <div id="parent1" style="width: 400px;">
03          <input class="easyui-textbox"
data-options="width:'90%'">
04          </div>
05          </div>
```

最终运行结果如图 2.3 所示。

```
parent2区域宽度为500px

 parent1 宽度为400px
 通过比例设置输入框宽度
```

图 2.3　使用比例设置宽度

这个例子里面 parent1 为文本框的父元素，它的宽度为 400px，parent2 为 parent1 的父元素，它的宽度为 500px，我们设置文本框的宽度比为 90%，这个比例是相对于 parent1 的，因此文本框的宽度也就是 360px。如果组件通过像素值设置尺寸，我们称其为静态布局。如果使用百分比设置尺寸，我们称其为流式布局。

cls 参数用于给文本框添加一个新的风格，例如设置文本框的下外边距为 10，相关 CSS 代码如下：

```
01      <style>
02          .newStyle{
03              margin-bottom:10px;
04          }
05      </style>
```

给文本框添加该风格的相关代码如下：

```
01      $('#tb').textbox({
02          cls:'newStyle'
03      });
```

prompt 属性用于当文本框中无任何内容时显示的提示，例如：

```
$('#tb').textbox({prompt:'请输入账号'});
```

value 属性为文本框加载完毕后显示的初值。

type 属性可以设置文本框的输入类型，当设置为 password 时，用户的输入将会被替换成指定的字符以避免密码泄露。

label 为文本框中的一个标签，在图 2.2 所示的例子中，“账号”“密码”这些提示用户输入的字符串通常会写在对应组件的前面，但是当这些字符串长度不一致时页面就会变得混乱，如图 2.4 所示。

图 2.4　一个排版混乱的页面

通过 label 属性可以解决这个问题，其中 labelWidth 为标签的宽度，labelPosition 为标签的显示位置，labelAlign 为标签的对齐方式，详细的用法示例如下：

```
01        <div><input id="nickname"></div>
02        <div><input id="phone"></div>
03     <script>
04     $(function(){
05        $('#nickname').textbox({
06           label:'昵称',
07           labelPosition:'left',//显示在文本框的左侧
08           labelAlign:'right',　//右侧对齐,字符串的最后一个字符对齐
09           width: 300,
10           cls:'newStyle'
11        });
12        $('#phone').textbox({
13           label:'手机号码',
14           labelPosition:'left',
15           labelAlign:'right',
16           width: 300,
17        });
18     });
19     </script>
```

最终运行结果如图 2.5 所示。

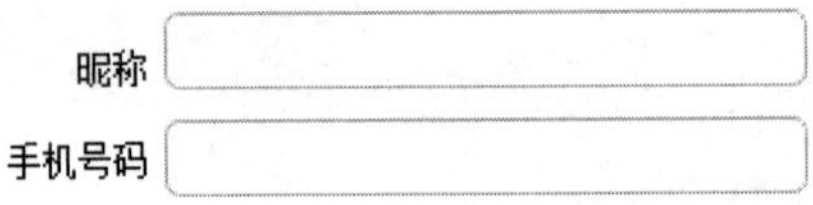

图 2.5　使用标签对齐字符串

icons 可以给文本框添加图标，icons 为包含 icons 对象的数组，icons 对象有如下属性：

- iconCls: 图标类型。
- disabled: 定义单击图标后是否触发事件。
- handler: 单击图标后触发的事件。

具体的代码示例如下：

```
01        $('#tb').textbox({
02           icons:[
```

```
03                  {
04                      iconCls:'icon-man',
05                      handler:function(e){
06                          alert("图标被单击");
07                      }
08                  },
09              ],
10          });
```

最终运行效果如图 2.6 所示。

图 2.6　带图标的文本框

iconAlign、iconWidth 属性定义了图标的对齐方式以及宽度，使用代码如下：

```
01          $('#tb').textbox({
02            icons:[
03                {
04                    iconCls:'icon-man',
05                    handler:function(e){
06                        alert("图标被单击");
07                    }
08                },
09            ],
10          });
```

上面的例子中使用的图标类型 icon-man 为 EasyUI 自带的图标，我们也可以添加一个自定义图标，详细步骤如下：

● 找到 EasyUI 框架下 themes 文件夹中的 icons 文件夹，将自定义的图标保存到该文件夹下。

● 打开 themes 文件夹下的 icon.css 文件，在文本末尾添加如下代码：

```
01   .icon-extend-lock{
02     background:url('icons/extend_lock.png') no-repeat center center;
03   }
```

其中 extend_lock.png 为自定义图标的名称，icon-extend-lock 为我们自定义的图标的类型名称，使用图标类型名就可以显示我们自定义的图标，代码如下：

```
01          $('#tb').textbox({
02            icons:[
03                {
04                    iconCls:'icon-extend-lock',
05                    handler:function(e){
06                        alert("图标被单击");
07                    }
```

```
08              },
09          ],
10      });
```

本书在随书资料【\资源\图标\】目录下提供了大量可供读者使用的自定义图标。

文本框允许开发者为其添加一个按钮，buttonText 为按钮的名称，buttonIcon 为按钮的图标，buttonAlign 为按钮的对齐方式。示例代码如下：

```
01  $('#tb').textbox({
02          buttonText:"按钮",
03          buttonIcon:'icon-extend-lock',
04          buttonAlign:'left'//左对齐
05      });
```

最终运行结果如图 2.7 所示。

图 2.7 带按钮的文本框

3. 文本框事件

文本框常用事件说明见表 2.5。

表 2.5　文本框常用事件说明

名称	参数	描述
onChange	newValue,oldValue	当文本框中的内容发生改变时触发（仅在失去焦点时检查内容是否改变）
onResize	width,height	当文本框尺寸发生改变时触发
onClickButton	none	当文本框中按钮被单击时触发
onClickIcon	index	当文本框中图标被单击时触发

提示　onChange 只能在内容发生改变且失去焦点时触发。

4. 文本框方法

文本框常用方法说明见表 2.6。

表 2.6　文本框常用方法说明

方法	参数	描述
options	none	返回选项对象

22

（续表）

方法	参数	描述
textbox	none	返回展示值框对象，开发者可以在这个对象上绑定任意事件
button	none	返回按钮对象
destroy	none	销毁文本框组件
resize	width	调整文本框组件的宽度
disable	none	禁用组件
enable	none	启用组件
readonly	mode	启用/禁用只读模式
clear	none	清空文本框组件的全部类型值
reset	none	重置文本框组件的全部类型值
initValue	value	初始化文本框的存储值，使用该方法不会触发 onChange 事件
setText	text	设置文本框的展示值
getText	none	获取文本框的展示值
setValue	value	设置文本框的存储值
getValue	none	获取文本框的存储值
getIcon	index	获取图标对象

textbox 返回的是展示值框对象，因此开发者无法使用该对象重新初始化文本框，关于展示值框的概念请查看 2.1.3 节内容。如下代码是错误的：

```
01   var tb = $("#tb").textbox("textbox");
02   tb.textbox({
03       width:100
04   });
```

运行后会发现在文本框中又嵌套了一个文本框。

5. 属性、方法和事件

　　一个手机都会拥有尺寸、音量、屏幕等元素，这些是组成一个手机的必要元素，我们称这些元素为属性。手机出厂后通常都会替消费者设置好默认的屏幕亮度以及音量，这一个过程我们称为初始化。在 EasyUI 中组件的属性在页面加载完毕后就会将其初始化好。如下代码设置文本框的初始值和初始类型属性，代码如下：

```
01   $('#tb').textbox({
02       value:'初始值',
03       type:'text'
04   });
```

在 jQuery 中可以通过$(function(){//页面加载完毕后的代码})的方式来处理页面加载完毕后的代码。

当手机接收到来电消息时，会亮起屏幕并且播放响铃，这一过程叫作事件。事件必须有特定的消息才会触发，事件也是在初始化时设置，例如当文本框中的内容发生改变时会触发 onChange 事件，写法如下：

```
01      $('#tb').textbox ({
02          onChange:function(newValue,oldValue){
03          }
04      });
```

使用者可以调节手机的音量大小以及屏幕显示的亮度，这一过程称为方法。方法通常是在属性初始化后改变属性的值，在文本框中的 editable、disabled、readonly、width、height、value 等属性都可以通过对应的方法将其改变，如 resize 方法改变宽度，initValue 方法重新设置初始值等。如下代码设置文本框为只读模式。

```
$('#tb').textbox('readonly',true);
```

使用者可以在手机设置功能中查看当前手机的各种配置，也就是说方法不仅可以修改属性的值也可以查看属性的值。例如，options 方法可以查看当前文本框的全部配置，我们称组件的当前配置对象为其选项对象。

使用者可以在手机上设置闹铃，闹铃只会在指定的时间才会触发，因此闹铃是一个事件，而使用者设置闹铃这一过程是一个方法，因此通过方法同样可以增加事件。文本框中 textbox 方法可以绑定任意的事件。如下代码给文本框绑定一个键盘按下的事件：

```
01      $('#tb').textbox("textbox").bind("keydown",function(e){
02          var v = e.keyCode;//当前按键的 ASCII 码
03      });
```

6. 依赖与扩展

依赖更多的是含有一种组合的含义，而扩展更多的是继承含义，如果组件 A 依赖于组件 B，说明组件 A 由组件 B 组成。如果组件 A 扩展于组件 B，那么组件 A 中可以使用组件 B 的全部属性、事件、方法。关于依赖与扩展的含义本书将在第 6 章中做进一步讲解，目前读者仅需了解扩展组件可以使用被扩展组件的全部属性、方法、事件，例如文本框扩展于验证框，此时我们可以在文本框中使用验证框属性 required，例如：

```
<input class= "easyui-textbox" data-options ="required:true" >
```

所有的组件都拥有 options 方法，该方法以 JSON 格式返回一个选项对象，所谓的选项对象就是指组件初始化完毕后的配置。可以通过下面的 JavaScript 函数打印文本框的 options 对象：

```
01  function writeObj(obj){
02      var description = "";
```

```
03      for(var i in obj){
04          var property=obj[i];
05          description+=i+" = "+property+"\n";
06      }
07      alert(description);
08  }
09  writeObj($('#tb').textbox('options'));
```

运行结果如图 2.8 所示。

```
required = false
validType = null
validParams = null
delay = 200
interval = 200
missingMessage = This field is required.
invalidMessage = null
tipPosition = right
deltaX = 0
deltaY = 0
novalidate = false
editable = true
disabled = false
readonly = false
validateOnCreate = true
validateOnBlur = false
events = [object Object]
val = function (_4ed){
return $(_4ed).val();
```

图 2.8　文本框选项对象的值

> EasyUI 组件通常会使用对象作为属性、事件或者方法的参数，如果读者无法明确参数的含义，可以使用 writeObj 函数打印参数，或者使用 console.log() 函数在控制台中打印参数。

options 是一个 JSON 格式的对象，我们可以通过相应的方法获取指定的字段值，例如通过 options 方法获取组件的 required 属性值，代码如下：

```
01          var option = $('#tb').textbox('options');
02          var required = option.required;
```

7. 默认配置

每个组件都会定义自己的默认配置,每当初始化组件时都会使用默认配置来初始化那些开发者未设置的属性或事件，例如我们可以获取文本框的默认宽度，代码如下：

```
$.fn.textbox.defaults.width
```

8. EasyUI 组件中的值

在 EasyUI 组件中有三种值，分别是：

● 输入值。用户输入的值可以是任意的字母。

- 存储值。根据用户输入不可信原则，用户输入的值必须经过相应的过滤和限制，存储值是将用户的输入进行过滤以及解析后的最终值。
- 展示值。用户并不希望显示一些枯燥的数字，例如用户更希望看到 XX 年 XX 月 XX 日格式的日期，而非一串时间戳数字，展示值就是将存储值格式化为指定的格式后的值。

我们称用户输入值为 Input，存储值为 Value，展示值为 Text。可以通过 initValue、getValue、setValue 方法来初始化存储值、获取存储值以及设置存储值。可以通过 getText、setText 方法来获取展示值、设置展示值。关于存储值和展示值的区别，下面举个简单的例子。中国的用户更希望看到例如 XX 年 XX 月 XX 日这样格式的日期，然而对于计算机而言，更希望处理时间戳格式的日期。此时我们会设计两个输入框，其中一个输入框展示 XX 年 XX 月 XX 日格式的日期，另一个输入框通常会隐藏起来，保存计算机能理解的时间戳，最终在提交表单时将时间戳传输给服务器。将存储值转化成展示值的过程称为格式化（formatter），将输入值转化成存储值的过程称为解释（parser）。EasyUI 中通常会使用包含 Value 的字符串来命名存储值的属性或者方法，使用包含 Text 的字符串来命名展示值的属性或者方法。读者在后续的学习中应当作到望文生义。

 在文本框中必须先设置存储值，之后才能设置展示值。如下代码运行后会发现存储值和展示值都被设置为 2。

```
01 $('#tb').textbox('setText',"1");
02 $('#tb').textbox('setValue',"2");
```

9. EasyUI 方法的链式操作

EasyUI 组件的方法（除获取数据的方法外）返回的为该组件对象，因此可以对 EasyUI 方法使用链式操作，例如：

```
$('#tb').textbox('setValue',"2").textbox('setText',"1");
```

2.1.3 密码框（PasswordBox）

EasyUI 提供了专门用于输入密码的组件密码框。密码框提高了用户的交互性，它通过使用指定的字符来替换用户输入的密码从而防止用户密码泄露，密码框的右侧是一个眼状图标，可以通过单击该图标显示用户输入的密码。

密码框的依赖关系如下：

- textbox

密码框扩展于：

- textbox

密码框的默认配置定义在$.fn.passwordbox.defaults 中。

1. 密码框用法

使用标记创建密码框的方法如下：

```
<input  class="easyui-passwordbox" >
```

使用 JavaScript 创建密码框的方法如下：

```
01  <input id="pb" type="text" style="width:300px">
02  $(function(){
03      $('#pb').passwordbox({
04          prompt: 'Password',
05          showEye: true
06      });
07  });
```

2. 密码框属性

密码框常用属性说明见表 2.7。

表 2.7　密码框常用属性说明

属性名	类型	描述	默认值
passwordChar	string	密码框的展示字符	%u25CF
checkInterval	number	用户输入值转换成展示字符的时间间隔	200
lastDelay	number	用户最后一个输入值转换成展示字符的时间间隔	500
revealed	boolean	定义密码框是否直接显示用户输入值	false
showEye	boolean	定义是否显示右侧的眼状图标	true

3. 密码框事件

密码框在文本框的基础上无新增事件。

4. 密码框方法

密码框常用方法说明见表 2.8。

表 2.8　密码框常用方法说明

方法名称	参数	描述
options	none	返回选项对象
showPassword	none	显示密码框的存储值
hidePassword	none	隐藏密码框的存储值

2.1.4　数字框（NumberBox）

数字框用于过滤用户的输入值使用户仅能输入数字，可以把存储值转换为不同类型的展示值（比如：数字、百分比、货币，等等）。可以通过 formatter 方法来自定义展示格式，通过

parser 方法将输入值解析成存储。

数字框的依赖关系如下：

- textbox

数字框扩展于：

- textbox

数字框的默认配置定义在$.fn.numberbox.defaults 中。

1. 数字框的用法

使用标记创建数字框的方法如下：

```
<input type="text" class="easyui-numberbox" value="100"
data-options="min:0,precision:2">
```

使用 JavaScript 创建数字框的方法如下：

```
01  <input type="text" id="nn">
02  $('#nn').numberbox({min:0,precision:2});
```

2. 数字框属性

数字框常用属性说明见表 2.9。

表 2.9　数字框常用属性说明

名称	类型	描述	默认值
disabled	boolean	定义是否禁用组件	false
value	number	设置数字框的默认值	
min	number	允许的最小存储值	null
max	number	允许的最大存储值	null
precision	number	设置存储值小数点后的最大精度	0
decimalSeparator	string	展示值中分隔数字的整数部分和小数部分的分隔字符	
groupSeparator	string	展示值中分隔整数组合的字符	
prefix	string	展示值前缀字符串	
suffix	string	展示值后缀字符串	
filter	function(e)	过滤被按下的键	
formatter	function(value)	存储值格式化为展示值	
parser	function(s)	用户输入值转换成存储值	

其中 min、max、precision 属性主要用于控制输入值与存储值之间的转换规则，例如设置 precision 的值为 2，那么用户如果输入的是 3.12345 则会被自动过滤成 3.12。filter 属性主要用于过滤输入值，其参数 e 是一个事件对象，可以通过 e.keyCode 获取当前按下的键的 ASCII

码，返回 true 则接收该字符，返回 false 则禁止输入该字符。

decimalSeparator、groupSeparator、prefix、suffix 参数则为数字框内置的一些将存储值转换成展示值的规则，例如设置 prefix 值为美元符"$"，当存储值为 1 时，展示值则为"$1"。

formatter、parser 属性可以用来自定义输入值、存储值以及展示值之间的转化规则。formatter 用于将存储值格式化为展示值，parser 用于将输入值解析成存储值。初学者在使用这两个属性时经常会出现一系列的问题，这是因为没有理顺这两个属性触发的时机，下面我们将重点讲解，先看下面的代码：

```
01          <input type="text" id="nn">
02          <script>
03          $(function(){
04              $('#nn').numberbox({
05                  prefix:'$',
06                  //formatter 中接收的是一个存储值
07                  formatter:function(value){
08                      alert("formatter");
09                      return parseInt(value)+1;
10                  },
11                  //parser 中接收的是一个输入值
12                  parser:function(s){
13                      alert("parser");
14                      return parseInt(s)-1;
15                  }
16              });
17          });
18      </script>
```

读者可以将其复制到自己的文件中运行，运行这段代码后我们可以发现：

● prefix 属性无法定义展示值前缀。
● 当页面刷新时会先执行 parser 中定义的方法，再执行一次 formatter。
● 当文本框内的内容发生改变时，会依次执行 parser、parser、formatter、formatter 属性中的方法。

第一个问题很容易理解，因为数字框默认在 formatter 属性方法中将存储值转化成展示值，在 parser 属性中将输入值转化成存储值。因此设置 prefix 属性后数字框会在默认的 parser 属性方法中检查用户输入值是否有指定前缀，有的话就将前缀移除并将处理后的值作为存储值保存，然后在 formatter 方法中的存储值前面加上前缀。上述代码中重新定义了 parser 和 formatter 属性，此时数字框默认的 parser 以及 formatter 属性将会被覆盖，因此 prefix 属性会失效。

在文本框中向读者讲解了值的概念，其实文本框在创建时会新增两个输入框，此时 HTML 如下：

```
01  <!--初始化框，开发者编写的标记，用于保存初始化配置和存储值,
02  通常也会将选项对象绑定到初始化框上-->
03  <input type="text" id="nn" type="hidden">
04  <!--展示值框，文本框新增的标记，用于存放展示值-->
```

```
05        <input class="textbox-text">
06        <!---存储值框，文本框新增的标记，用于存放存储值-->
07        <input type="hidden" class="textbox-value">
```

读者可以发现，其实文本框向用户显示的仅仅是展示值框，而初始化框和存储值框会被隐藏，也就是说用户其实是在展示值框中进行输入的。此时我们再看这段代码：

```
01        <input type="text" id="nn">
02        <script>
03        $(function(){
04            $('#nn').numberbox({
05                prefix:'$',
06            });
07        });
08        </script>
```

这段代码的含义是在数字前面加上一个美元符$前缀，它的运行原理如下：当组件加载时会先将初始化框中的初始值使用 parser 属性中的方法进行解析，如果初始值是$111 的话会将其解析成 111，如果是其他格式的话例如 222 则仍然会解析成 222 并将解析后的值保存到存储值框中，接下来 formatter 属性会取出存储值，并在其前面加上前缀后保存到展示值框中显示。具体的过程如图 2.9 所示。

 由于用户输入值有可能是合法展示值,也有可能是合法的存储值,还有可能是一些非法值,所以在 parser 中需要对用户输入值进行判断和过滤。

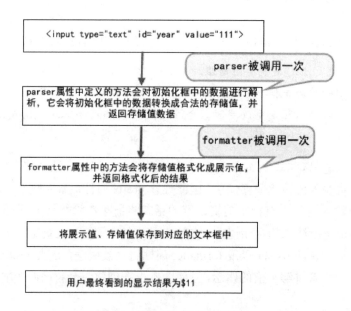

图 2.9　数字框初始化流程图

当数字框失去焦点时，数字框会调用一次 fix 方法，该方法中调用一次 parser 属性方法，将用户输入数据转换成存储值，接着该方法中会使用数字框的 setValue 方法保存存储值，但是在 setValue 方法中也会调用一次 parser 属性方法，这是因为 setValue 方法可以被开发者直接调用，例如：

```
$('#nn').numberbox('setValue','$11')
```

因为该方法中仍然需要对传入的值进行解析，并将其转化成合法的存储值，这就是为什么 parser 属性会被调用两次的原因。接着会使用一次 formatter 属性方法格式化存储值，注意在处理完毕后会再调用一次 formatter 属性方法格式化存储值，这两次的调用区别是，第一次格式化的存储值是 parser 处理完毕后返回的值，第二次格式化的存储值是通过 getValue 方法获取的数字框存储值。

如果读者目前无法完全理解这两个属性的话也没关系，对于 parser 属性和 formatter 属性，读者只需要记住一句话，parser 属性是将用户输入的数据解析成合法的存储值，而 formatter 是将存储值格式化为展示值。下面我们利用这两个属性给文字添加美元符前缀，部分代码如下：

```
01      <input type="text" id="nn" value="111">
02      <script>
03      $(function(){
04          $("#nn").numberbox({
05                  parser:function(s){
06                      s = $.trim(s.replace("$",""));
07                      return s;
08                  },
09                  formatter:function(value){
10                      return '$'+value;
11                  }
12          });
13      });
14      </script>
```

通过上述的讲解，读者必须理解如下两个知识点：

● 所有直接或间接扩展于文本框的组件向读者展示的都是其展示值框，由于初始化框被隐藏，因此除了部分样式外，一切在初始化框中设置的样式都不能生效，此时可以使用 cls 属性给展示值框添加新的风格，不过该风格只适用于展示值框，并不适用于文本框的标签。通常我们使用<div>标记作为文本框类组件的父容器，并在父容器中添加相关的风格。由于初始化框被隐藏，我们无法通过选择器来选中指定的文本框组件并为其绑定事件，因此文本框提供了 textbox 方法，该方法返回文本框中的展示值框对象，开发者可以为展示值框绑定相关的时间。

● parser 属性是将输入值转换成存储值，用户的输入值可能就是合法的存储值，也可能是展示值，还有可能是非法值，开发者在 parser 属性中一定要做充分的判断。

3. 数字框事件

数字框在文本框的基础上无新增事件。

4. 数字框方法

数字框常用方法的说明见表 2.10。

表 2.10　数字框常用方法说明

名称	参数	描述
options	none	返回选项对象
destroy	none	销毁数字框
disable	none	禁用数字框
enable	none	启用数字框
fix	none	把值固定为有效的值
setValue	value	设置数字框的存储值
getValue	none	获取数字框的存储值
clear	none	清除数字框的全部值
reset	none	重置数字框的全部值

5. 深入理解数字框的值

我们已经向读者讲解了 EasyUI 中的三个值，它们分别是输入值、展示值以及存储值，这里讲到数字框实际上由以下三部分组成：

- *初始化框：用于保存组件初始化的配置以及存储值。*
- *存储值框：用于保存存储值。*
- *展示值框：用于显示展示值，以及接收用户的输入值。*

其中初始化框中保存的是初始化的配置以及存储值，一些 jQuery 开发者习惯使用例如 $('#nn').val('11')的方法给数字框赋值，读者可以发现此这种方法其实只是给初始化框赋值，并不会改变数字框的值。但是通过$('#nn').val()方法可以取出数字框的存储值，这是因为存储值也会被保存在初始化框中。这样做的好处很多，例如在提交表单时，服务器端可以直接根据初始化框中的 name 属性获取数字框的存储值。

展示值框有两个作用，首先它接收用户的输入，也就是说输入值其实是被输入到展示值框中的；其次它向用户显示展示值，用户的输入值与展示值之间的转换在数字框中需要先使用 parser 属性方法将输入值转换成存储值，再使用 formatter 属性方法将存储值转化成展示值。

存储值框中会保存存储值，可以通过 getValue 方法获取其值。

接下来请读者思考自定义验证规则时到底是对数字框的哪个值进行验证呢？请看下面的代码：

```
01      <input type="text" id="nn" value="1">
02      <script>
03          $(function(){
04              $("#nn").numberbox({
```

```
05                   validType:"englishOrNum",
06                   prefix:'$',
07              });
08              //自定义验证规则，只能输入数字
09              $.extend($.fn.validatebox.defaults.rules, {
10                   englishOrNum : {
11                   validator : function(value) {
12                     return /^[0-9]{1,}$/.test(value);
13                   },
14                   message : '请输入数字'
15                   }
16              });
17         });
18    </script>
```

最终运行结果如图 2.10 所示。

2.10 带验证的数字框

我们知道该示例中存储值为一个纯数字，而展示值为一个带美元符号前缀的数字，验证规则中自定义了一个验证用户输入是否为数字的规则。可以发现当用户输入一串数字后仍然无法通过验证，这是因为验证方法也会对展示值进行验证，如果我们希望仅仅验证存储值的话，那就必须在自定义验证规则中对展示值进行解析，如下代码所示。

```
01 $.extend($.fn.validatebox.defaults.rules, {
02     englishOrNum : {
03     validator : function(value) {
04         value = $.trim(value.replace("$",""));//去除前缀
05         return /^[0-9]{1,}$/.test(value);
06     },
07     message : '请输入数字'
08     }
09 });
```

2.2　组合简介

2.2.1　组合（Combo）

组合是在页面上显示一个文本框和一个下拉面板，它是创建其他复杂组件（例如：combobox、combotree、combogrid）的基础，利用组合我们也可以自定义开发一些更加复杂的组件，例如在第 6 章中利用组合开发起止日期框组件。本节将向读者讲解组合和组合框两个组件的使用方法。

组合的依赖关系如下：

- textbox
- panel

组合扩展于：

- textbox

组合的默认配置定义在$.fn.combo.defaults 中。

1. 组合的用法

可以通过 JavaScript 从<input>或者<select>标记创建组合，注意使用标记创建组合是不合法的。例如：

```
01  <input id="cc" value="1">
02  $('#cc').combo({
03      required:true,
04      multiple:true
05  });
```

2. 组合属性

组合常用属性的说明见表 2.11。

表 2.11　组合常用属性说明

名称	类型	描述	默认值
width	number	组件的宽度	auto
height	number	组件的高度	22
panelWidth	number	下拉面板的宽度	null
panelHeight	number	下拉面板的高度	200
panelMinWidth	number	下拉面板的最小宽度	null
panelMaxWidth	number	下拉面板的最大宽度	null
panelMinHeight	number	下拉面板的最小高度	null
panelMaxHeight	number	下拉面板的最大高度	null
panelAlign	string	下拉面板的对齐方式，可能的值有 left 和 right	left
multiple	boolean	定义是否支持多选	false
multivalue	boolean	定义是否提交多个值	true
reversed	boolean	定义当输入框失去焦点时是否保存原始值	false
selectOnNavigation	boolean	定义是否可以通过键盘来选择选项	true
separator	string	多选时文本的分隔符	

（续表）

名称	类型	描述	默认值
editable	boolean	定义用户是否可以直接输入文本	true
disabled	boolean	定义是否禁用该字段	false
readonly	boolean	定义是否为只读	false
hasDownArrow	boolean	是否显示下拉的箭头按钮	true
value	number	文本框默认值	
delay	number	用户在文本框中输入某个字符后，面板会自动打开显示查找到的结果，delay 设置的就是用户输入完毕后到面板打开的延迟时间	200

keyHandler	object	当用户按下键盘上的按键后调用的函数。默认的 keyHandler 定义如下：
		
		keyHandler: {
		
		    up: function(e){},
		
		    down: function(e){},
		
		    left: function(e){},
		
		    right: function(e){},
		
		    enter: function(e){},
		
		    query: function(q,e){}
		
		}	

3. 组合的事件

组合常用事件的说明见表 2.12。

表 2.12 组合常用事件说明

名称	参数	描述
onShowPanel	None	显示下拉面板时触发
onHidePanel	None	隐藏下拉面板时触发
onChange	newValue,oldValue	字段值发生改变时触发

4. 组合的方法

组合常用方法的说明见表 2.13。

表 2.13 组合常用方法说明

名称	参数	描述
options	none	返回选项对象

（续表）

名称	参数	描述
panel	none	返回面板对象
textbox	none	返回文本框对象
destroy	none	销毁组件
resize	width	调整组件的宽度
showPanel	none	显示下拉面板
hidePanel	none	隐藏下拉面板
disable	none	禁用组件
enable	none	启用组件
readonly	mode	启用/禁用只读模式
validate	none	验证输入值
isValid	none	返回验证结果
clear	none	清空组件的全部类型值
reset	none	重置组件的全部类型值
getText	none	获取组件的展示值
setText	text	设置组件的展示值
getValues	none	获取组件的存储值的数组
setValues	values	设置组件的存储值的数组
getValue	none	获取组件的存储值
setValue	value	设置组件的存储值

5. 深入理解 EasyUI 依赖关系

通过前面的学习读者可以发现组合依赖于文本框和面板，其中扩展于文本框，因此我们可以使用文本框的属性来初始化组合，但是如果需要设置面板属性的话，我们需要通过组合的 panel 方法先获取面板对象再设置其属性，例如：

```
01      <body>
02          <input id="cc" name="dept" value="aa">
03          <div id="footer">底部</footer>
04      </body>
05      <script>
06      $(function(){
07          $('#cc').combo({
08              //文本框属性
09              iconCls:'icon-search',
10              onClickButton:function(){
11                  alert("11");
```

```
12              },
13              //组合属性
14              hasDownArrow:false,
15          });
16          //设置面板属性
17          var panel = $('#cc').combo("panel");
18          panel.panel({
19              footer:"#footer"
20          });
21      });
22      </script>
```

最终运行结果如图 2.11 所示。

再看下面的代码，我们使用组合的 textbox 方法获取文本框对象，接着设置文本框属性，例如：

```
01          var tb = $('#cc').combo("textbox");
02          tb.textbox({
03              width:300
04          });
```

此时运行结果如图 2.12 所示。

图 2.11 设置依赖组件属性   图 2.12 设置依赖组件属性

可以发现此时并没有设置成功组合中的文本框属性，相反这段代码在原先的组合上新增了一个文本框。这是因为组合本身并没有重写或新增 textbox 方法，组合使用的其实是文本框的 textbox 方法，该方法返回的是文本框中展示值框的对象，开发者可以为其绑定指定的事件。但是如果使用展示值框来初始化文本框，就会在其基础上创建一个新的文本框。

2.2.2 组合框（ComboBox）

组合框由一个可编辑的文本框和一个下拉面板组成。用户可以在下拉面板中选中一个或者多个值，同样可以直接在文本框内输入内容或者在下拉面板中选中一个或多个值。

组合框依赖关系如下：

● combo

组合框扩展于：

● combo

组合框的默认配置定义在$.fn.combobox.defaults 中。

1. 创建组合框

可以通过<select>标记创建一个组合框，此时可以将选项直接写入到<select>元素中。例如：

```
01  <select id="cc" class="easyui-combobox" name="dept" style="width:200px;">
02      <option value="aa">item1</option>
03      <option>item2</option>
04      <option>item3</option>
05      <option>item4</option>
06      <option>item5</option>
07  </select>
```

也可以通过<input>标记创建组合框，例如：

```
01  <input id="cc" name="dept" value="aa">
02  $('#cc').combobox({
03      url:'combobox_data.json',
04      valueField:'id',
05      textField:'text'
06  });
```

也可以创建两个相互依赖的组合框，例如：

```
01  <input id="cc1" class="easyui-combobox" data-options="
02      valueField: 'id',
03      textField: 'text',
04      url: 'get_data1.php',
05      onSelect: function(rec){
06          var url = 'get_data2.php?id='+rec.id;
07          $('#cc2').combobox('reload', url);
08      }">
09  <input id="cc2" class="easyui-combobox"
data-options="valueField:'id',textField:'text'">
```

2. 组合框属性

组合框常用属性见表2.14。

表2.14 组合框常用属性说明

名称	类型	描述	默认值
valueField	string	设置存储值字段	value
textField	string	设置展示值字段	text

（续表）

名称	类型	描述	默认值
groupField	string	设置需要被分组的字段	null
groupFormatter	function(group)	设置分组文本的展示值	
mode	string	设置检索模式，设置为 remote 时从服务器加载数据，设置为 local 时从本地加载数据	local
url	string	提供初始化数据的服务器地址	null
method	string	定义何种方法向服务器传输参数	post
data	array	本地数据	null
queryParams	object	通过服务器加载数据时，向服务器传输的参数对象	{}
limitToList	boolean	限制用户的输入必须为下拉面板中的数据	false
showItemIcon	boolean	定义是否显示文本框右侧的下拉按钮	false
groupPosition	string	定义分组的位置，可能的值有 static 和 sticky	static
filter	function	当 mode 设置为本地加载数据时，filter 属性可以让开发者自定义接收到用户输入时如何显示下拉面板中的数据	
formatter	function	设置每一行数据的展示值	
loader	function(param,success, error)	用于从服务器端检索数据	json loader
loadFilter	function(data)	对服务器端检索后的数据进一步过滤	

　　下面将具体讲解如何使用组合框从服务器和本地加载数据，组合框加载数据时可以接收 JSON 格式数据，通过如下方法加载本地数据，部分代码如下：

```
01          $('#cc').combobox({
02              valueField:'id',
03              textField:'city',
04              data:[
05                  {"id":1," country":"中国","city":"北京市"},
06                  {"id":2," country":"中国","city":"上海市"},
07                  {"id":3," country":"中国","city":"重庆市"},
08                  {"id":4," country":"中国","city":"天津市"},
09                  {"id":5," country":"美国","city":"华盛顿"},
10                  {"id":6," country":"美国","city":"纽约"},
11                  {"id":7," country":"美国","city":"旧金山"},
12                  {"id":8," country":"英国","city":"伦敦"},
13                  {"id":9," country":"英国","city":"伯明翰"},
14                  {"id":10," country":"英国","city":"利兹"},
15                  {"id":11," country":"法国","city":"巴黎"},
16                  {"id":12," country":"法国","city":"马赛"},
```

```
17                    {"id":13," country":"法国","city":"里昂"},
18              ],
19          });
```

我们也可以通过服务器加载数据，服务器部分代码如下：

```
01      $city = array(
02          array("id"=>1," country"=>"中国","city"=>"北京市"),
03          array("id"=>2," country"=>"中国","city"=>"上海市"),
04          array("id"=>3," country"=>"中国","city"=>"重庆市"),
05          array("id"=>4," country"=>"中国","city"=>"天津市"),
06          array("id"=>5," country"=>"美国","city"=>"华盛顿"),
07          array("id"=>6," country"=>"美国","city"=>"纽约"),
08          array("id"=>7," country"=>"美国","city"=>"旧金山"),
09          array("id"=>8," country"=>"英国","city"=>"伦敦"),
10          array("id"=>9," country"=>"英国","city"=>"伯明翰"),
11          array("id"=>10," country"=>"英国","city"=>"利兹"),
12          array("id"=>11," country"=>"法国","city"=>"巴黎"),
13          array("id"=>12," country"=>"法国","city"=>"马赛"),
14          array("id"=>13," country"=>"法国","city"=>"里昂")
15      );
16      echo JSON($city);
```

对应的客户端部分代码如下：

```
01      $('#cc').combobox({
02          valueField:'id',
03          textField:'city',
04          url:" getData.php"
05      });
```

最终运行结果如图 2.13 所示。

图 2.13   使用组合框加载数据

通过本地加载数据时，需要给 data 属性赋予一个 JSON 格式的数据，使用数字 1 来存储数据要比使用"北京市"来存储数据更加节省磁盘空间，而且避免了编码问题，因此在这里使用 id 字段来表示存储值，使用 city 字段来表示展示值。组合框中的 valueField 属性指定存储值的字段，textField 属性指定展示值字段。通过服务器加载数据，其实就是将数据保存在服务器端，其本质都是通过 JSON 格式数据来初始化组合框，url 属性提供组合框初始化数据的服务器地址。

在上述例子的 JSON 格式数据中有一个 country 字段，该字段表示每个城市所在的国家，组合框可以通过 groupField 属性对数据进行分组，使用 groupFormatter 属性设置各个分组的展示值，formatter 属性可以设置组合框中每一行数据的展示值。接下来我们将把数据按照国家进行分组，并将国家名格式化为该国家的国旗图标，然后再对各个国家首都进行加黑处理。部分代码如下：

```
01  $('#cc').combobox({
02      //扩展自 Combo 的属性
03      width: 400,
04      panelHeight:450,
05      //ComboBox 新增属性
06      valueField:'id',
07      textField:'city',
08      groupField:'country',
09      url:"server/getCountry.php",
10      groupFormatter:function(group){
11          if(group == "中国"){
12              return "<img src='img/zg.png'></img>";
13          }else if(group == "美国"){
14              return "<img src='img/mg.png'></img>";
15          }else if(group == "英国"){
16              return "<img src='img/yg.png'></img>";
17          }else if(group == "法国"){
18              return "<img src='img/fg.png' width='36' height='27'></img>";
19          }else{
20              return "";
21          }
22      },
23      formatter:function(row){
24          var opts = $(this).combobox("options");
25          var text = row[opts.textField];
26          if(text == "北京市"||text == "华盛顿"||text == "伦敦"||text == "巴黎"){
27              return "<b>"+text+"</b>";
28          }
29          else{
30              return text;
31          }
32      },
33  });
```

在上述代码中 groupFormatter 属性的参数 group 代表的是各个分组的名称，例如中国、美国等，程序会自动检测有多少个分组，并将每个类型的分组都使用一次 groupFormatter 中的方法格式化。formatter 属性中的 row 参数代表初始化数据中的每一行数据，例如{"id":1,"country":"中国","city":"北京市"}，程序会对初始化数据使用 format 中的方法进行格式化，因此通过这个方法我们可以自定义组合框中每一行数据的展示格式。options 方法在前面的章节中曾经提及过，它返回的是当前组件的配置，因此通过 row[opts.textField]可以获取组合框 textField 的值。最终运行结果如图 2.14 所示。

图 2.14　使用组合框对设计数据的展示值

【本节详细代码参见随书源码：　\源码\easyui\example\c2\comboboxFormat.html】

组合框是由可编辑的文本框和下拉面板组成的。用户同样可以在文本框内输入字符串来检索数据，因为当组合框中包含世界所有的国家的主要城市时，通过下拉面板一条条地查找数据显然效率低下，此时用户更希望在文本框内中输入需要查找的城市关键字，下拉面板自动将包含关键字的数据显示出来。mode 属性指定当用户在组合框内输入关键字时，组合框从何处获取数据，当设置其值为 remote 时，组合框会将用户输入的关键字通过 http 请求以参数 q 传输给服务器端，服务器端会将查询到的数据返回给组合框，mode 属性设置为 local 时，可以通过 filter 属性自定义规则在本地进行检索。服务器端检索数据较为复杂，接下来本书先讲解如何从本地检索数据，我们对上个例子进行修改，使用户输入国家时，下拉面板只显示该国家的城市，新增代码如下：

```
01      mode: "local",
02      filter:function(q,row)
03      {
04          var opts = $('#cc').combobox("options");//获取该组合框全部的属性
05          var groupname =row[opts.groupField];//获取该行数据的分组值
06          if(groupname == q){
07              return row[opts.textField];        //当用户输入的值等于分组值时则显示数据
08          }
09          else{
10              return false;
11          }
12      }
```

最终运行结果如图 2.15 所示。

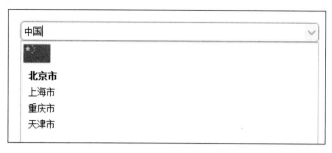

图 2.15　本地检索数据

　filter 属性默认检索规则是显示包含用户输入的关键字的数据。例如输入"北京",将会检索到"北京市"。

下面我们将探讨服务器端检索数据的方法,使用服务器端检索数据需要用到如下属性。

- mode:设置为 romote 时将从服务器端检索数据。
- loader:用于从服务器检索数据。
- loadFilter:对服务器端检索后的数据进一步过滤。

部分代码如下:

```
01    mode: "remote",
02    loader:function(param,success,error){
03        var q = param.q;              //获取文本框中输入的数据
04        if(q.length<1){
05            return false;
06        }
07        $.ajax({                      //利用 ajax 请求获取数据
08            url: ' filterCountry.php?q='+q,
09            dataType: 'json',
10            type:'get',
11            success: function(data){
12                success(data);
13            },
14            error:function(){
15                    error();
16                }
17        });
18    }
19  loadFilter:function(data){
20    //服务器端检索完毕后的回调函数,data 为服务器返回的值,
21    //开发者可以进一步对数据进行过滤
22    return data;
23  }
```

【本节详细代码参见随书源码:\源码\easyui\example\c2\ comboboxFilter.html】

loader 属性为一个函数，其参数 param 为需要被传输到服务器的数据，通过 param.q 可以得到用户输入的关键字，然后使用 ajax 的 get 方法向服务器传输用户输入的关键字，服务器将检索后的结果通过 JSON 格式返回，ajax 传输成功后调用 loader 函数的 success 参数，该参数接收服务器返回的数据，最后会调用 loadFilter 属性中的方法，该方法可以对检索后的数据进一步过滤。服务器端代码如下：

```
01  $limit = $_GET['q'];
02  $result = db::select("select * from country where country = :country",array(
03      "country"=>$limit
04  ))->getResult();
05  echo Data::toJson($result);
```

运行上述程序后读者可以发现，使用服务器检索数据在组合框初始化时，并不会加载全部的数据。因此通过服务器检索数据更适合用于数据量极大时，用户并不希望显示全部的数据，仅仅希望查找自己感兴趣的数据的情况下使用。

到目前为止组合框还有两个属性没有讲解，一个为 method 属性，另一个为 queryParams 属性。在实际项目开发中，经常会遇到权限限制的问题，例如在网站上有很多个用户，每个用户下拥有多个项目，我们希望用户只能看到自己的项目。例如我们希望用户只能看到中国下的全部城市，此时我们会通过 queryParams 属性增加一些参数，这些参数将会在组合框初始化时传输到服务器，服务器根据这些参数即可限制显示给用户的数据范围，method 属性指定以何种方式发送这些参数，它可以是 get 或者 post 方法。如下代码限制用户仅能查看中国的城市：

```
01      url:" getData.php",
02      queryParams:{"c":'中国'},
03      method: 'get'
```

服务器获取传输过来的参数并且进行处理，部分代码如下：

```
01  $limit = $_GET['c'];
02  $result = db::select("select * from country where country = :country",array(
03      "country"=>$limit
04  ))->getResult();
05  echo Data::toJson($result);
```

此时组合框内将仅仅显示中国范围内的城市。

loader 属性中的 param 参数是一个包含 queryParams 属性和用户输入值的对象，在上例中我们也可以通过 param.c 获取到 queryParams 属性中的限制参数，这种设计保证我们在向服务器检索数据时也可以限制在指定范围内检索。

看到这里读者可能会对组合框的属性感到繁杂，其实组合框一共有三大类属性，分别是：

（1）值类属性。例如 valueField 属性指定存储值字段，textField 属性指定展示值字段，groupField 属性指定分组值字段，由于 valueField、textField、groupField 属性仅仅是针对 JSON 格式内的数据，因此展示值只能是一段字符串，并不丰富。对此组合框提供了 groupFormatter

属性来将分组字段内容转换成任意的展示格式，提供 formatter 属性将展示值字段内容进一步格式化成任意形式。

（2）获取数据属性。组合框可以接受 JSON 格式数据，提供本地获取数据和服务器端获取数据两种形式。本地获取数据时直接设置 data 属性值即可，服务器端获取数据需要设置 url 属性为初始化数据的服务器地址。为了只显示指定范围内的数据可以在 queryParams 中增加一些限制参数，通过 method 属性指定这些参数以何种方法传输给服务器端。

（3）检索数据属性。组合框提供本地检索和服务器检索数据两种形式。本地检索数据时，只需要在 filter 属性中定义一系列的检索规则即可，本地检索数据在初始化时仍然会加载全部数据。通过服务器端检索数据时，需要设置 mode 属性值为 remote，在 loader 属性中向检索服务器发送 ajax 请求，接收到服务器返回的数据后会调用 loadFilter 属性对检索后的数据进一步过滤。

3. 组合框事件

组合框常用事件说明见表 2.15。

表 2.15　组合框常用事件说明

名称	参数	描述
onBeforeLoad	param	加载数据前触发的事件，然回 false 则取消加载
onLoadSuccess	none	加载数据成功时触发的事件
onLoadError	none	加载数据失败时触发的事件
onChange	newValue,oldValue	当文本内容发生改变时触发的事件
onClick	record	当用户单击下拉面板中的某条数据时触发的事件
onSelect	record	当用户选中下拉面板中的某条数据时触发的事件
onUnselect	record	当用户取消选中下拉面板中的某条数据时触发的事件

onBeforeLoad 是在数据加载前触发，其参数 param 表示此次数据加载请求中包含的全部参数，通常用在向服务器发送加载数据请求前检查请求的参数。

组合框事件的 record 参数为用户操作的行对象，包括用户操作某行数据的存储值、展示值以及分组值。

在 EasyUI 中很多参数都是对象，如果读者不清楚参数的具体含义，可以使用本书在 2.1.2 节中提供的 writeObj 函数打印对象。

4. 组合框方法

组合框常用方法说明见表 2.16。

表 2.16　组合框常用方法说明

名称	参数	描述
options	none	返回选项对象
getData	none	得到加载的数据
loadData	data	加载本地数据
reload	url	重新加载服务器数据
setValues	values	设置多个值
setValue	value	设置单个值
clear	none	清理全部的值
select	value	选中某个值
unselect	value	取消选中某个值

其中 setValues 方法需要在组合框设置为多选模式时才能选中多个值。设置组合框的值的含义是选中面板中指定的数据，并将选中数据的展示值显示在文本框中。

```
01          $('#cc').combobox("setValue","1");//选中单个数据
02          $('#cc').combobox("setValues","1,2");//选中多个数据
```

2.3　微调器简介

2.3.1　微调器（Spinner）

微调器由一个可编辑的文本框和两个微调按钮组成（下面称其为增量按钮和减量按钮），允许用户在一定范围内选择数据。与组合框一样，微调器也允许用户在文本框内输入值，但是它没有下拉面板。微调器是创建其他微调器组件（比如：数字微调（NumberSpinner）、时间微调器（TimeSpinner））的基础组件。

微调器的依赖关系如下：

● textbox

微调器扩展于：

● textbox

微调器的默认配置定义在$.fn.spinner.defaults 中。

1. 创建微调器

只可以通过 JavaScript 创建微调器，使用标记创建是不合法的。

```
01  <input id="ss" value="2">
02  $('#ss').spinner({
03      required:true,
04      increment:10
05  });
```

2. 微调器属性

微调器常用属性说明见表 2.17。

表 2.17　微调器的常用属性

名称	类型	描述	默认值
width	number	组件的宽度	auto
height	number	组件的高度	22
value	string	微调器的初始值	
min	string	微调器允许的最小值	null
max	string	微调器允许的最大值	null
increment	number	单击微调器按钮时的增量值	1
editable	boolean	定义是否可以直接向微调器中输入值	true
disabled	boolean	禁用微调器	false
readonly	boolean	是否开启只读模式	false
spinAlign	string	定义微调器按钮的对齐方式，可能的值有'left' 'right' 'horizontal'和'vertical'	right
spin	function(down)	当用户单击微调按钮时调用的函数。'down'参数表示用户单击了何种按钮，值为 true 表示用户单击了增量按钮，值为 false 时表示用户单击了减量按钮	

3. 微调器事件

微调器常用事件的说明见表 2.18。

表 2.18　微调器的常用事件

名称	参数	描述
onSpinUp	None	当单击向上微调按钮时触发
onSpinDown	None	当单击向下微调按钮时触发

4. 微调器方法

微调器常用方法的说明见表 2.19。

表 2.19　微调器的常用方法

名称	参数	描述
options	none	返回选项对象
destroy	none	销毁微调器组件
resize	width	调整微调器组件的尺寸
enable	none	启用微调器组件
disable	none	禁用微调器组件
getValue	none	获取组件的值
readonly	mode	启用/禁用只读模式
setValue	value	设置组件的值
clear	none	清理组件全部类型的值
reset	none	重置组件的全部类型的值

2.3.2　数字微调器（NumberSpinner）

数字微调器由数字框和微调器组成，可以将用户输入的数据转换成不同的展示格式，例如数字、百分比、货币等。它允许用户使用向上/向下微调按钮滚动到一个期望值。数字微调器的使用与数字框一样，不同的是开发者可以通过增量按钮或减量按钮来限制每次数值的变化量。

数字微调器的依赖关系如下：

- spinner
- numberbox

数字微调器扩展于：

- spinner

数字微调器的默认配置定义在$.fn.numberspinner.defaults 中。

1. 创建数字微调器

使用标记创建数字微调器的方法如下：

```
<input id="ss" class="easyui-numberspinner" >
```

使用 JavaScript 创建数字微调器的方法如下：

```
01    $('#ss').numberspinner({
02        min: 10,
03        max: 100,
04        editable: false
05    });
```

2. 数字微调器属性

数字微调器本身无重写/新增属性。

3. 数字微调器事件

数字微调器本身无重写/新增事件。

4. 数字微调器方法

数字微调器常用方法说明见表 2.20。

表 2.20　数字微调器的常用方法

名称	参数	描述
options	none	返回方法对象
setValue	value	设置数字微调器的值

2.3.3　时间微调器（TimeSpinner）

时间微调器是基于微调器的一个组件，与数字微调器一样。不过时间微调器可以用来显示时间，用户可以通过单击时间微调器右侧的增量或者减量按钮来调整时间。

时间微调器的依赖关系如下：

● spinner

时间微调器扩展于：

● spinner

时间微调器的默认配置定义在$.fn.timespinner.defaults 中。

1. 创建时间微调器

使用标记创建时间微调器的方法如下：

```
<input id="ss" class="easyui-timespinner"  style="width:80px;"
      required="required" data-options="min:'06:30',showSeconds:true">
```

使用 JavaScript 创建时间微调器的方法如下：

```
01  <input id="ss" style="width:80px;">
02     $('#ss').timespinner({
03        min: '06:30',
04        required: true,
05        showSeconds: true
06  });
```

2. 时间微调器的属性

时间微调器常用属性说明见表 2.21。

表 2.21　时间微调器的常用属性

名称	类型	描述	默认值
separator	string	时分秒之间的分隔符	:
showSeconds	boolean	是否精确显示到秒	false
highlight	number	初始化时高亮的字段，值 1 代表小时、2 代表分钟、3 代表秒	
formatter	function(data)	将存储值格式化成展示值	
parser	function(s)	将初始值或输入值解析成存储值	
selections	array	该属性用于设置组件高亮的部分，例如[[0,2]、[3,5]、[6,8]]	

3. 时间微调器的事件

时间微调器无重写/新增事件。

4. 时间微调器的方法

时间微调器常用方法说明见表 2.22。

表 2.22　时间微调器的常用方法

名称	参数	描述
options	none	返回选项对象
setValue	value	设置存储值
getHours	none	获取小时数据
getMinutes	none	获取分钟数据
getSeconds	none	获取秒数据

2.3.4　日期微调器（DateTimeSpinner）

日期微调器由时间微调器扩展而来，不仅可以微调时间还可以微调日期。

日期微调器的依赖关系如下：

● timespinner

日期微调器扩展于：

● timespinner

日期微调器的默认配置定义在$.fn.datetimespinner.defaults 中。

1. 创建日期微调器

使用标记创建日期微调器的方法如下：

```
<input class="easyui-datetimespinner" style="width:300px">
```

使用 JavaScript 创建创建日期微调器的方法如下：

```
01  <input id="dt" type="text" style="width:300px">
02  $('#dt').datetimespinner({
03      //...
04  })
```

2. 日期微调器属性

日期微调器重写了时间微调器的 selections 属性，可以通过为其设置一个数组值来调整日期微调器的高亮部分，例如：[[0,2],[3,5],[6,10],[11,13],[14,16],[17,19]]。

3. 日期微调器事件

日期微调器无重写/新增事件。

4. 日期微调器方法

日期微调器无重写/新增方法。

2.4　菜单和按钮

2.4.1　菜单（Menu）

菜单由菜单域与菜单元素组成，一个菜单域内有多个菜单元素，每一个菜单元素都拥有相关的属性，而菜单域也拥有属性、事件以及方法，菜单的创建较为麻烦，但是使用却很简单，本节将先介绍菜单元素的用法再详细介绍菜单域的用法。

菜单的默认配置定义在$.fn.menu.defaults 中。

1. 创建菜单

第一步需要创建一个菜单区域，并根据页面需要设置菜单区域的宽度，我们可以通过在class 中增加 easyui-menu 属性来创建菜单区域，代码如下：

```
01  <div class="easyui-menu" style="width:150px;" id='mm'>
02  菜单区域...
03  </div>
```

第二步需要设置菜单元素，可以通过在菜单域中添加<div>标签来创建菜单元素，代码如下：

```
01      <div class="easyui-menu" style="width:150px;">
02          <div>菜单元素 1</div>
03          <div>菜单元素 2</div>
04          <div>菜单元素 3</div>
```

```
05        </div>
```

第三步需要通过 JavaScript 初始化菜单域，代码如下：

```
$('#mm').menu();
```

第四步是显示菜单区域，菜单区域创建完成后默认是不显示的，开发人员需要通过如下代码显示菜单：

```
01  $('#mm').menu('show', {
02      left: 200,
03      top: 100
04  });
```

2. 菜单元素

菜单元素的属性见表 2.23。

表 2.23　菜单元素的属性

名称	类型	描述	默认值
id	string	菜单元素的 id 属性	
text	string	菜单元素显示的文本	
iconCls	string	在菜单元素左侧显示一个 16×16 的图标	
href	string	当单击菜单元素时跳转的页面	
disabled	boolean	定义是否显示菜单元素	false
onclick	function	单击菜单元素时被调用的函数	

我们可以给菜单元素添加一个图标和单击事件，代码如下：

```
<div data-options="iconCls:'icon-save'" onclick="alert('1111');">保存</div>
```

菜单元素本身也可以作为一个菜单域，可以在菜单元素中添加新的菜单元素，此时就可以创建二级菜单，如下代码所示。

```
01      <div id="mm" class="easyui-menu" >
02        <div>菜单元素一</div>
03        <div>
04          <span>二级菜单</span>
05          <div >
06            <div>二级菜单元素 1</div>
07            <div>二级菜单元素 2</div>
08          </div>
09        </div>
10        <div>菜单元素二</div>
11        <div>菜单元素三</div>
12      </div>
```

 由于每一个菜单元素都可以作为一个菜单域，因此我们可以根据需要创建任意多级菜单。

菜单元素也可以作为一个菜单分隔符，例如下面的代码可以创建一个菜单分隔符：

```
<div class="menu-sep"></div>
```

3. 菜单域的属性

菜单域常用属性的说明见表 2.24。

表 2.24　菜单域常用属性

名称	类型	描述	默认值
zIndex	number	菜单域的堆叠顺序值，堆叠顺序高的元素总是会处于堆叠顺序较低的元素的前面	110000
left	number	菜单域距离左侧的位置	0
top	number	菜单域距离顶部的位置	0
align	string	定义菜单的对齐方式可能是'left'和'right'	left
minWidth	number	菜单域的最小宽度	120
itemHeight	number	菜单元素的高度	22
duration	number	定义鼠标离开菜单域后多少毫秒后隐藏菜单域	100
hideOnUnhover	boolean	定义鼠标离开菜单域后是否自动隐藏菜单域	true
inline	boolean	定义是否设置为内联菜单	false
fit	boolean	定义是否自动适应其父元素尺寸	false

inline 属性设置菜单是否为内联菜单。所谓的内联，就是指显示位置是否以其父元素的起点为起点，例如：

```
01  <style>
02      #border{
03              border-style: solid;
04              border-width: 1px;
05              height: 100px;
06              width: 200px;
07              margin-left:500px;
08              margin-top:200px;
09          }
10      </style>
11      <div id="border">
12          <div id="mm" class="easyui-menu" >
13              <div>菜单元素一</div>>
14              <div>菜单元素二</div>
15              <div>菜单元素三</div>
16          </div>
17      </div>
18      <script>
19      $('#mm').menu({
20          inline:true
```

```
21        });
22        $('#mm').menu('show', {
23            left: 200,
24            top: 100
25        });
26    </script>
```

最终运行结果如图 2.16 所示。

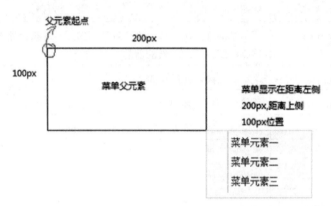

图 2.16　内联菜单

4. 菜单域的事件

菜单域常用事件的说明见表 2.25。

表 2.25　菜单域常用事件

名称	参数	描述
onShow	none	当菜单显示时触发
onHide	none	当菜单隐藏时触发
onClick	item	当菜单元素被单击时触发

当菜单域内有菜单元素被单击时会触发 onClick 事件。onClick 事件参数 item 为被单击的菜单元素对象，可以通过 item.name 或者 item.id 来获取被单击元素的 name 和 id 属性。例如，下面的代码当菜单元素一被单击时会显示该菜单元素名称，开发者可以使用该事件为菜单域内的各类菜单元素添加不同的处理逻辑：

```
01    <div id="mm" class="easyui-menu" >
02        <div name='菜单元素1'>菜单元素一</div>
03        <div>菜单元素二</div>
04        <div>菜单元素三</div>
05    </div>
```

```
06      <script>
07      $('#mm').menu({
08          onClick:function(item){
09              alert(item.name);
10          }
11      });
12      $('#mm').menu('show', {
13          left: 200,
14          top: 100
15      });
16      </script>
```

5. 菜单域的方法

菜单域常用方法的说明见表 2.26。

表 2.26　菜单域常用方法

名称	参数	描述
options	none	返回选项对象
show	pos	显示菜单域
hide	none	隐藏菜单域
destroy	none	销毁菜单域
getItem	itemEl	获取指定菜单元素包含 target 的属性
setText	param	设置指定菜单元素的文本
setIcon	param	设置指定菜单元素的图标
findItem	text	通过菜单元素的文本获取菜单元素对象
appendItem	options	在菜单域内添加一个新的菜单元素
removeItem	itemEl	移除指定的菜单元素
enableItem	itemEl	使用指定的菜单元素
disableItem	itemEl	禁用指定的菜单元素
showItem	itemEl	显示指定的菜单元素
hideItem	itemEl	隐藏指定的菜单元素
resize	menuEl	调整菜单域的大小

掌握菜单域的使用方法前，读者首先应该了解 itemEl 参数的含义，它指的是一个菜单元素对象，我们可以通过如下方法获取菜单元素对象：

```
01      <div id="mm" class="easyui-menu" >
02          <div id='m1'>菜单元素一</div>
03          <div>菜单元素二</div>
04          <div>菜单元素三</div>
05      </div>
```

```
06      <script>
07          var itemEl = $('#m1');  //获取菜单元素一对象
08      </script>
```

findItem 可以根据菜单元素名称获取菜单元素对象。

setText 可以更改指定的菜单元素名称。

setText 的参数 param 包含两个属性，第一个为 target 属性，它是指定的菜单元素的 DOM 对象；另一个为 text 属性，它是更改后的菜单元素名称，例如我们可以重新设置菜单元素的名称，部分代码如下：

```
01      var item = $('#mm').menu('findItem', '菜单元素一');
02      $('#mm').menu('setText', {
03          target: item.target,
04          text: '菜单元素新'
05      });
```

setIcon 的参数 param 包含两个属性，第一个为 target 属性，它是指定的菜单元素的 DOM 对象，另一个为 iconCls 属性，它为指定图标的类型。我们可以使用该方法设置菜单元素的图标，部分代码如下：

```
01  $('#mm').menu('setIcon', {
02      target: $('#mm').menu('findItem', '菜单元素一'),
03      iconCls: 'icon-closed'
04  });
```

2.4.2　链接按钮（LinkButton）

链接按钮由一个<a>标签表示，它可以同时显示文本和图标，也可以只显示其中的一个，链接按钮的宽度会根据文本的长度自动适应。链接按钮可以直接跳转页面，也可以通过程序获取其单击事件后进行相关逻辑处理。

链接按钮的默认配置定义在$.fn.linkbutton.defaults 中。

1. 创建链接按钮

使用标记创建链接按钮的方法如下：

```
<a id="btn"  href="#"  class="easyui-linkbutton">链接按钮</a>
```

通过 JavaScript 创建链接按钮的方法如下：

```
01  <a id="btn" href="#">链接按钮</a>
02  $('#btn').linkbutton();
```

2. 链接按钮属性

链接按钮常用属性的说明见表 2.27。

表 2.27　链接按钮常用属性

名称	类型	描述	默认
width	number	该组件的宽度	null
height	number	该组件的高度	false
id	string	该组件的 id 属性	false
disabled	boolean	定义是否禁用按钮	false
toggle	boolean	定义是否允许用户切换按钮的选中状态	false
selected	boolean	定义按钮的状态是否为选中状态	false
group	string	按钮所属的分组名称	null
plain	boolean	是否隐藏按钮边界	false
text	string	按钮上的文本	''
iconCls	string	按钮上的图标	null
iconAlign	string	图标的对齐方式，可能的值有'left' 'right' 'top'和 'bottom'	left
size	string	按钮的尺寸，可能的值有'small'和'large'	small

链接按钮属性的详细介绍如图 2.17 所示。

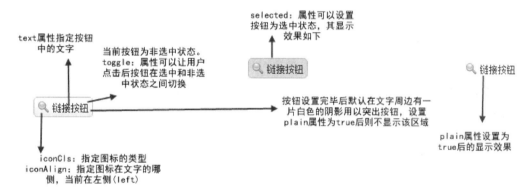

图 2.17　链接按钮属性介绍

3. 链接按钮事件

链接按钮常用事件说明见表 2.28。

表 2.28　链接按钮常用事件

名称	参数	描述
onClick	none	单击按钮后的事件

4. 链接按钮方法

链接按钮常用方法说明见表 2.29。

表 2.29　链接按钮常用方法

名称	参数	描述
options	none	返回选项对象
resize	param	调整按钮的尺寸
disable	none	禁用按钮
enable	none	启用按钮
select	none	设置按钮为选中状态
unselect	none	设置按钮为非选中状态

链接按钮方法的使用非常简单，如下代码可以调整链接按钮的尺寸：

```
01  $('#btn').linkbutton('resize', {
02      width: '100%',
03      height: 32
04  });
```

5. 处理链接按钮上的单击事件

链接按钮的主要作用就是在其被单击后可以处理一系列的事务，有些链接按钮被单击后需要直接跳转到一个新的页面，例如：

```
<a id="btn" href="test.html" class="easyui-linkbutton">链接按钮</a>
```

大部分的链接按钮在被单击后需要处理一系列的逻辑，例如表单中的提交按钮被单击后，需要判断用户的输入是否验证通过，此时我们需要通过程序来获取单击事件，例如：

```
01      $('#btn').click(function(){
02          alert('easyui');
03      });
```

我们也可以使用链接按钮提供的单击事件方法，例如：

```
01      $('#btn').linkbutton({
02          iconCls: 'icon-search',
03          onClick:function(){
04              alert('easyui');
05          }
06      });
```

6. 链接按钮组

我们通常会将一组关联的链接按钮分到一组中，当链接按钮被分组后，用户每次只能选中链接按钮组中的一个按钮，例如：

```
01      <div>
```

```
02          <a id="btn1" href="#">链接按钮 1</a>
03          <a id="btn3" href="#">链接按钮 2</a>
04          <a id="btn2" href="#">链接按钮 3</a>
05      </div>
06      <script>
07      $(function(){
08          $('#btn1').linkbutton({
09              toggle:true,
10              group:"btn-group"
11          });
12          $('#btn2').linkbutton({
13              toggle:true,
14              group:"btn-group"
15          });
16          $('#btn3').linkbutton({
17              toggle:true,
18              group:"btn-group"
19          });
20      });
21      </script>
```

最终运行结果如图 2.18 所示。

图 2.18　链接按钮组

2.4.3　菜单按钮（MenuButton）

上一节我们讲解了链接按钮的使用方法。链接按钮是一个基础按钮，它用于被单击后处理一系列的事务，但是在实际开发中特别是在列表中往往需要用到大量的链接按钮，例如某个页面显示 10 条用户的基本信息，每个用户的基本信息后面都需要有查看、编辑、删除这三个链接按钮，那么整个页面至少需要用到 30 个链接按钮。使用菜单按钮可以减少页面实际的按钮数量，它仅显示一个链接按钮，当链接按钮被单击后会在其下方显示一个菜单。

菜单按钮的依赖关系如下：

● linkbutton
● menu

菜单按钮扩展于：

● linkbutton

菜单按钮的默认配置定义在$.fn.menubutton.defaults 中。

1. 创建菜单按钮

创建菜单按钮时需要创建一个菜单按钮和一个菜单，并且设置菜单按钮的 menu 属性为菜单的一个选择器。

 所谓的选择器就是如何选中某个元素，可以通过元素的 id 来选择此时的写法为#xx，也可以根据元素的 class 来选择写法为.xx。还有一些高级的选择器就不在这里介绍了，详细情况请查看 jQuery 选择器。

通过标记创建菜单按钮的方法如下：

```
01  <a href="JavaScript:void(0)" id="mb" class="easyui-menubutton"
02      data-options="menu:'#mm',iconCls:'icon-edit'">编辑</a>
03  <div id="mm" style="width:150px;">
04     <div>详情</div>
05     <div>修改</div>
06     <div>删除</div>
07  </div>
```

通过 JavaScript 创建菜单按钮的方法如下：

```
01     <a href="JavaScript:void(0)" id="mb" >编辑</a>
02     <div id="mm" style="width:150px;">
03        <div>详情</div>
04        <div>修改</div>
05        <div>删除</div>
06     </div>
07     <script>
08     $(function(){
09        $('#mb').menubutton({
10            iconCls: 'icon-edit',
11            menu:'#mm'
12        });
13     });
14     </script>
```

此时我们就创建了一个菜单按钮，当将鼠标放到编辑按钮上时，会在按钮下方显示一个菜单，运行效果如图 2.19 所示。

图 2.19　菜单按钮显示效果

2. 菜单按钮属性

菜单按钮常用的属性见表 2.30。

表 2.30 菜单按钮的常用属性

名称	类型	描述	默认值
plain	boolean	是否隐藏按钮边界	true
menu	string	菜单选择器	null
menuAlign	string	菜单的对齐方式，可能的值有'left'和'right'	left
duration	number	鼠标放到菜单按钮上时，显示菜单的延迟时间，单位为毫秒	100
hasDownArrow	boolean	菜单按钮右侧是否显示下拉图标	true

3. 菜单按钮事件

菜单按钮本身无新增和重写事件。

4. 菜单按钮方法

菜单按钮常用方法见表 2.31。

表 2.31 菜单按钮的常用方法

名称	参数	描述
options	none	返回选项对象
disable	none	禁用菜单按钮
enable	none	启用菜单按钮
destroy	none	销毁菜单按钮

2.4.4 分割按钮（SplitButton）

分割按钮与菜单按钮一样都是由链接按钮和菜单组成的，不同的是当鼠标移动到菜单按钮任意位置上时会显示一个菜单，只有当鼠标移动到分割按钮右侧的图标上时才会显示菜单。也就是说，使用分割按钮可以直接单击处理事务而不需要显示菜单。例如，我们上一节展示的一个菜单按钮，它有详情、修改、删除这三个功能，通过编辑文本来提示用户单击并显示菜单，但是对于用户来说详情功能用得最多，而修改、删除功能极少使用，这时我们更希望菜单按钮单击后，可以直接跳转到详情页面而不是显示菜单，分割按钮就是为了这一问题而设计的。

分割按钮的依赖关系如下：

● menubutton

分割按钮扩展于：

● menubutton

分割按钮的默认配置定义在$.fn.splitbutton.defaults 中。

1. 创建分割按钮

通过标记创建分割按钮的方法如下：

```
01  <a href="JavaScript:void(0)" id="mb" class="easyui-splitbutton"
02      data-options="menu:'#mm'">详情</a>
03  <div id="mm" style="width:150px;">
04      <div>详情</div>
05      <div>修改</div>
06      <div>删除</div>
07  </div>
```

通过 JavaScript 创建分割按钮的方法如下：

```
01      <a href="JavaScript:void(0)" id="mb" >编辑</a>
02      <div id="mm" style="width:150px;">
03          <div>详情</div>
04          <div>修改</div>
05          <div>删除</div>
06      </div>
07      <script>
08      $(function(){
09          $('#mb').splitbutton({
10              menu:'#mm',,
11              onClick:function(){
12                      //处理详情功能业务
13              }
14          });
15      });
16      </script>
```

2. 分割按钮属性

分割按钮常用属性见表 2.32。

表 2.32　分割按钮的常用属性

名称	类型	描述	默认值
plain	boolean	是否隐藏按钮边界	true
menu	string	菜单选择器	null
menuAlign	string	菜单的对齐方式，可能的值有'left'和'right'	left
duration	number	鼠标放到分割按钮右侧下拉图标上时，显示菜单的延迟时间，单位为毫秒	100

3. 分割按钮事件

分割按钮本身无新增和重写事件。

4. 分割按钮方法

分割按钮常用方法见表 2.33。

表 2.33　分割按钮的常用方法

名称	参数	描述
options	none	返回选项对象
disable	none	禁用分割按钮
enable	none	启用分割按钮
destroy	none	销毁分割按钮

2.4.5　切换按钮（SwitchButton）

切换按钮通常用来提供两种状态的切换，例如开启/关闭状态，用户可以通过单击切换按钮的滑块来切换状态。

切换按钮的默认配置定义在$.fn.switchbutton.defaults 中。

1. 创建切换按钮

通过标记创建切换按钮的方法如下：

```
<input class="easyui-switchbutton" >
```

通过 JavaScript 创建切换按钮的方法如下：

```
01  <input id="sb" >
02  <script type="text/javascript">
03      $(function(){
04          $('#sb').switchbutton({
05              checked: true,
06          })
07      })
08  </script>
```

2. 切换按钮属性

切换按钮常用属性说明见表 2.34。

表 2.34　切换按钮常用属性说明

名称	类型	描述	默认值
width	number	切换按钮宽度	60
height	number	切换按钮高度	26
handleWidth	number	按钮中滑块的宽度	auto
checked	boolean	定义按钮是否被选择	false
disabled	boolean	禁用按钮	false
readonly	boolean	定义按钮是否为只读模式	false
reversed	boolean	定义为 true 时将会调换开启和关闭状态的位置	false

（续表）

名称	类型	描述	默认值
onText	string	滑块左侧的文本	ON
offText	string	滑块右侧的文本	OFF
handleText	string	滑块上的文本	"
value	string	给切换按钮绑定一个值	on

3. 切换按钮事件

切换按钮常用事件说明见表 2.35。

表 2.35　切换按钮常用事件说明

名称	参数	描述
onChange	checked	当滑块选中的值发生改变时触发

4. 切换按钮方法

切换按钮常用方法说明见表 2.36。

表 2.36　切换按钮常用方法说明

名称	参数	描述
options	none	返回选项对象
resize	param	调整切换按钮的尺寸
disable	none	禁用切换按钮
enable	none	启用切换按钮
readonly	mode	开启/关闭只读模式
check	none	选中切换按钮
uncheck	none	取消选中切换按钮
clear	none	清除切换按钮的选中值
reset	none	重置切换按钮的选中值
setValue	value	设置切换按钮值

2.5 快速输入日期

在之前的章节中已经简单介绍了部分 EasyUI 中的日期控件，如时间微调器、日期微调器等。本节将向读者介绍 EasyUI 中功能更加强大的日期控件，使用这些日期控件非常简单，但是如果要完全掌握它们却非常困难。在学习本节的过程中读者应该牢牢把握住存储值和展示值这一核心概念。

2.5.1 日历（Calendar）

在前面的章节中我们学习了日期微调器控件，这个控件尽管也可以设置日期，但是使用起来却比较麻烦，例如无法快速地选择一个日期。日历提供了一个可供用户单击选择日期的界面，用户可以使用日历控件快速选择日期，日历控件默认星期天为每周的第一天。

日历的默认配置定义在$.fn.calendar.defaults 中。

1. 创建日历

使用标记创建日历的方法如下：

```
<div id="cc" class="easyui-calendar" style="width:180px;height:180px;"></div>
```

使用 JavaScript 创建日历的方法如下：

```
01  <div id="cc" style="width:180px;height:180px;"></div>
02  $('#cc').calendar({
03      current:new Date()
04  });
```

2. 日历属性

日历常用属性的说明见表 2.37。

表 2.37　日历的常用属性

名称	类型	描述	默认
width	number	日历组件的宽度	180
height	number	日历组件的高度	180
fit	boolean	日历的尺寸是否自动适应其父元素	false
border	boolean	定义是否显示日历的边界	true
showWeek	boolean	定义是否显示星期数	false
weekNumberHeader	string	显示在星期数头部的标签	
getWeekNumber	function(date)	这个函数返回当前的星期数	
firstDay	number	定义每周的第一天。周末为 0，周一为 1……	0
weeks	array	显示的星期列表	['S','M','T','W','T','F','S']
months	array	显示的月份列表	['Jan', 'Feb', 'Mar', 'Apr', 'May', 'Jun', 'Jul', 'Aug', 'Sep', 'Oct', 'Nov', 'Dec']
year	number	设置日历当前显示的年份	当前年份（四位数表示）
month	number	设置日历当前显示的月份	当前月份，从 1 开始

（续表）

名称	类型	描述	默认
current	Date	设置日历当前显示的日期	当前日期
formatter	function(date)	设置日历中每日的展示值	
styler	function(date)	为日历中的展示值设置一个风格	
validator	function(date)	验证用户单击的日期是否可以被选择，返回 false 可以禁止用户选择该日期	

在详细讲解日历的属性前，先简单介绍 JavaScript 中的 Date 对象。Date 对象是 JavaScript 语言中内置的数据类型，用于提供日期和时间的操作接口。Date 类型使用自 UTC 1970 年 1 月 1 日 0 点开始经过的毫秒数来保存日期。Date 默认输出值格式为：

Tue Feb 13 2018 09:33:27 GMT+0800 (中国标准时间)

Date 对象的常用方法如下：

- 创建 Date 对象：var date = new Date()
- 从 Date 对象以四位数字返回年份：date.getFullYear()
- 从 Date 对象返回月份(0~11)：date.getMonth()
- 从 Date 对象返回一个月中的某一天(1~31)：date.getDate()
- 从 Date 对象返回一周中的某一天(0~6)：date.getDay()
- 返回 Date 对象的小时(0~23)：date.getHours()
- 返回 Date 对象的分钟(0~59)：date.getMinutes()
- 返回 Date 对象的秒数(0~59)：date.getSeconds()
- 返回 Date 对象的毫秒(0~999)：date.getMilliseconds()
- 返回 1970 年 1 月 1 日至今的毫秒数：date.getTime()
- 返回 1970 年 1 月 1 日午夜到指定日期（字符串）的毫秒数：date.parse()

> Data 对象是以毫秒数进行创建的，它以毫秒数返回当前的日期，但是一些后台语言（如 PHP 等）是通过秒数创建日期对象的，读者要注意两者之间的转换。Date 对象也可以通过日期格式进行创建，如 new Date('2018/1/1')，但是无法使用中文格式进行创建，例如 new Date('2018 年 1 月 1 日')是非法的。

日历默认以英文符号来标注月份以及星期，下面我们将对日历控件进行一次汉化，并演示日历属性的用法，部分代码如下：

```
01      $('#cc').calendar({
02          /*初始化为当前日期，Date 对象可以通过毫秒数以及日期格式进行创建，如果不填写
03   创建条件的话默认以当前日期进行创建*/
04          current:new Date(),
05          width:400,//日历控件宽度
06          height:300,//日历控件的高度
```

```
07          showWeek:true,//在日历控件的最左侧显示当前星期是当年的第几个星期
08          weekNumberHeader:"星期数",
09          firstDay:"1",//设置星期一为每周的第一天
10          months:['1月','2月','3月','4月','5月','6月','7月','8月','9月','10
月','11月','12月'],
11          //使用中文标注月份
12          weeks:['周日','周一','周二','周三','周四','周五','周六'],
13          //设置每一天的展示值
14          formatter:function(date){
15              return date.getDate()+"日";
16          },
17          //为展示值添加一个风格
18          styler:function(date){
19              if (date.getDay() == 6){
20                  return 'color:red';//将日历上周六的日期设置成红色
21              }
22              if (date.getDay() == 0){
23                  return 'color:blue';//将日历上周日的日期设置成蓝色
24              }
25          }
26      });
```

最终运行结果如图 2.20 所示。

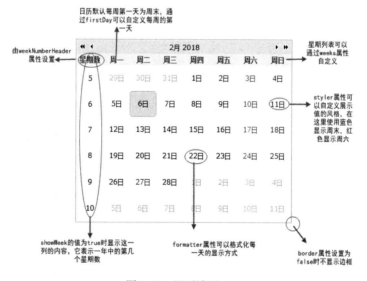

图 2.20　日历演示

3. 日历事件

日历常用事件说明见表 2.38。

表 2.38　日历的常用事件说明

名称	参数	描述
onSelect	Date	用户选择一个日期时触发
onChange	newDate, oldDate	日期改变时触发

4. 日历方法

日历常用方法说明见表 2.39 所示。

表 2.39　日历的常用方法说明

名称	参数	描述
options	none	返回日历选项对象
resize	none	调整日历尺寸
moveTo	date	指定日历选中的日期

2.5.2　日期框（DateBox）

日期框由组合和日历组成,用户在编辑框中输入的字符串被转换成有效的日期显示在日历面板上，在日历上选中的日期也将被转换成字符串显示在编辑文本框内。

日期框的依赖关系如下：

● combo

● calendar

日期框扩展于：

● combo

日期框的默认配置定义在$.fn.datebox.defaults 中。

1. 日期框的用法

使用标记创建日期框的方法如下：

```
<input id="db" type="text" class="easyui-datebox" required="required">
```

使用 JavaScript 创建日期框的方法如下：

```
01    <input id="db" type="text">
02    $('#db').datebox({
03       required:true
04    });
```

2. 日期框属性

日期框常用属性的说明见表 2.40。

表 2.40　日期框常用属性

名称	类型	描述	默认值
panelWidth	number	下拉日历面板的宽度	180
panelHeight	number	下拉日历面板的高度	auto
currentText	string	当前日期按钮上显示的文本	Today
closeText	string	关闭按钮上显示的文本	Close
okText	string	确定按钮上显示的文本	Ok
disabled	boolean	设置为 true 时禁用日期框	false
buttons	array	日历面板下的按钮	
sharedCalendar	string,selector	多个日期框组件使用的共享日历	
formatter	function	格式化日期的函数，并返回一个格式化的字符串值	
parser	function	解析日期字符串的函数，返回一个日期值	

下面我们先创建一个日期框，并将日期框的按钮进行相应汉化，部分代码如下：

```
01      <input id="db" type="text" class="easyui-datebox" required="required">
02          <script>
03              $(function(){
04                  $('#db').datebox({
05                      currentText:"今天",
06                      closeText:"关闭",
07                  });
08              });
09          </script>
```

最终运行结果如图 2.21 所示。

图 2.21　日期框演示

此时我们已经将按钮的默认名称改为对应的中文名称。EasyUI 允许开发者自由地改变按钮数量以及按钮的消息响应（消息响应简单的来说就是按下该按钮后所运行的一段程序，一般使用 handler 函数来处理，开发者可以在 handler 函数体内编写相应的响应程序），下面我们在"今天"和"关闭"两个按钮之间添加一个"确定"按钮，部分代码如下：

```
01          <input id="db" type="text" class="easyui-datebox" required="required">
02          <script>
03              $(function(){
04                  $('#db').datebox({
05                      currentText:"今天",
06                      closeText:"关闭",
07                  });
08                  var buttons = $.extend([], $.fn.datebox.defaults.buttons);
09                  buttons.splice(1, 0, {
10                      text: '确定',
11                      handler: function(target){
12                          alert('当前选择的日期是'+$(target).val());
13                      }
14                  });
15                  $('#db').datebox({
16                      buttons: buttons
17                  });
18              });
19          </script>
```

该例我们创建了一个带"确定"按钮的日期框，并且在单击"确定"按钮时显示当前选择的时间，最终运行结果如图 2.22 所示。

图 2.22　设置日期框按钮

对按钮的操作在实际开发中十分常用，上述改变日期框按钮的操作是一个十分通用的方法，下面将对上述代码进行详细解析。

先看这段代码：

```
var buttons = $.extend([], $.fn.datebox.defaults.buttons);
```

这段代码的含义是获取日期框控件的默认按钮对象并以数组形式返回。在这里指定控件是日期框（datebox），日期框的默认按钮是'Today'和'Close'按钮，因此 buttons 的值也就是数组['Today 按钮对象','Close 按钮对象']。

所谓的按钮对象，读者可以简单地理解为包含按钮名称、消息响应函数等属性的集合。

接下来看这段代码：

```
01  buttons.splice(1, 0, {
02      text: '确定',
03      handler: function(target){
04      alert('当前选择的日期是'+$(target).val());
05      }
06  });
```

我们先简单地学习一下 splice 函数的用法，splice 是 JavaScript 的一个方法，用于向数组添加或者删除元素，它的基本语法是：

```
arrayObject.splice(index,howmany,item1,.....,itemX)
```

- index：规定添加/删除元素的位置，使用负数可从数组结尾处规定位置。
- howmany：规定要删除的元素数量。如果设置为 0，则不会删除元素。
- item1：向数组添加的新元素。
- arrayObject：需要被进行添加/删除的数组。

index 规定的元素位置是从 0 开始计数的，本例中的位置顺序是['0'=>'Today 按钮对象', '1'=>'Close 按钮对象']

设置 index 参数值为 1，howmany 参数值为 0 意味着在第二个元素的位置上新增一个 item1 元素，原先位置上的 Close 按钮对象保留并向后退一位，此时 buttons.数组的值就变成了['Today 按钮对象', '新增的按钮对象', 'Close 按钮对象']。如果设置 howmany 的值为 1，就会删除原先位置上的 Close 按钮对象，此时 buttons.数组的值就变成了['Today 按钮对象', '新增的按钮对象']。在本例中新增的按钮对象为：

```
01  {
02          text: '确定',
03          handler: function(target){
04          alert('当前选择的日期是'+$(target).val());
05          }
06  }
```

在 JavaScript 中使用{}来表示一个对象。

其中 text 表示按钮的名称，handler 为按钮单击消息的响应函数，参数 target 为日期框中的编辑框对象，这样通过 jQuery 的取值方法就能轻松获取当前选中的日期。

图 2.21 中在文本框内显示的日期格式为 X（月）/X（日）/X（年），这并不符合中国人的阅读模式，我们更希望将日期格式改为 X 年 X 月 X 日，此时需要使用 formatter 和 parser 属性来设置，许多初学者可能会写下如下代码：

```
01  <input id="db" type="text" class="easyui-datebox" required="required">
02      <script>
03          $(function(){
```

```
04                    $('#db').datebox({
05                        parser:function(s){
06                            var t =Date.parse(s);
07                            if (!isNaN(t)){
08                                return new Date(t);
09                            } else {
10                                return new Date();
11                            }
12                        },
13                        formatter:function(date){
14                            var y = date.getFullYear();
15                            var m = date.getMonth()+1;
16                            var d = date.getDate();
17                            return y+'年'+m+'月'+d+'日';
18                        }
19                    });
20                });
21            </script>
```

最终运行结果如图 2.23 所示。

图 2.23　设置日期框的展示值

此时会发现日期的格式虽然显示正常，但是无论单击哪一天总是会显示当前日期，这是因为 parser 属性是对初始值以及输入值进行解析的。我们在数字框章节中讲到，parser 属性是将初始值以及输入值解析成合法的存储值。例如，上述代码中通过 if(!isNaN(t)) 来判断输入框中的值是否是一个合法的日期格式，如果不是合法日期格式就将当前的日期作为存储值返回。Date 对象的 parse 方法无法解析中文格式的日期，始终返回当前的日期对象，所以我们会发现无论在日历中选中哪一天，文本框中始终显示当前的日期。解决这个问题的方法就是，在 parser 属性中将中文格式的日期转化成 Date 对象的 parse 方法所接收的日期格式，例如 X（月）/X（日）/X（年）。

使用中文格式日期还存在一个问题，我们无法限制用户在文本框中按照我们规定的格式输入日期。例如，我们使用 parser 属性的方法对 X 年 X 月 X 日格式日期进行解析，此时如果用户输入 X（年）/X（月）/X 日，那么日期框仍然无法正常运作。解决这个问题的方法就是在对用户输入进行解析时判断多种情况，相关代码如下：

```
01    parser: function(s){
02        //使用正则表达式解析用户输入
03        //第一种解析的格式 X 年 X 月 X 日
04        var m1 = /\d 年\d 月\d 日/;
05        //第二种解析的格式 X/X/X;
06        var m2 = /\d\/\d\/\d/;
07        //第三种解析的格式 X.X.X
08        var m3 = /\d\.\d\.\d/;
09        if (m1.test(s)){
10        var tmp1 = s.split("年");
11            var year = tmp1[0];
12            var tmp2 = tmp1[1].split("月");
13            var month= tmp2[0];
14            var tmp3 = tmp2[1].split("日");
15            var day  = tmp3[0]
16            return new Date(year+"/"+month+"/"+day);
17        }else if(m2.test(s)){
18            return new Date(s);
19        } else if(m3.test(s)){
20            return new Date(s);
21        }
22        else {
23            return new Date();
24        }
25    },
26    formatter:function(date){
27        var y = date.getFullYear();
28        var m = date.getMonth()+1;
29        var d = date.getDate();
30        return y+'年'+m+'月'+d+"日";
31    }
```

最终运行结果如图 2.24 所示。

图 2.24 设置中文格式的日期框

【本节详细代码参见随书源码：\源码\easyui\example\c2\dateboxCHN.html】

3. 日期框事件

日期框常用事件说明见表 2.41。

表 2.41　日期框常用事件

名称	参数	描述
onSelect	date	当用户选中一个日期后触发

4. 日期框方法

日期框常用方法说明见表 2.42。

表 2.42　日期框常用方法

名称	参数	描述
options	none	返回选项对象
calendar	none	获取日历对象
setValue	value	设置日期框的值
cloneFrom	from	将日期框从一个地方复制到另一个地方

5. 日历的共用

在网站开发中经常会遇到一个页面中用到多个日期时间框的情况,通常情况下需要通过日期框的 calendar 方法获取其日历对象,然后对日历对象进行汉化,但是对每个日期框都使用这种方式会使开发变得十分烦琐,因此我们可以采用多个日期框共用一个日历的方法来减少开发的难度。日期框可以通过 sharedCalendar 属性和 cloneFrom 方法来共用日历。其中 sharedCalendar 属性是对日历进行复用,使用方法如下:

```
01      <input id="dt1" type="text">
02      <input id="dt2" type="text">
03      <div id="cc"></div>
04      <script>
05          $(function(){
06              $('#dt1').datebox({
07                  sharedCalendar:"#cc"
08              });
09              $('#dt2').datebox({
10                  sharedCalendar:"#cc"
11              });
12              $('#cc').calendar({
13                  current:new Date(),
14                  width:400,
15                  height:300,
16                  firstDay:"1",
17                  months:['1月','2月','3月','4月','5月','6月','7月','8月',
18                  '9月','10月','11月', '12月'],
19                  weeks:['周日','周一','周二','周三','周四','周五','周六'],
```

```
20                    });
21                });
22            </script>
```

使用该方法时需要先初始化一个日历,然后使用 sharedCalendar 属性使两个日期框共同使用这个日历。

使用日期框的 cloneFrom 方法也可以完成日历的共享,与 sharedCalendar 属性不同的是,cloneFrom 方法会共用指定日期框的全部属性,也可以称它是完成日期框的复制操作,例如:

```
01    <input id="dt1" type="text">
02    <input id="dt2" type="text">
03    <script>
04        $(function(){
05            $('#dt1').datebox({
06                width:300,
07                currentText:"今天",
08                closeText:"关闭",
09
10            });
11            $('#dt1').datebox('calendar').calendar({
12                current:new Date(),
13                width:400,
14                height:300,
15                firstDay:"1",
16                months:['1月','2月','3月','4月','5月','6月','7月','8月',
17                '9月','10月',  17    '11月', '12月'],
18                weeks:['周日','周一','周二','周三','周四','周五','周六'],
19            });
20            $('#dt2').datebox("cloneFrom","#dt1");
21        });
22    </script>
```

最终运行结果如图 2.25 所示。

图 2.25　日期框的复制

【本节详细代码参见随书源码:\源码\easyui\example\c2\shareCalendar.html】

2.5.3　日期时间框（DateTimeBox）

日期时间框的使用与日期框一样,与日期框不同的是日期时间框增加了一个时间微调器用于显示时间。

日期时间框的依赖关系如下:

- datebox
- timespinner

日期时间框扩展于:

- datebox

日期时间框的默认配置定义在$.fn.datetimebox.defaults 中。

1. 日期时间框的用法

使用标记创建日期时间框的方法如下:

```
<input class="easyui-datetimebox" >
```

使用 JavaScript 创建日期时间框的方法如下:

```
01  <input id="dt" type="text">
02  $('#dt').datetimebox();
```

2. 日期时间框的属性

日期时间框常用属性见表 2.43。

表 2.43　日期时间框常用属性

名称	类型	描述	默认值
currentText	string	当前日期按钮上显示的文本	Today
closeText	string	关闭按钮上显示的文本	Close
okText	string	确定按钮上显示的文本	Ok
spinnerWidth	number	嵌入在日期时间框中时间微调器的宽度	100%
showSeconds	boolean	时间是否精确显示到秒	true
timeSeparator	string	时间分隔符，分割小时、分钟以及秒数的分割符	:

3. 日期时间框的事件

日期时间框无新增和重写的事件。

4. 日期时间框的方法

日期时间框常用方法见表 2.44。

表 2.44　日期时间框常用方法

名称	参数	描述
options	none	返回选项对象
spinner	none	获取微调器对象
setValue	value	设置日期时间框的值
cloneFrom	from	将日期时间框从一个地方复制到另一个地方

2.6　其他高级组件

本节将讲解 EasyUI 中的一些高级组件，这些组件都是由一些基础组件组合而来，它们的使用非常简单，但是功能却非常强大。

2.6.1　标签框（TagBox）

在前面的章节中我们介绍了组合框的使用方法，当设置组合框属性 multiple 为 true 时，组合框支持多选，此时如果需要修改选中内容时，可以在文本框中删除指定内容或者在下拉面板中重新选择。标签框由组合框扩展而来，它可以在文本框内显示标签而不是展示值，此时如果用户需要删除选中的内容，只需在文本框中将标签删除即可，而不需要将内容一个个地删除。

标签框的依赖关系如下：

● combobox

标签框扩展于：

● combobox

标签框的默认配置定义在$.fn.tagbox.defaults 中。

1. 创建标签框

使用标记创建标签框的方法如下：

```
<input class="easyui-tagbox" value="标签元素1,标签元素2" label="请选择">
```

使用 JavaScript 创建标签框的方法如下：

```
01 <input id="tb" type="text" style="width:300px">
02 $('#tb').tagbox({
03     label: '请选择',
04     value: ['标签元素1','标签元素2']
05 });
```

2. 标签框属性

标签框常用属性说明见表 2.45。

表 2.45 标签框常用属性

名称	类型	描述	默认值
hasDownArrow	boolean	标签框右侧是否显示下拉图标	false
tagFormatter	function(value,row)	设置标签的展示值	
tagStyler	function(value,row)	给标签的展示值添加风格	

3. 标签框事件

标签框常用事件见表 2.46。

表 2.46 标签框常用属性

名称	类型	描述
onClickTag	value	标签被单击时触发
onBeforeRemoveTag	value	删除标签前触发，如果返回 false 则阻止删除行为
onRemoveTag	value	删除标签时触发

4. 标签框方法

标签框无新增和重写的方法。

2.6.2　搜索框（SearchBox）

搜索框由文本框和菜单按钮组成，用户可以在菜单按钮中选择不同的搜索类型，当用户单击搜索框右侧的图标时就会触发搜索行为。

搜索框的依赖关系如下：

● 　textbox

● 　menubutton

搜索框扩展于：

● 　textbox

搜索框的默认配置定义在$.fn.searchbox.defaults 中。

1. 创建搜索框

使用标记创建搜索框的方法如下：

```
01  <input id="ss" class="easyui-searchbox" style="width:300px"
02      data-options="searcher:qq,prompt:'请输入搜索内容',menu:'#mm'"></input>
03  <div id="mm" style="width:120px">
04    <div data-options="name:'all',iconCls:'icon-ok'">类型一</div>
```

```
05        <div data-options="name:'sports'">类型二</div>
06   </div>
07   <script type="text/JavaScript">
08    function qq(value,name){
09        alert(value+":"+name)
10    }
11   </script>
```

通过 JavaScript 创建搜索框的方法如下：

```
01   <input id="ss"></input>
02   <div id="mm" style="width:120px">
03       <div data-options="name:'all',iconCls:'icon-ok'">类型一</div>
04       <div data-options="name:'sports'">类型二</div>
05   </div>
06   $('#ss').searchbox({
07       searcher:function(value,name){
08           alert(value + "," + name)
09       },
10       menu:'#mm',
11       prompt:'请输入搜索内容'
12   });
```

2. 搜索框属性

搜索框常用属性说明见表 2.47。

表 2.47　搜索框常用属性说明

名称	类型	描述	默认值
width	number	组件的宽度	auto
height	number	组件的高度	22
prompt	string	显示在文本框内的提示消息	''
value	string	输入值	''
menu	selector	菜单选择器	null
searcher	function(value,name)	用于相应用户搜索行为的函数	null
disabled	boolean	禁用搜索框	false

searcher 属性是搜索框最重要的一个属性，当用户单击搜索图标时，就会运行该属性内定义的方法。其中的参数 value 为文本框内的值，name 参数为用户选择的菜单元素的 name 属性。

3. 搜索框事件

搜索框无新增和重写事件。

4. 搜索框方法

搜索框常用方法说明见表 2.48。

表 2.48　搜索框常用属性

名称	类型	描述
options	none	返回选项对象
menu	none	返回菜单对象
textbox	none	返回文本框对象
getValue	none	返回当前搜索值
setValue	value	设置一个新的搜索值
getName	none	获取当前选中的搜索类型名称
selectName	none	设置当前的搜索类型
destroy	none	销毁组件
resize	width	调整组件尺寸
disable	none	禁用组件
enable	none	启用组件
clear	none	清除搜索内容
reset	none	重置搜索内容

2.6.3　文件框（FileBox）

文件框用于用户上传表单文件，扩展自文本框。文件框中可以使用文本框的属性、事件以及方法，但是出于浏览器安全的考虑，部分方法如'setValue'可能无法在文件框上使用。本节将简单介绍文件框的使用方法，在下一节表单中将向读者演示如何利用表单上传文件。

文件框的依赖关系如下：

● textbox

文件框扩展于：

● textbox

文件框的默认配置定义在$.fn.filebox.defaults 中。

1. 创建文件框

使用标记创建文件框的方法如下：

```
<input class="easyui-filebox" style="width:300px">
```

通过 JavaScript 创建文件框的方法如下：

```
01  <input id="fb" type="text" style="width:300px">
02  $('#fb').filebox({
03      buttonText: 'Choose File',
04      buttonAlign: 'left'
```

```
05   })
```

2. 文件框属性

文件框常用属性说明见表 2.49。

表 2.49　文件框常用属性

名称	类型	描述	默认
buttonText	string	文件框右侧按钮上的显示文本	Choose File
buttonIcon	string	文件框右侧按钮上的显示图标	null
buttonAlign	string	按钮的位置，可能是'left'和'right'	right
accept	string	指定服务器接收的类型	
multiple	boolean	定义是否允许上传多个文件	false
separator	string	多文件上传时各个文件名称之间的分隔符	,

accept 属性可以限制用户选择的文件类型，例如限制用户只能选择图片，代码如下：

```
01   $('#file').filebox({
02       accept: 'image/*'
03   });
```

其中符号*的含义是允许用户选择所有的 image 类型文件，常见的 accept 值见表 2.50。

表 2.50　常见的accept值

类型	accept 值
*.3gpp	audio/3gpp, video/3gpp
*.ac3	audio/ac3
*.asf	allpication/vnd.ms-asf
*.au	audio/basic
*.css	text/css
*.csv	text/csv
*.doc	application/msword
*.dot	application/msword
*.dtd	application/xml-dtd
*.dwg	image/vnd.dwg
*.dxf	image/vnd.dxf
*.gif	image/gif
*.htm	text/html
*.html	text/html

（续表）

类型	accept 值
*.jp2	image/jp2
*.jpe	image/jpeg
*.jpeg	image/jpeg
*.jpg	image/jpeg
*.js	text/JavaScript, application/JavaScript
*.json	application/json
*.mp2	audio/mpeg, video/mpeg
*.mp3	audio/mpeg
*.mp4	audio/mp4, video/mp4
*.mpeg	video/mpeg
*.mpg	video/mpeg
*.mpp	application/vnd.ms-project
*.ogg	application/ogg, audio/ogg
*.pdf	application/pdf
*.png	image/png
*.pot	application/vnd.ms-powerpoint
*.pps	application/vnd.ms-powerpoint
*.ppt	application/vnd.ms-powerpoint
*.rtf	application/rtf, text/rtf
*.svf	image/vnd.svf
*.tif	image/tiff
*.tiff	image/tiff
*.txt	text/plain
*.wdb	application/vnd.ms-works
*.wps	application/vnd.ms-works
*.xhtml	application/xhtml+xml
*.xlc	application/vnd.ms-excel
*.xlm	application/vnd.ms-excel
*.xls	application/vnd.ms-excel
*.xlt	application/vnd.ms-excel
*.xlw	application/vnd.ms-excel
*.xml	text/xml, application/xml
*.zip	aplication/zip

3. 文件框事件

文件框无新增或重写属性。

4. 文件框方法

文件框常用方法说明见表 2.51。

表 2.51　文件框常用方法

名称	参数	描述
files	none	返回选择的文件列表对象

2.7　表单

在本章的开头部分，我们讲到一个表单由三部分组成，即表单标签、表单域、表单按钮，并且学习了 EasyUI 表单域中的部分控件以及各类按钮的使用方法。在前面的章节中，我们介绍的各类控件大都是用来处理用户的各类操作，其仅仅属于客户端的操作，而一个网站更需要服务器端来处理客户端的各种操作，表单就是客户端与服务器端之间交互的一个中介，通过表单我们可以将各类控件的值传输到服务器端。本节将先介绍表单的使用方法，随后将向读者演示一些实用的程序。

2.7.1　表单的基本使用方法

本节将先带领读者学习表单的基本使用方法，接着会通过几个例子进一步讲解表单的使用。

表单的默认配置定义在$.fn.form.defaults 中。

1. 创建表单

表单只能通过标记来创建：

```
01    <form id="ff">
02        ...表单域内的各类控件以及表单按钮
03    </form>
```

2. 表单属性

表单常用属性说明见表 2.52。

表 2.52　表单常用属性

名称	类型	描述	默认
novalidate	boolean	设置为 false 时可以对表单字段进行验证	false
iframe	boolean	是否使用 iframe 提交表单，设置为 true 时将在 iframe 中提交表单，设置为 false 时将通过 ajax 提交表单	true

（续表）

名称	类型	描述	默认
ajax	boolean	定义是否通过 ajax 提交表单	true
dirty	boolean	定义是否仅提交值发生改变的字段	false
queryParams	object	提交表单时向服务器传输的一些额外参数	{}
url	string	服务器端地址	null

3. 表单事件

表单常用事件说明见表 2.53。

表 2.53　表单常用事件说明

名称	参数	描述
onSubmit	param	提交表单前触发，返回 false 则阻止表单提交
onProgress	percent	提交数据时触发，percent 为当前数据上传的进度，使用该事件必须设置 iframe 为 false
success	data	表单成功提交后触发
onBeforeLoad	param	初始化数据加载前触发
onLoadSuccess	data	初始化数据加载成功时触发
onLoadError	none	初始化数据加载失败时触发
onChange	target	字段的值发生改变时触发

4. 表单方法

表单常用方法说明见表 2.54。

表 2.54　表单常用方法说明

名称	参数	描述
submit	options	提交表单，参数 options 是一个包含以下属性的对象 url: 服务器地址 onSubmit: 提交表单前触发的事件 success: 服务器处理完毕后回调的函数
load	data	加载数据初始化表单
clear	none	清除全部加载的数据
reset	none	重置全部加载的数据
validate	none	检查组件是否验证通过
enableValidation	none	启用验证
disableValidation	none	禁用验证
resetValidation	none	重置验证
resetDirty	none	重置被改变的标记

2.7.2　提交表单

通常我们会在控件的标记内定义一个 name 属性，在向服务器提交数据时，服务器可以通过该属性的值来获取数据，例如：

```
01      <form id="ff" method="post">
02          <div id="nb" name="nb"></div>
03          <a id="btn" href="#" class="easyui-linkbutton">提交</a>
04      </form>
05      <script>
06          $(function(){
07              $('#nb').numberbox({
08                  prefix:'$',
09              });
10              $('#ff').form({
11                  url:"form.php",
12                  onSubmit: function(){
13                      //提交前触发的事件
14                  },
15                  success:function(data){
16                      //服务器返回数据后触发
17                  }
18              });
19              $("#btn").click(function(){
20                  $('#ff').submit();
21              });
22          });
23      </script>
```

相关的服务器代码如下：

```
01  <?php
02      //获取前端数据
03      $name = $_POST["nb"];
04      //注意$name 的值是存储值
05  ?>
```

服务器接收的存储值，本例中如果用户输入数字 1 时数字框会显示$1，但是提交到服务器的则是存储值 1。

我们也可以使用表单的 submit 方法动态提交表单，例如上述代码等同于：

```
01      <form id="ff" method="post">
02          <div id="nb" name="nb"></div>
03          <a id="btn" href="#" class="easyui-linkbutton">提交</a>
04      </form>
05      <script>
06          $(function(){
07              $('#nb').numberbox({
08                  prefix:'$',
```

```
09                    });
10              $("#btn").click(function(){
11                $('#ff').form('submit',{
12                    url:"form.php",
13                    onSubmit: function(){
14                        //提交前触发的事件
15                    },
16                    success:function(data){
17                        //服务器返回数据后触发
18                        alert(data);
19                    }
20                });
21            });
22        });
23    </script>
```

在提交表单的过程中，可以使用 queryParams 属性添加一些额外的参数，例如：

```
queryParams:{param1:'1',param2:'2'},
```

服务器端获取这些参数的方法如下：

```
$param1 = $_POST["param1"];
```

在提交表单前通常需要检查组件中的输入值是否通过验证，此时只需在 onSubmit 事件中使用 validate 方法进行检查即可，该方法会自动扫描表单内的全部组件，只有所有组件都验证通过时它才会返回 true。例如：

```
01        onSubmit: function(){
02                if($('#ff').form('validate')){
03                    alert('通过验证');
04                    return true;
05                }
06                else{
07                    alert('未通过验证');
08                    return false;
09                }
10        }
```

2.7.3 初始化表单字段

在实际开发中经常会遇到对某些信息进行编辑的情况，例如编辑某人的个人信息等，此时需要先从服务器将用户数据取出并初始化指定的组件，EasyUI 表单提供了数据加载功能，它可以方便地帮助我们完成数据的初始化功能，它支持本地加载数据和从服务器加载数据两种方式。下面先向读者展示如何加载本地数据，相关代码如下：

```
01    <form id="ff" method="post">
02            <input id="nickname" name="nickname"><br/><br/>
03            <input id="age" name="age"><br/><br/>
04            <input id="birthday" name='birthday'>
05    </form>
```

```
06        <script>
07            $(function(){
08                $('#nickname').textbox({
09                    label:"姓名",
10                    labelWidth:150,
11                    width:350
12                });
13                $('#age').numberspinner({
14                    label:"年龄",
15                    labelWidth:150,
16                    width:350
17                });
18                $('#birthday').datebox({
19                    label:"出生日期",
20                    labelWidth:150,
21                    width:350
22                });
23                $("#ff").form('load',{
24                    nickname:'张三',
25                    age:'18',
26                    birthday:'7/3/2000'
27                })
28            });
29        </script>
```

使用表单的 load 方法可以加载本地数据，可以发现在它的参数中仍然是使用字段的 name
属性进行赋值。最终运行结果如图 2.26 所示。

图 2.26　使用本地数据初始化表单

同样可以使用 load 方法加载服务器端数据来初始化表单，例如：

```
$("#ff").form('load','initData.php');
```

其中服务器端代码如下：

```
01        $data = array('nickname'=>'zhangsan',
02                'age'=>'18',
03                'birthday'=>'7/3/2000'
04                );
05        echo json_encode($data);
```

服务器端的数据结构与本地加载时一致，也是通过字段的 name 属性来赋值。

2.7.4　文件上传

本节将讲解如何利用表单上传文件，先看一个例子：

```
01          <form id="ff" method="post">
02            <!-- 只接受 pdf 类型文件 -->
03            <input class="easyui-filebox" name='file' style="width:300px"
04             data-options="accept:'application/pdf'" ><br/><br/>
05            <div id="p" class="easyui-progressbar"
style="width:300px;"></div><br/><br/>
06            <a id="btn" href="#" class="easyui-linkbutton">上传文件</a>
07          </form>
08          <script>
09            $(function(){
10              $("#ff").form({
11                iframe:false,
12                onProgress:function(percent){
13                  $("#p").progressbar("setValue",percent);
14                }
15              });
16              $("#btn").click(function(){
17                $('#ff').form('submit',{
18                  url:"server/upload.php",
19                });
20              });
21            });
22          </script>
```

这个例子里面我们使用了表单的 onProgress 事件，该事件返回文件上传过程中的进度，使用该事件先要设置表单的 iframe 属性为 false。我们使用了一个进度条组件（progressbar），该组件将会动态显示文件上传的进度。

读者也可以使用 $.messager.progress() 方法显示默认的进度条、使用 $.messager.progress('close')方法关闭默认进度条。不同的是默认进度条并不会根据表单处理的进度实时更新，它会循环地更新进度直到被关闭为止。

服务器端同样是使用文件框的 name 来获取上传的文件，其代码如下：

```
01  // 文件的保存目录,默认文件会被保存到 D 盘根目录下
02  $path = "D://";
03  if (file_exists($path . $_FILES["file"]["name"])) {
04    echo $_FILES["file"]["name"] . " 已存在. ";
05  } else {
06    move_uploaded_file($_FILES["file"]["tmp_name"], $path .
$_FILES["file"]["name"]);
07  }
```

最终运行结果如图 2.27 所示。

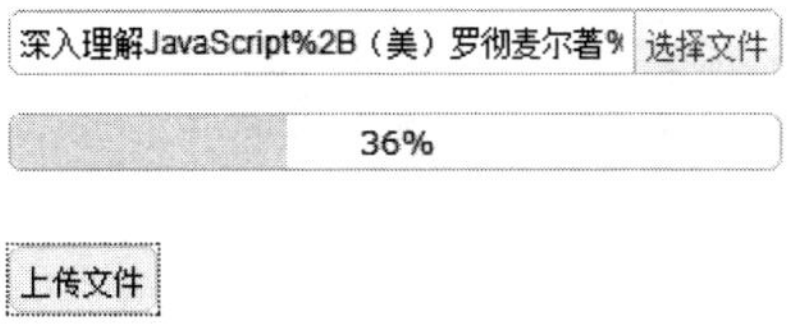

深入理解JavaScript%2B（美）罗彻麦尔著% 选择文件

36%

上传文件

图 2.27　文件上传演示

【本节详细代码参见随书源码：\源码\easyui\example\c2\uploadFile.html】

本书仅仅是简单地向读者演示服务器端的相关代码,由于服务器端开发语言较多且相关框架众多,为减轻读者的学习成本,在本书中将不重点介绍服务器端的相关代码。读者在学习服务器端代码时只需关注两点即可：(1) 服务器端如何获取数据；(2) 服务器端如何返回数据。在本节中服务器端主要是通过标记的 name 属性获取数据,返回的是一个 JSON 格式数据。

2.8　小结

本章重点向读者介绍了 EasyUI 中的各类组件，它们绝大部分都是扩展于文本框，因此它们大部分都拥有文本框的属性、事件和方法。本章中的内容将在第 6 章进一步深入讲解，目前读者仅需掌握如下知识点。

- 组件之间的依赖和扩展关系。
- 组件值的含义，能区分存储值、展示值和初始值。
- 通过表单将组件的存储值上传至服务器。

第 3 章

拖　放

本章将带领读者学习 EasyUI 中的拖放、放置以及缩放组件。拖放组件能够让用户拖动指定的元素，放置区域中接收拖放的组件，并以指定的格式显示它们；缩放组件则可以改变元素的尺寸。这些组件本身的属性、事件以及方法非常简单，但是要灵活地使用它们，读者必须先掌握 DOM 以及事件对象的使用方法。本章将讲解 DOM 与事件对象，然后向读者介绍拖放、放置以及缩放组件，最后向读者演示将商品拖放到购物车的程序实例。

读者学习本章应重点掌握：

- DOM 的使用方法。
- 事件对象的使用方法。
- 拖放、放置、缩放组件的使用方法。

3.1　DOM 与事件对象

本节将介绍 DOM 与事件对象的使用方法。DOM 可以用来动态地改变元素的位置，事件对象则提供了元素在触发了某个事件时的一些参数。本节内容是实现拖放的基础，读者应重点掌握。

3.1.1　DOM

DOM（Document Object Model，文档对象模型）是针对 HTML 和 XML 提供的一个 API。DOM 的主要目的是为了能以编程的方法操作 HTML 的内容（比如添加某些元素、修改元素的内容、删除某些元素）。我们先来看一段简单的 HTML 代码：

```
01  <html>
02      <header>
03          <title>DOM 示例</title>
04      </header>
05      <body>
06          <div id="element">
```

```
07                <a href="#">超链接</a>
08            </div>
09            <p>一段文字</p>
10        </body>
11  </html>
```

当浏览器将 HTML 代码加载完毕后，DOM 将 HTML 文档表达为树结构，如图 3.1 所示。

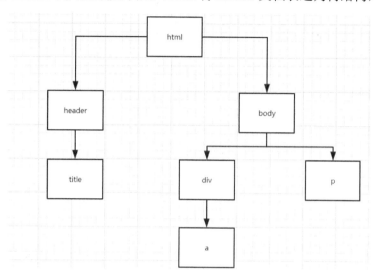

图 3.1　DOM 树结构

读者可以发现 DOM 其实只是 HTML 文档的不同表现形式而已，读者可以简单理解为 DOM 对象就是它所代表的 HTML 元素，它将 HTML 文档中的元素以树形结构解析成一个个的对象，并为其提供了一系列的操作方法，通过这些方法我们可以动态地改变 HTML 文档的结构，这个特征正是实现拖动效果的基础。

通过图 3.1 我们可以发现，这个 DOM 树中有 body 元素对象、div 元素对象等，那么我们该如何选择这些对象呢？第一种方法是通过 JavaScript 的方法直接选择 HTML 元素的 DOM 对象，例如：

```
var element = document.getElementById("element");
```

这段代码的含义是选择 id 为 element 元素的 DOM 对象，其代表的是 HTML 代码中的<div>标记。使用 JavaScript 操作 DOM 对象十分烦琐，因此有人开发出 jQuery 框架，jQuery 通过选择器的方式选择指定元素，并将其转换成 jQuery 对象，例如：

```
var $element = $("#element");
```

jQuery 对象并非 DOM 对象，它们的转换关系如下：

```
01 $element = $(element);//DOM 对象转换成 jQuery 对象
02 element = $element[0];//jQuery 对象转换成 DOM 对象
03 element = $element.get(0);//jQuery 对象转换成 DOM 对象
```

下面我们使用 jQuery 来动态改变 HTML 的结构，我们将图 3.1 中的 p 元素删除，并将其添加到 div 元素中，代码如下：

```
01      $(function(){
02          $p = $("p");//选择p标记
03          $p.remove();//删除p标记
04          $div = $("#element");//选择div标记
05          $div.append($p[0]);//在div标记中添加p标记，append方法接收的是一个DOM对
06      象，因此我们需要将p元素的jQuery对象转换成对应的DOM对象
07      });
```

 $(function(){//内容});函数的意思是当文档加载完毕后处理的程序，在 DOM 树结构生成完毕后触发。如果不使用该方法，我们可能无法选择指定的元素，因为此时元素还未全部加载完毕。

此时文档的 DOM 树结构发生改变，如图 3.2 所示。

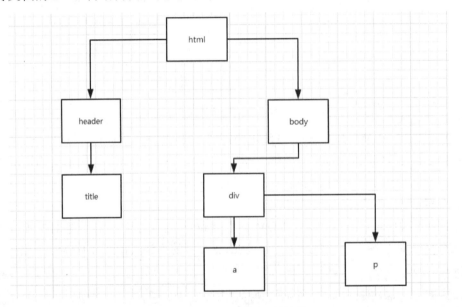

图 3.2　改变后的 DOM 树结构

3.1.2　事件对象

在触发事件的函数里面我们会接收到一个 event 对象，在本书中使用参数 e 表示。我们可以通过 event 的属性 target 来获取需要的一些参数，例如此事件作用到哪个元素身上了。如果想阻止浏览器的默认事件行为，那么可以通过方法 preventDefault() 来进行阻止。

事件对象的属性非常多，如果读者想要了解事件对象的详细使用方法，可以查阅相关资料或者使用 2.1.2 节中提供的 writeObj 方法打印指定事件对象的内容。下面将详细讲解事件对象中的 data 属性，该属性返回绑定事件时传入的附加数据，其本身也是一个对象。在拖放事件

中该 data 对象的属性见表 3.1。

表 3.1 data 对象主要属性

名称	类型	描述
target	object	当前被拖动元素的 DOM 对象
left	number	当前被拖动元素距页面左侧的距离
top	number	当前被拖动元素距页面顶部的距离
width	number	当前被拖动元素的宽度
height	number	当前被拖动元素的高度
parent	object	当前被拖动元素父元素的 DOM 对象

3.2 拖放 (Draggable)

拖放组件用于实现指定元素的拖放，它能使元素随着鼠标而移动。本节将介绍拖放组件的使用方法，向读者介绍如何将拖放元素限制在指定的容器中以及如何让拖放元素在网格中快速移动。

3.2.1 拖放的使用方法

拖放的默认配置定义在 $.fn.draggable.defaults 中。

1. 创建拖放

使用标记创建拖放的方法如下：

```
01      <div id="dd" class="easyui-draggable" data-options="handle:'#title'"
style="width:100px">
02          <div id="title" style="background:#ccc;">拖放元素</div>
03      </div>
```

通过 JavaScript 创建拖放的方法如下：

```
01      <div id="dd" style="width:100px ">
02          <div id="title" style="background:#ccc;"> 拖放元素</div>
03      </div>
04      $('#dd').draggable({
05          handle:'#title'
06      });
```

2. 拖放属性

拖放组件常用属性说明见表 3.2。

表 3.2　拖放常用属性说明

名称	类型	描述	默认值
proxy	string,function	拖动时的代理元素，当设置值为 clone 时将使用一个克隆元素作为拖动时的代理元素，如果使用一个函数来设置的话，必须返回一个 jQuery 对象	null
revert	boolean	如何设置值为 true 时元素在拖动停止后将返回它的起始位置	false
cursor	string	设置拖动时光标的类型	move
deltaX	number	拖动的元素相对于当前光标的 X 轴位置	null
deltaY	number	拖动的元素相对于当前光标的 Y 轴位置	null
handle	selector	开始拖动时可被选择的元素	
disabled	boolean	设置为 true 时可停止拖动	false
edge	number	设置不可被拖动区域的宽度	0
axis	string	指定元素可拖动的方向，可能的值有'v'垂直方向、'h'水平方向	null
delay	number	定义开始拖动时的延迟时间，单位为毫秒	100

　　handle 指定的是开始拖动时可被选中的元素,例如我们在一个可被拖动的容器内定义两个元素 e1 和 e2:

```
01  <div class="drag-container">
02      <p id="e1">元素 1</p>
03      <p id="e2">元素 2</p>
04  </div>
```

　　当 handle 属性设置为元素 1 的选择器时，只有当鼠标放到元素 1 上才可以拖动该容器。如果不设置 handle 的值，那么将鼠标放到容器的任意位置都可拖动该容器。

　　edge 属性设置的是拖动元素内不可被拖动的区域宽度，默认设置为 0 意味着整个元素都可被拖动，详细解释如图 3.3 所示。

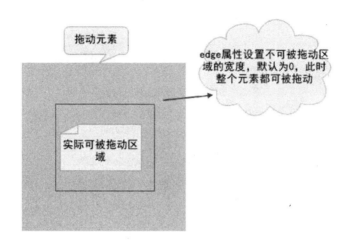

图 3.3   edge 属性详解

proxy 属性其实就是设置元素拖动过程中的展示值，读者可以理解为拖动元素有两个值，第一个为其存储值（初始化时显示的值），第二个为其展示值（拖动时显示的值）。如果设置 proxy 参数为 null，此时展示值即为存储值，当设置 proxy 参数为 clone 时展示值为存储值的一个克隆元素，开发者也可以使用函数自定义拖动过程中的展示值。例如下面我们设置元素拖动时在其外部显示一个边框，部分代码如下：

```
01      <body>
02          <div id="dd" style="width:100px;height:100px ">
03              <div id="title"> 拖放元素</div>
04          </div>
05      </body>
06      <script>
07          $(function(){
08            $('#dd').draggable({
09                proxy: function(source){
10                      var p = $('<div style="border:1px solid
#ccc;width:100px"></div>');
11                      p.html($(source).html()).appendTo('body');
12                      return  p;
13                  },
14                  handle:'#title',
15            });
16          });
17      </script>
```

最终显示结果如图 3.4 所示。

图 3.4　proxy 属性演示

3. 拖放事件

拖放常用事件说明见表 3.3。

表 3.3　拖放常用事件说明

名称	参数	描述
onBeforeDrag	e	拖动前触发，如果返回 false 则取消此次拖动
onStartDrag	e	目标对象开始拖动前触发
onDrag	e	拖动过程中触发
onEndDrag	e	拖动结束时触发
onStopDrag	e	拖动停止时触发

拖放事件的参数 e 为一个事件对象，拖放事件触发的时间顺序以及详细讲解如图 3.5 所示。

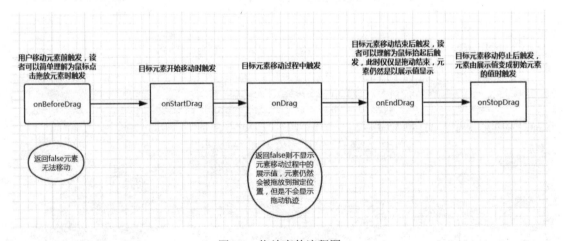

图 3.5　拖放事件流程图

4. 拖放方法

拖放常用方法说明见表 3.4。

表 3.4　拖放常用方法说明

名称	参数	描述
options	none	返回选项对象
proxy	none	如果设置了 proxy 属性，该方法返回拖放的代理
enable	none	启用拖放
disable	none	禁用拖放

3.2.2　容器内拖放

【本节详细代码参见随书源码：\源码\easyui\example\c3\ innerDraggable.html】

通过上一节的学习，我们已经可以创建一个简单的拖放组件，并且我们通过鼠标可以将其拖放至页面的任意位置，本节将介绍如何将拖放组件的拖放区域限制在指定的容器中。实现该功能首先需要确定指定容器的边界，当将元素拖动到容器边界外时，需要重新设置元素的位置。部分代码如下：

```
01      <style>
02          #border{
03              border:1px solid;
04              width:500px;
05              height:300px;
06          }
07      </style>
08      <body>
09          <div id="border">
10              <div id="dd" style="width:60px;height:16px">
11                  <div id="title"
style="background:#ccc;width:60px;height:16px">拖放元素
12  </div>
13              </div>
14          </div>
15      </body>
16      <script>
17          $(function(){
18          $('#dd').draggable({
19              proxy: function(source){
20                  var p = $('<div style="border:1px solid;"></div>');
21                  p.html($(source).html()).appendTo('body');
22                  return p;
23              },
24              handle:'#title',
25              onDrag:function(e){
26                  var d = e.data;//获取事件对象的 data 属性
27                  var c = $(d.target);//获取拖动元素的 jquery 对象
28                  var p = $(d.parent);//获取拖动元素的父元素的 jquery 对象
29                  //获取父元素的边界
```

```
30              var p_left   = p.offset().left;
31              var p_top    = p.offset().top;
32              var p_right  = p.width()+p.offset().left;
33              var p_bottom = p.height()+p.offset().top;
34              //拖动元素的位置
35              var left     = d.left;
36              var top      = d.top;
37              //调整元素位置
38              if (left < p_left){
39                  left = p_left
40              }
41              if (top < p_top){
42                  top = p_top
43              }
44              if (left + c.outerWidth() > p_right){
45                  left = p_right - c.outerWidth();
46              }
47          if (top + c.outerHeight() > p_bottom){
48              top = p_bottom - c.outerHeight();
49          }
50          d.left = left;
51          d.top  = top;
52      }
53    });
54  });
55 </script>
```

此时元素只能在其父元素容器范围内拖动，最终运行结果如图 3.6 所示。

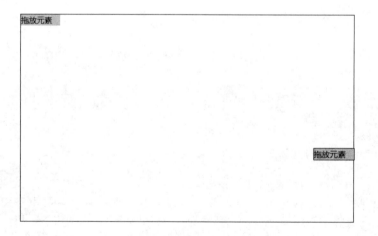

图 3.6　指定容器内拖放

3.2.3　快速拖放

快速拖放也称为 snap 拖放，之前的章节介绍的拖放可以随着用户的鼠标实时移动，但是在一些列表以及网格中，我们更希望元素可以在每一行或每一格之间移动，而不是随着鼠标实时移动，也就是说只有当鼠标移动超过指定的距离时才会产生拖动行为。快速拖动的使用非常简单，例如设计一个在 20×20 的网格中快速拖放的元素，部分代码如下。

```
01  $('#dd').draggable({
02          proxy: function(source){
03                  var p = $('<div style="border:1px solid;"></div>');
04                  p.html($(source).html()).appendTo('body');
05                  return p;
06          },
07          onDrag:function(e){
08                  var d = e.data;
09                  d.left = convert (d.left);
10                  d.top = convert (d.top);
11                  function convert (v){
12                          var r = parseInt(v/20)*20;//当前位置转换为 20 的倍数
13                          /*当前位置在 20 倍数的基础上移动距离是否超过 10px
14                          如果超过的话就直接移动 20px, 否则保持当前位置*/
15                          if (Math.abs(v % 20) > 10){
16                              r += v > 0 ? 20 : -20;
17                          }
18                          return r;
19                  }
20          }
21  });
```

3.3 放置（Droppable）

放置组件提供一个可放置拖放元素的区域，放置组件可以授权拖放的元素，并且当拖放的元素放置完毕后获取拖放元素的内容。

3.3.1 放置的使用方法

放置的默认配置定义在 $.fn.droppable.defaults 中。

1. 创建放置区域

使用标记创建放置区域的方法如下：

```
01  <div class="easyui-droppable" data-options="accept:'#d1'"
style="width:100px;height:100px;">
02  </div>
```

使用 JavaScript 创建放置区域的方法如下：

```
01      <div id="dd" style="width:100px;height:100px;"></div>
02      $('#dd').droppable({
03          accept:'#d1,#d3'
04      });
```

2. 放置组件属性

放置组件常用属性说明见表 3.5。

表 3.5　放置组件属性说明

名称	类型	描述	默认
accept	selector	授权的拖放元素选择器，多个拖放元素使用逗号分开。设置为 null 时授权所有拖放元素	null
disabled	boolean	设置为 true 时禁止拖放	false

3. 放置组件事件

放置组件常用事件说明见表 3.6。

表 3.6　放置组件事件说明

名称	参数	描述
onDragEnter	e,source	当可拖动元素被拖进放置区域时触发
onDragOver	e,source	当可拖动元素被拖过放置区域时触发
onDragLeave	e,source	当可拖动元素被拖离时触发
onDrop	e,source	当可拖动元素被放下时触发

其中参数 e 为拖动过程中的事件对象，参数 source 为拖动元素的 DOM 对象。

4. 放置组件方法

放置组件常用方法说明如表 3.7。

表 3.7　放置组件常用方法说明

名称	参数	描述
options	none	返回选项对象
enable	none	启用组件
disable	none	禁用组件

3.3.2　授权拖放的组件

【本节详细代码参见随书源码：\源码\easyui\example\ c3\droppable.html】

本节将向读者演示如何结合放置组件使用拖放，我们先创建三个可拖放的组件，并且授权其中两个可被拖放到放置区域，部分代码如下：

```
01        <style>
02            #border{
03                border:1px solid;
04                width:500px;
```

```
05              height:300px;
06              margin-left:200px;
07              float:left;
08          }
09          #d1,#d2,#d3{
10              margin-bottom:10px
11          }
12      </style>
13      <body>
14          <div style="float:left;width:60px;margin-right:20px;">
15              <div id="d1" style="width:60px;height:16px">
16                  <div id="element1" style="background:#0f0;width:60px;height:16px">
17   拖放元素 1</div>
18              </div>
19              <div id="d2" style="width:60px;height:16px">
20                  <div id="element2" style="background:#0f0;width:60px;height:16px">
21   拖放元素 2</div>
22              </div>
23              <div id="d3" style="width:60px;height:16px">
24                  <div id="element3" style="background:#f00;width:60px;height:16px">
25   拖放元素 3</div>
26              </div>
27          </div>
28          <div id="border"></div>
29      </body>
30      <script>
31          $(function(){
32          $('#d1').draggable({
33                  handle:'#element1',
34                  revert:true
35          });
36          $('#d2').draggable({
37                  handle:'#element2',
38                  revert:true
39          });
40          $('#d3').draggable({
41                  handle:'#element3',
42                  revert:true
43          });
44          $('#border').droppable({
45           accept:'#d1,#d2',
46            onDrop:function(e,source){
47            $(this).append($(source).html());
48          }
49      });
50      });
51  </script>
```

上述代码中，我们授权拖放元素 1 和拖放元素 2 可以被拖放到放置区域中，拖放元素 3 不可被拖放到放置区域中，设置拖放元素属性 revert 为 true，元素拖放完毕后会回到初始位置。最终运行效果如图 3.7 所示。

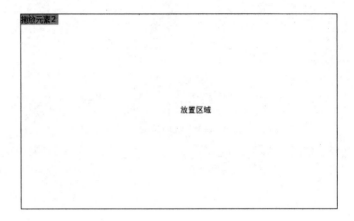

图 3.7 授权拖放组件

 拖放元素 3 未被授权但仍然可拖放至放置区，只是当拖放元素 3 经过放置组件时，放置组件无法获取该拖放元素 DOM。

3.4 缩放（Resizable）

缩放组件可以使用户动态地调整元素的大小，缩放的使用非常简单，下面将简要介绍。缩放的默认配置定义在 $.fn.resizable.defaults 中。

1. 创建缩放

使用标记创建缩放的方法如下：

```
01  <div class="easyui-resizable" style="width:100px;height:100px;border:1px
solid #ccc;"
02        data-options="maxWidth:800,maxHeight:600">
03  </div>
```

通过 JavaScript 创建缩放的方法如下：

```
01  <div id="rr" style="width:100px;height:100px;border:1px solid #ccc;"></div>
02  $('#rr').resizable({
03      maxWidth:800,
04      maxHeight:600
05  });
```

2. 缩放属性

缩放组件常用属性说明见表 3.8。

表 3.8 缩放常用属性说明

名称	类型	描述	默认值
disabled	boolean	设置为 true 时禁止缩放	false
handles	string	设置缩放的方向 n（北）、s（南）、e（东）、w（西)等	n, e, s, w, ne, se, sw, nw, all
minWidth	number	缩放时的最小宽度	10
minHeight	number	缩放时的最小高度	10
maxWidth	number	缩放时的最大宽度	10000
maxHeight	number	缩放时的最大高度	10000
edge	number	被调整尺寸的边框的边缘	5

3. 缩放事件

缩放组件常用事件说明见表 3.9。

表 3.9 缩放常用事件说明

名称	类型	描述
onStartResize	e	开始缩放时触发
onResize	e	缩放过程中触发，设置为 false 时元素将不能被缩放
onStopResize	e	停止缩放时触发

4. 缩放方法

缩放组件常用方法说明见表 3.10。

表 3.10 缩放常用方法说明

名称	参数	描述
options	none	返回选项对象
enable	none	启用组件
disable	none	禁用组件

3.5 实战：购物车的拖放

【本节详细代码参见随书源码：\源码\easyui\example\ c3\shoppingCart.html】

本节将向读者演示如何利用拖放和放置组件开发一个购物车程序。该程序允许用户将商品拖放到购物车内，并在购物车内显示商品的名称、单价以及数量，最后统计购物车内物品的总价。

首先在购物车应用中拖放的元素是一个个的产品，这些产品包含名称、图片、价格信息。为了能拖动产品的全部信息，通常会将产品的各类信息放到一个父容器中，并在父容器中定义产品的相关属性供放置区域获取，相关代码如下：

```
01    <div style="margin:20px"  class="element" productname='空调'
productprice='3550'>
02        <image src="img/air.jpg" width='120px' style="display:inherit"></image>
03        <span style="margin:10px">空调</span>
04        <span>3550 元</span>
05    </div>
```

本例在放置区域中以数据网格来代替购物车，当产品被拖放到放置区域时，可以通过父容器中定义的属性获取产品的信息，并新增或更新数据网格的相关数据，部分代码如下：

```
01    $('.right').droppable({
02        accept:'.element',
03        onDrop:function(e,source){
04            var name  = $(source).attr('productname');
05            var price = $(source).attr('productprice');
06            //获取数据网格中的全部数据
07            var data = $('#dg').datagrid('getData');
08            var rows = data.rows;
09            //当前状态，0 代表新增产品，1 代表更新产品
10            var state  = 0;
11            //总价
12            var sum = 0;
13            //遍历数据网格中的所有行
14            rows.forEach(function(item, index){
15            //假如该产品存在的话则更新数据网格中对应的行
16            if(item.name == name ){
17                var num = item.num+1;
18                $('#dg').datagrid('updateRow',{
19                index:index,
20                row:{
21                    'name': name,
22                    'price': price,
23                    'num':num
24                }
25                });
26                state = 1;
27                sum += price*num;
28                }else{
29                sum += item.price*item.num;
30                }
31            });
32            //假如产品不存在的话则在数据网格中新增该产品
```

```
33          if(state ==0){
34              $('#dg').datagrid('appendRow',{
35                  'name': name,
36                  'price': price,
37                  'num':1
38              });
39              sum += price*1;
40          }
41          //底部区域显示产品的总价
42          $('#dg').datagrid('reloadFooter',[
43              {name: '总价', price: sum},
44          ]);
45      }
46   });
```

最终运行结果如图 3.8 所示。

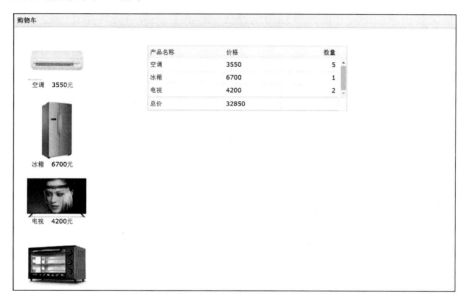

图 3.8　购物车演示

3.6 小结

本章主要介绍了 EasyUI 中元素的拖动、放置以及缩放功能，这些功能是构建一个复杂的 EasyUI 组件的基础，例如在本书第 11 章中介绍的可拖动的树和网格。在掌握这些组件时读者需要了解 DOM 和事件对象的概念。

第 4 章

常用组件

本章将向读者介绍 EasyUI 常用的组件，这些组件是构成一个 EasyUI 应用的基础，开发者可以在任意需要提示用户操作的地方使用信息提示组件，在和服务器交互的过程中使用进度条，以及使用滑块来快速地选择数据区间。

本章主要涉及的知识点有：

● 信息提示组件（Tooltip）。
● 进度条（ProgressBar）。
● 滑块（Slider）。

4.1 提示框（Tooltip）

提示框是绑定在元素上的一段提示信息，当用户将鼠标移动到该元素上时会显示这段提示信息。提示框的内容可以是任意的 HTML 元素，这些元素可以是页面上提供的，也可以是通过 ajax 生成的。

提示框的默认配置定义在$.fn.tooltip.defaults 中。

4.1.1 创建提示框

使用标记创建提示框的方法如下：

```
<a href="#" title="这是一段提示信息" class="easyui-tooltip">提示框</a>
```

使用 JavaScript 创建提示框的方法如下：

```
01  <a id="dd" href="JavaScript:void(0)">单击这里</a>
02  $('#dd').tooltip({
03     position: 'right',
04     content: '<span style="color:#fff">这是一段提示信息</span>',
05  });
```

1. 提示框属性

提示框常用的属性说明见表 4.1。

表 4.1　提示框常用属性说明

名称	类型	描述	默认
position	string	提示框的位置可能的值有'left' 'right' 'top' 'bottom'	bottom
content	string,function	提示框的内容，可以使用函数返回内容也可以直接设置其内容，使用函数时可以返回指定元素的 jQuery 选择器	null
trackMouse	boolean	设置为 true 时提示框将随着鼠标轨迹移动	false
deltaX	number	提示框在 X 轴上的偏移距离	0
deltaY	number	提示框在 Y 轴上的偏移距离	0
showEvent	string	触发提示框显示的事件	mouseenter
hideEvent	string	触发提示框消失的事件	mouseleave
showDelay	number	提示框显示的延迟时间	200
hideDelay	number	提示框隐藏的延迟时间	100

2. 提示框事件

提示框常用的事件说明见表 4.2。

表 4.2　提示框常用事件说明

名称	参数	描述
onShow	e	提示框显示时触发
onHide	e	提示框隐藏时触发
onUpdate	content	提示框内容更新时触发
onPosition	left,top	提示框位置改变时触发
onDestroy	none	提示框被销毁时触发

3. 提示框方法

验证框常用的方法说明见表 4.3。

表 4.3　提示框常用方法说明

名称	参数	描述
options	none	返回选项对象
tip	none	返回提示框对象
arrow	none	返回箭头图标对象
show	e	显示提示框

（续表）

名称	参数	描述
hide	e	隐藏提示框
update	content	更新提示框内容
reposition	none	重置提示框内容
destroy	none	销毁提示框

4.1.2 提示框可绑定的元素

提示框可以绑定到任意的 EasyUI 组件上。先看下面的代码，我们将提示框绑定到文本框上，代码如下：

```
01    <input id='tb' class='easyui-textbox'>
02    <script>
03    $(function(){
04        $('#tb').tooltip({
05            position: 'right',
06            content: '这是一段提示信息',
07            deltaX:0
08        });
09    });
10    </script>
```

实际运行后可以发现鼠标移动到文本框上时并未显示提示框，这是因为我们将提示框绑定的仅仅是文本框中的初始化框（关于初始化框的讲解见第 2 章），EasyUI 解析文本框后会隐藏初始化框，用户实际看到的仅仅是展示值框，因此需要将提示框绑定到文本框的展示值框上才能生效。文本框的 textbox 方法返回其展示值框对象，因此修改上述代码为：

```
01    <input id='tb' class='easyui-textbox'>
02    <script>
03        $(function(){
04            $('#tb').textbox('textbox').tooltip({
05                position: 'right',
06          content: '这是一段提示信息',
07                deltaX:0
08            });
09        });
10    </script>
```

最终运行结果如图 4.1 所示。

图 4.1 在文本框内绑定提示框

同样我们也可以在链接按钮上绑定提示框，例如：

```
01  <a id ="add" class='easyui-linkbutton'
data-options="iconCls:'icon-add',plain:true"></a>
02  <a id ="edit" class='easyui-linkbutton'
data-options="iconCls:'icon-edit',plain:true"></a>
03  <a id ="del" class='easyui-linkbutton'
data-options="iconCls:'icon-remove',plain:true"></a>
04  <script>
05      $(function(){
06          $('#add').tooltip({
07              position: 'bottom',
08              content: '新增'
09          });
10          $('#edit').tooltip({
11              position: 'bottom',
12              content: '编辑'
13          });
14          $('#del').tooltip({
15              position: 'bottom',
16              content: '删除'
17          });
18      });
19  </script>
```

最终运行结果如图 4.2 所示。

图 4.2   在链接按钮上绑定提示框

 如果读者不清楚何时可以直接在组件上绑定提示框,最简单的方法就是在页面中对你要操作的组件右击,选择"查看元素"进行判断。图 4.3 和图 4.4 向读者详细解析其使用方法。

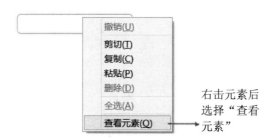

图 4.3   查看元素

图 4.4　查看元素是否被隐藏

4.1.3　提示框的内容

提示框的内容可以是任意的组件，例如可以使用面板作为提示框的内容，面板中的内容可以使用远程服务器进行初始化，关于面板的使用方法我们将在下一章详细讲解。下面将演示使用一组链接按钮作为提示框的内容，部分代码如下：

```
01      <a id="dd" href="JavaScript:void(0)">单击这里</a>
02      <div style='display:none'>
03      <div id='btn-tool'>
04          <a class='easyui-linkbutton'
data-options="iconCls:'icon-add',plain:true"></a>
05          <a class='easyui-linkbutton'
data-options="iconCls:'icon-edit',plain:true"></a>
06          <a class='easyui-linkbutton'
data-options="iconCls:'icon-remove',plain:true"></a>
07      </div>
08      </div>
09      <script>
10      $(function(){
11          $('#dd').tooltip({
12              position: 'bottom',
13              //内容中返回元素的jQuery对象
14              content:function(){
15                  return $("#btn-tool");
16              },
17              //鼠标离开元素后不会自动隐藏元素
18              hideEvent: 'none',
19              //提示框显示的时候触发
20              onShow: function(){
21                  var t = $(this);
22                  //设置当元素失去焦点时隐藏提示框
23                  t.tooltip('tip').focus().unbind().bind('blur',function(){
24                      t.tooltip('hide');
```

```
25                  });
26                  }
27              });
28          });
29          </script>
```

最终运行结果如图 4.5 所示。

图 4.5　设置提示框内容为链接按钮

4.2　进度条（ProgressBar）

进度条通常用于向用户返回当前执行操作的进度,例如在向服务器提交大量数据时通常会需要用户等待片刻,此时用户并不知道系统是否正在处理自己的操作,这时进度条就用来提示用户,操作正在处理请稍等片刻。

进度条的默认配置定义在$.fn. progressbar.defaults 中。

1. 创建进度条

使用标记创建进度条的方法如下:

```
<div id="p" class="easyui-progressbar" data-options="value:60"
style="width:400px;"></div>
```

使用 JavaScript 创建进度条的方法如下:

```
01      <div id="p" style="width:400px;"></div>
02      $('#p').progressbar({
03          value: 60
04      });
```

2. 进度条属性

进度条常用的属性说明见表 4.4。

表 4.4　进度条常用属性说明

名称	类型	描述	默认
width	string	设置进度条的宽度	auto
height	number	设置进度条的高度	22
value	number	设置当前进度的百分比值	0
text	string	显示在进度条上的文本模板	{value}%

111

3. 进度条事件

进度条常用的事件说明见表 4.5。

表 4.5 进度条常用事件说明

名称	参数	描述
onChange	newValue,oldValue	当进度条的值发生改变时触发

4. 进度条方法

进度条常用的方法说明见表 4.6。

表 4.6 进度条常用方法说明

名称	参数	描述
options	none	返回选项对象
resize	width	调整组件尺寸
getValue	none	返回当前进度值
setValue	value	设置新的进度值

 进度条通常被用在表单中，表单的 onProgress 事件会返回当前表单处理的进度，使用该值作为进度条的进度值即可。

4.3 滑块（Slider）

滑块允许用户从一个指定的范围内选择一个数值。当鼠标沿着轨道移动滑块控件时，将显示一个表示当前值的提示框。

滑块的依赖关系如下：

● draggable

滑块的默认配置定义在 $.fn.slider.defaults 中。

1. 创建滑块

使用标记创建滑块的方法如下：

```
<input class="easyui-slider" value="12"  style="width:300px"
    data-options="showTip:true,rule:[0,'|',25,'|',50,'|',75,'|',100]">
```

使用<div>标记创建滑块也是允许的，但是此时 'value' 属性是无效的。例如：

```
<div class="easyui-slider" data-options="min:10,max:90,step:10"
```

```
style="width:300px"></div>
```

使用 JavaScript 创建滑块的方法如下：

```
01  <div id="ss" style="height:200px"></div>
02      $('#ss').slider({
03          mode: 'v',
04          tipFormatter: function(value){
05              return value + '%';
06          }
07      });
```

2. 滑块属性

滑块常用的属性说明见表 4.7。

表 4.7　滑块常用属性说明

名称	类型	描述	默认
width	number	滑块的宽度	auto
height	number	滑块的高度	auto
mode	string	指定滑块的类型，可能的值有'h'(水平)和'v'(垂直)	h
reversed	boolean	设置为 true 时将会对调最大值和最小值的位置	false
showTip	boolean	定义是否显示值信息提示框	false
disabled	boolean	定义是否禁用滑块	false
range	boolean	设置为 true 时允许滑块显示一个区间范围	false
value	number	默认值	0
min	number	允许的最小值	0
max	number	允许的最大值	100
step	number	增加或减少的值	1
rule	array	在滑块旁边显示标签，'|'为值显示线	[]
tipFormatter	function	格式化滑块值的函数，返回提示框显示的字符串值	
converter	function	指定滑块的位置和值的互换方法	

其中，converter 属性指定滑块位置和滑块值的互换方法，例如：

```
01      $('#ss').slider({
02          converter:{
03              //将值转换成位置，value 是滑块当前的值，size 是滑块的宽度
04              toPosition:function(value, size){
05                  var opts = $(this).slider('options');
06                  /*这段代码的含义是先求出当前值占滑块总值的比例，
07                    然后用这个比例乘以滑块的宽度，结果就是当前值所在滑块中的位置
08                  */
09                  return (value-opts.min)/(opts.max-opts.min)*size;
```

```
10          },
11          //将滑块的位置转化成滑块的值,pos 是滑块当前位置,size 是滑块宽度
12          toValue:function(pos, size){
13              var opts = $(this).slider('options');
14              /*这段代码先求出当前位置占滑块宽度的比例,
15              这个比例乘以滑块的总值后加上滑块的最小值,就是当前位置的值
16              */
17              return opts.min + (opts.max-opts.min)*(pos/size);
18          }
19      }
20  });
```

3. 滑块事件

滑块常用的事件说明见表 4.8。

表 4.8 滑块常用事件说明

名称	参数	描述
onChange	newValue,oldValue	当滑块值发生改变时触发
onSlideStart	value	拖动滑块时触发
onSlideEnd	value	停止拖动滑块时触发
onComplete	value	当滑块的值被用户改变时触发,无论是通过拖曳滑块改变还是通过单击滑块改变都会触发

4. 滑块方法

滑块常用的方法说明见表 4.9。

表 4.9 滑块常用方法说明

名称	参数	描述
options	none	返回选项对象
destroy	none	销毁滑块
resize	param	调整滑块的尺寸,参数对象有下面两个属性: ● width: 调整后滑块的宽度 ● height: 调整后滑块的高度
getValue	none	得到滑块的值
getValues	none	得到滑块值的数组
setValue	value	设置滑块的值
setValues	values	通过数组设置滑块的值
clear	none	清空滑块的值
reset	none	重置滑块的值
enable	none	启用滑块
disable	none	禁用滑块

注意,当设置滑块的 range 属性为 true 时,可以使用数组的方式给滑块赋值或获取滑块值,

例如：

```
01      $('#ss').slider({
02          width:400,
03          mode: 'h',
04          showTip:true,
05          tipFormatter: function(value){
06              return value + '%';
07          },
08          range:true
09      });
10      $('#ss').slider('setValues',[12,60]);
```

上述代码设置滑块的范围区间为 12~60，最终运行结果如图 4.6 所示。

图 4.6   滑块赋值

4.4   实战：向服务器提交滑块数据

向服务器提交滑块数据时必须使用<input>标记来创建滑块。滑块只有一个值时，服务器可以直接根据标记的 name 属性值获取数据；滑块的值是一个区间时，需要设置滑块标记的 name 值为一个数组。如下代码所示。

```
01      <form id="ff" method="post">
02          <input id="ss" name="ss[]" style="height:200px"
style="display:block">
03          <a class="easyui-linkbutton" id="btn">提交</a>
04      </form>
05      <script>
06          $(function(){
07              $('#ss').slider({
08                  width:400,
09                  mode: 'h',
10                  showTip:true,
11                  range:true
12              });
13              $("#ff").form({
14                  url:"server/form.php",
15              });
16              $("#btn").click(function(){
17                  $('#ff').form('submit');
18              });
19          });
```

```
20        </script>
```

相应的服务器端代码如下：

```
01   $_POST["ss"][0];//获取滑块区间最小值
02   $_POST["ss"][1];//获取滑块区间最大值
```

 当表单中的一个组件需要将多个值传输给服务器时，需要设置该组件的 name 标记值为一个数组。服务器端可以以数组的方式来获取该组件数据。

4.5 小结

本章主要介绍了 EasyUI 中的常用组件，这些组件通常会被用在表单中。由于 EasyUI 在构建文本框时会隐藏初始化框，因此开发者可以使用任意的 HTML 标记来创建文本框以及**扩展**于文本框的组件，例如：

```
<div class='easyui-textbox'></div>
```

如果需要使用表单提交这些组件的数据到服务器，就必须使用<input>标记来创建了。如果组件有多个值需要提交到服务器，还需要设置组件的 name 属性值为数组，例如：

```
<input id="ss" name="ss[]">
```

服务器可以通过数组的形式获取全部的数据，例如：

```
$_POST["ss"][0];
```

第 5 章

窗口与布局

我们通常会将 EasyUI 的组件放到面板中，在一个页面中会存在大量的面板，为达到页面的美观，我们必须合理地排布面板，折叠面板可以在垂直方向上集成多个面板，选项卡可以在水平方向上集成多个面板，而布局可以将面板排布到东西南北中五个方向上。窗口是一个**扩展于**面板的组件，它可以动态地显示和隐藏信息。

本章主要涉及的知识点有：

● 基础面板的使用方法。

● 由多个面板组成的组件，如折叠面板、选项卡、布局。

● 窗口及扩展于窗口的组件。

5.1　面板

面板通常作为其他组件或内容的容器使用，面板中的内容可以使用本地数据初始化，也可以使用远程数据初始化。面板可以嵌入到网页的任何位置，是页面布局的基础组件。本节将详细讲解基础面板、折叠面板以及选项卡的使用方法。

5.1.1　基础面板（Panel）

基础面板是页面布局的基础组件，由面板头部区域、面板主体区域、面板底部区域三部分共同组成一个面板区域。

面板的默认配置定义在$.fn.panel.defaults 中。

1. 创建面板

使用标记创建面板的方法如下：

```
01    <div id="p" class="easyui-panel" title="基础面板"
02        style="width:500px;height:150px;padding:10px;background:#fafafa;"
03        data-options="iconCls:'icon-save',closable:true,
04            collapsible:true,minimizable:true,maximizable:true">
```

```
05        <p>面板内容</p>
06    </div>
```

使用 JavaScript 创建面板的方法如下：

```
01    <div id="p" style="padding:10px;">
02        <p>面板内容</p>
03    </div>
04    $('#p').panel({
05        width:500,
06        height:150,
07        title:'基础面板',
08        tools:[{
09            iconCls:'icon-add',
10            handler:function(){alert('new')}
11        },{
12            iconCls:'icon-save',
13            handler:function(){alert('save')}
14        }]
15    });
```

2. 面板属性

我们知道一个基本的面板由三部分组成，分别是面板头部区域、面板主体区域、面板底部区域。下面我们先讲解面板区域属性，然后分别介绍面板头部、主体部分以及底部的相关属性。所谓的面板区域属性就是指用于控制整个面板的属性，通常包括面板的位置以及风格等属性，详见表 5.1。

表 5.1　面板区域属性

名称	类型	描述	默认
id	string	面板的 id 属性	null
width	number	设置面板宽度	auto
height	number	设置面板高度	auto
left	number	设置面板左侧位置	null
top	number	设置面板顶部位置	null
cls	string	给面板添加一个 css 类型	null
style	object	给面板添加自定义风格	{}
fit	boolean	当设置为 true 时面板的尺寸自动适应其父容器	false
border	boolean	定义是否显示面板边框	true
doSize	boolean	设置为 true，面板在创建时会自动调整尺寸	true

下面我们使用这些属性来创建一个基本的面板，代码如下：

```
01    <style>
02        .pos{//绝对定位
```

```
03                position:absolute
04            }
05        </style>
06        <div id="p" style="padding:10px;">
07            <p>面板内容</p>
08        </div>
09        <script>
10            $(function(){
11                $('#p').panel({
12                    id:"panel",
13                    width:500,
14                    height:150,
15                    left:300,//绝对定位时生效
16                    top:200, //绝对定位时生效
17                    cls:"pos",//使用绝对定位
18                    doSize:true,
19                    border:true,
20                    fit:false
21                });
22            });
23        </script>
```

最终运行结果如图 5.1 所示。

图 5.1　面板区域属性

在上述例子中读者需要注意以下几点：

（1）只有设置了面板的位置为绝对定位时，top、left 属性方可生效。

（2）当 doSize 属性设置为 false 时，此时面板将忽略 width 和 height 的值，并以最小尺寸显示。

（3）当 fit 设置为 true 时，此时面板将忽略 width 和 height 的值，并以适应其父容器的最大尺寸显示。

通过图 5.1 读者可以发现，面板中并没有显示头部区域与底部区域，这是因为我们并没有设置面板的头部或底部区域属性，此时的面板默认不显示头部和底部，没有头部和底部的面板在 EasyUI 中非常常见，例如第 2 章中讲解的 combo 组件。

在面板中有两种方式可以设置其头部区域，第一种方式是通过面板提供的相关属性来设置头部，第二种是通过 header 属性自定义头部。面板的头部属性详细介绍见表 5.2。

表 5.2　面板的头部区域属性

名称	类型	描述	默认
title	string	面板头部的文字标题	null
iconCls	string	在面板头部中显示的图标类型	null
headerCls	string	给面板的头部添加一个 css 类型	null
noheader	boolean	当设置为 true 时面板的头部将不会被创建	false
halign	string	设置头部的位置，可能是'top' 'left' 'right'	top
titleDirection	string	该属性设置头部标题的方向，可能的值有'up' 'down'，只有当 'halign'设置为'left' 或者'right'时该属性方可生效	down
collapsible	boolean	定义是否显示折叠按钮	false
minimizable	boolean	定义是否显示最小化按钮	false
maximizable	boolean	定义是否显示最大化按钮	false
closable	boolean	定义是否显示关闭按钮	false
tools	array,selector	自定义工具栏，既可以是一个包含 iconCls 和 handler 属性的元素数组，也可以是一个工具栏选择器	[]
header	selector	面板的头部选择器	Null

接下来我们使用这些属性来创建一个面板头部，相关代码如下：

```
01          $('#p').panel({
02              //面板区域属性
03              width:500,
04              height:150,
05              left:300,
06              top:200,
07              cls:"pos",
08              doSize:true,
09              border:true,
10              fit:false,
11              //面板头部属性
12              title:"基本的面板",
13              iconCls:"icon-tip",
14              headerCls:"",
15              noheader:false,
16              collapsible:true,
17              minimizable:true,
18              maximizable:true,
19              closable:true,
20              halign:"top",
21              tools:[{
22                  iconCls:'icon-add',
23                  handler:function(){alert('add')}
24              }]
```

```
25                   });
```

最终运行结果如图 5.2 所示。

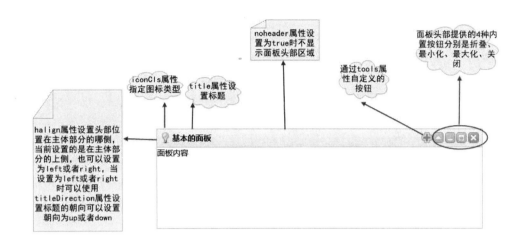

图 5.2　面板头部区域属性

同样可以使用 header 属性自定义头部区域，例如：

```
01          <div id="p">面板内容</div>
02          <div id="header">
03              头部区域
04          </div>
05      <script>
06          $(function(){
07              $('#p').panel({
08                  //面板区域属性
09                  width:500,
10                  height:150,
11                  left:300,
12                  top:200,
13                  cls:"pos",
14                  doSize:true,
15                  border:true,
16                  fit:false,
17                  //头部区域
18                  header:"#header"
19              });
20          });
21      </script>
```

读者应该注意面板的 tools 属性，该属性设置头部区域中自定义的工具栏。有两种方式可以设置工具栏。

第一种方式是通过选择器的方式来设置，例如：

```
01          <div id="p">面板内容</div>
02          <div id="tools">
03                  <a href="#" class="icon-add" onclick="JavaScript:alert('add')"></a>
04                  <a href="#" class="icon-edit" onclick="JavaScript:alert('edit')"></a>
05          </div>
06          <script>
07              $(function(){
08                  $('#p').panel({
09                      //面板区域属性
10                      width:500,
11                      height:150,
12                      left:300,
13                      top:200,
14                      cls:"pos",
15                      doSize:true,
16                      border:true,
17                      fit:false,
18                      //面板头部属性
19                      title:"基本的面板",
20                      tools:"#tools"
21                  });
22              });
23          </script>
```

第二种方式是通过传入包含 iconCls 和 handler 属性的元素对象数组,其中 iconCls 属性指定显示的图标,handler 属性响应单击事件。例如:

```
01          <div id="p">面板内容</div>
02      <script>
03          $(function(){
04              $('#p').panel({
05                  //面板区域属性
06                  width:500,
07                  height:150,
08                  left:300,
09                  top:200,
10                  cls:"pos",
11                  doSize:true,
12                  border:true,
13                  fit:false,
14                  //面板头部属性
15                  title:"基本的面板",
16                  tools:[{
17                      iconCls:'icon-add',
18                      handler:function(){alert('add')}
19                      },
20                      {
21                      iconCls:'icon-edit',
22                      handler:function(){alert('edit')}
23                      }
24                  ]
```

```
25              });
26          });
27      </script>
```

 通过选择器创建工具栏时，工具栏中的按钮可以直接定义为链接按钮，开发者可以为其设置链接按钮的属性、事件、方法。当使用元素对象来创建工具栏时，开发者仅能设置按钮的图标和单击事件。其实这两种方法的本质都是在工具栏中创建链接按钮，不同的是使用元素对象创建时，开发者仅需要设置链接按钮的图标以及单击事件，链接按钮的其他配置在面板插件中已经替开发者设置好了。

面板使用 footer 属性来设置底部区域。该属性接受一个元素选择器，例如：

```
01      <div id="p">面板内容</div>
02          <div id="footer">
03              面板底部
04          </div>
05      <script>
06          $(function(){
07              $('#p').panel({
08                  //面板区域属性
09                  width:500,
10                  height:150,
11                  left:300,
12                  top:200,
13                  cls:"pos",
14                  doSize:true,
15                  border:true,
16                  fit:false,
17                  title:"基本的面板",
18                  footer:"#footer"
19              });
20          });
21      </script>
```

最终运行结果如图 5.3 所示。

图 5.3　设置面板底部区域

面板提供两种方式初始化其主体区域。第一种方式是使用本地数据初始化，可以在<div>标记内设置主体区域内容，也可以在 content 属性中设置主体区域内容。第二种方式是通过服务器初始化。面板的主体区域属性见表 5.3。

表 5.3　面板主体区域属性

名称	类型	描述	默认
bodyCls	string	给面板主体添加一个 css 类型	null
content	string	面板主体内容	null
href	string	一个远程服务器地址，用它加载远程数据并且显示在面板里。注意：除非面板打开，否则内容不会被加载，这对创建一个惰性加载的面板很有用	null
cache	boolean	设置为 true 时则缓存从远程服务器中加载的内容	true
loadingMessage	string	当加载远程数据时在面板里显示的一条提示信息	Loading …
extractor	extractor	对服务器端传回的数据进行进一步加工	
method	string	定义以何种方式向远程服务器请求数据	get
queryParams	object	向远程服务器请求加载数据时传输的额外参数	{}
loader	function	定义如何从远程服务器上加载数据，有三个参数： ● param: 发送到服务器的参数对象 ● success(data): 获取数据成功后的回调函数 ● error(): 获取数据失败后的回调函数	

本地数据的设置非常简单。下面将向读者演示面板如何加载远程服务器内容，前端代码如下：

```
01    <div id="p"></div>
02    <script>
03        $(function(){
04            $('#p').panel({
05                //面板区域属性
06                width:500,
07                height:150,
08                left:300,
09                top:200,
10                cls:"pos",
11                title:"从服务器加载内容",
12                href:"getData.php",
13                loadingMessage:"加载中",
14                extractor: function(data){
15                    return data;
16                },
17                method:"get",
18                queryParams:{"index":0}
19            });
20        });
21    </script>
```

我们也可以使用 load 属性自定义请求方式，上述代码等同于：

```
01    $('#p').panel({
02        //面板区域属性
03        width:500,
04        height:150,
05        left:300,
06        top:200,
07        cls:"pos",
08        title:"从服务器加载内容",
09        loadingMessage:"加载中",
10        href:"#",
11        extractor: function(data){
12               return data;
13        },
14        loader:function(param,success,error){
15             $.ajax({
16                   url:"http://127.0.0.1/easyui/example/getData.php",
17                   data:{"index":0},
18                   type:"get",
19                   success: function(data){
20                        success(data);
21                   },
22                   error:function(data){
23                        error();
24                   }
25             });
26        }
27    });
```

 如果使用 loader 属性加载服务器内容，那仍然需要设置 href 的值。如果不设置的话，会默认为本地加载数据，此时将不会调用 loader 中的方法。

服务器代码如下：

```
01  <?php
02      $index = $_GET["index"];
03      $message = array("我是内容一","我是内容二","我是内容三");
04      echo $message[$index];
05  ?>
```

最终运行结果如图 5.4 所示。

从服务器加载内容

我是内容一

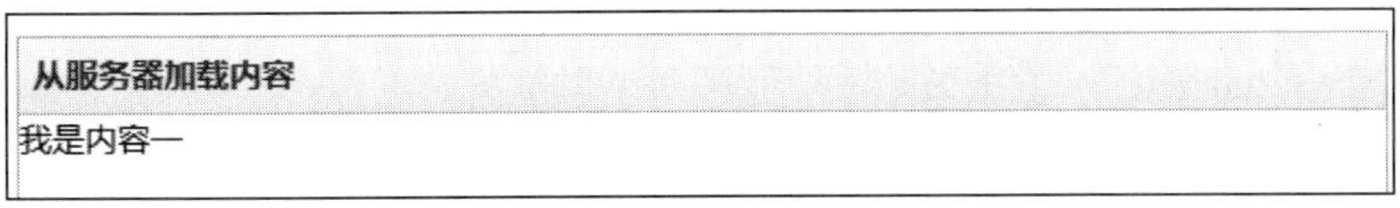

图 5.4　从服务器加载面板内容

上述代码向读者演示了一个简单的、向服务器请求内容的例子。我们会使用 queryParams

属性设置传递给服务器的数据，服务器可以根据该数据返回指定的内容。其中 extractor 属性非常有用，无论使用 loader 方式请求数据，还是使用面板内置属性请求数据，当成功获取完服务器数据后，将会把数据回调给 extractor 属性的方法，该属性的方法会把服务器的数据转换成各种前端展示格式，例如表格、图片等。

 服务器除了传递字符串给面板外，还可以传递 HTML 代码给面板。

面板在展开或者关闭时，可以为其设置动画，相关控制属性见表 5.4。

表 5.4　面板展开关闭动画属性

名称	类型	描述	默认
openAnimation	string	打开面板时显示的动画，可能的值有'slide' 'fade' 'show'	
openDuration	number	打开面板时动画的持续时间	400
closeAnimation	string	关闭面板时显示的动画，可能的值有'slide' 'fade' 'show'	
closeDuration	number	关闭面板时动画的持续时间	400

面板在初始化显示时有四种状态，详细属性见表 5.5。

表 5.5　面板初始化状态属性

名称	类型	描述	默认
collapsed	boolean	定义面板在初始化时是否为折叠状态	false
minimized	boolean	定义面板在初始化时是否为最小化状态	false
maximized	boolean	定义面板在初始化时是否为最大化状态	false
closed	boolean	定义面板在初始化时是否为关闭状态	false

3. 面板事件

面板的事件非常简单，表 5.6 中列出了面板的常用事件及说明。

表 5.6　面板常用事件说明

名称	参数	描述
onBeforeLoad	param	加载远程数据前触发，返回 false 停止本次加载行为
onLoad	none	远程数据被加载时触发
onLoadError	none	当加载页面发生错误时触发
onBeforeOpen	none	面板打开前触发，返回 false 则停止打开
onOpen	none	面板被打开之后触发
onBeforeClose	none	面板被关闭之前触发，返回 false 则停止关闭

（续表）

名称	参数	描述
onClose	none	面板被关闭之后触发
onBeforeDestroy	none	面板被销毁之前触发，返回 false 则停止销毁
onDestroy	none	面板被销毁之后触发
onBeforeCollapse	none	面板被折叠之前触发，返回 false 则停止折叠
onCollapse	none	面板折叠之后触发
onBeforeExpand	none	面板展开前触发，返回 false 就停止展开
onExpand	none	面板展开后触发
onResize	width, height	面板调整尺寸后触发 ● width: 新的外部宽度 ● height: 新的外部高度
onMove	left,top	面板移动后触发 ● left: 新的左边位置 ● top: 新的顶部位置
onMaximize	none	窗口最大化后触发
onRestore	none	窗口还原为原始尺寸后触发
onMinimize	none	窗口最小化后触发

4. 面板方法

面板的常用方法说明见表 5.7。

表 5.7 面板常用方法说明

名称	参数	描述
options	none	返回选项对象
panel	none	返回面板区域对象
header	none	返回面板头部对象
footer	none	返回面板底部对象
body	none	返回面板主体区域对象
setTitle	title	设置面板头部标题
open	forceOpen	当 forceOpen 参数设置为 true 时，就绕过 onBeforeOpen 回调函数打开面板
close	forceClose	当 forceClose 参数设置为 true 时，就绕过 onBeforeClose 回调函数关闭面板
destroy	forceDestroy	当 forceDestroy 参数设置为 true 时，就绕过 onBeforeDestroy 回调函数销毁面板
clear	none	清理面板内容
refresh	href	刷新面板加载远程数据。如果分配了'href'参数，将重写旧的'href'属性
resize	options	设置面板尺寸并做布局。options 对象包含下列属性： ● width: 新的面板宽度 ● height: 新的面板高度 ● left: 新的面板左边位置 ● top: 新的面板顶部位置
doLayout	none	返回面板内子组件的 jQuery 对象

127

（续表）

名称	参数	描述
move	options	移动面板到新位置。options 对象包含下列属性： ● left：新的面板左边位置 ● top：新的面板顶部位置
maximize	none	最大化面板
minimize	none	最小化面板
restore	none	把最大化的面板还原为原来的尺寸和位置
collapse	animate	折叠面板主体，参数 animate 表示折叠时的动画效果
expand	animate	展开面板主体，参数 animate 表示展开时的动画效果

其中 resize 用来调整面板的大小和位置，它的参数是一个包含 width、height、top、left 四个元素的对象，例如：

```
$("#p").panel("resize", {width:100,height:100,left:120,top:80});
```

其中 doLayout 方法返回的是组件的 jQuery 对象，例如：

```
$child = $('#p').panel("doLayout");
//读者可以简单地理解为上述代码等同于
$child = $('#p');
```

其中 refresh 方法可以重新加载服务器端数据，例如：

```
$('#p').panel('open').panel('refresh');
```

refresh 方法也可以重新设置服务器端地址，例如：

```
$('#p').panel('open').panel('refresh','new_getDate.php');
```

5.1.2 折叠面板（Accordion）

上一节中讲解了面板的使用方法，在实际开发中经常会使用到多个面板来显示内容，但是多个面板常常会占用大量的网页空间，因此我们会使用折叠面板或者选项卡来展示这些内容。折叠面板组件允许开发者提供多个面板，并且同时显示一个或多个面板。折叠面板是在垂直方向上节省网页空间，而选项卡是在水平方向上节省网页空间。

折叠面板由一个折叠面板容器和多个面板组成，每个面板都有展开和折叠两种状态。单击面板头部可以展开或折叠面板主体。用户可指定展开的面板，如果未指定，则默认展开第一个面板。

折叠面板的依赖关系如下：

● panel

折叠面板的默认配置定义在$.fn.accordion.defaults 中。

1. 创建折叠面板

使用标记来创建折叠面板的方法如下：

```
01          <div id="aa" class="easyui-accordion" style="width:300px;height:200px;">
02              <div title="Title1">
03              内容 1
04              </div>
05              <div title="Title2">
06              内容 2
07              </div>
08              <div title="Title3">
09              内容 3
10              </div>
11          </div>
```

使用 JavaScript 来创建折叠面板的方法如下：

```
01          <div id="aa">
02              <div title="Title1">
03              内容 1
04              </div>
05              <div title="Title2">
06              内容 2
07              </div>
08              <div title="Title3">
09              内容 3
10              </div>
11          </div>
12      <script>
13          $(function(){
14              $("#aa").accordion({
15                  width:"300",
16                  height:"200"
17              });
18          });
19      </script>
```

2. 折叠面板属性

折叠面板常用属性说明见表 5.8。

表 5.8　折叠面板常用属性说明

名称	类型	描述	默认
width	number	折叠面板的宽度	auto
height	number	折叠面板的高度	auto
fit	boolean	设置为 true 时折叠面板的尺寸将适应其父容器	false
border	boolean	定义是否显示边框	true
animate	boolean	定义当展开或者折叠面板时是否显示动画效果	true
multiple	boolean	设置为 true 时允许同时展开多个面板	false
selected	number	通过面板索引设置初始时展开的面板（从 0 开始计算）	0
halign	string	折叠面板头部的对齐方式，可能的值有'top' 'left' 'right'	top

3. 折叠面板中面板的属性

折叠面板中的面板元素扩展于面板组件，除了拥有面板的全部属性外，还有新增和重写的属性，见表 5.9。

表 5.9　折叠面板中面板元素属性说明

名称	类型	描述	默认
selected	boolean	设置为 true 时展开该面板	false
collapsible	boolean	定义是否显示可折叠按钮。如果设置为 false，将不能通过单击来展开/折叠面板	true

4. 折叠面板事件

折叠面板的常用事件说明见表 5.10。

表 5.10　折叠面板常用事件说明

名称	参数	描述
onSelect	title,index	面板被选中时触发
onUnselect	title,index	面板取消选中时触发
onAdd	title,index	添加新面板时触发
onBeforeRemove	title,index	当移除一个面板之前触发，返回 false 就取消移除动作
onRemove	title,index	当移除一个面板时触发

 参数 index 为折叠面板中的面板索引（从 0 开始计数），参数 title 为面板的标题。

5. 折叠面板方法

折叠面板的常用方法说明见表 5.11。

表 5.11　折叠面板常用方法说明

名称	参数	描述
options	none	返回折叠面板的选项对象
panels	none	得到全部的面板
resize	none	调整折叠面板尺寸
getSelected	none	获取第一个选中的面板
getSelections	none	获取所有选中的面板
getPanel	which	获取指定的面板。'which'参数可以是面板的标题（title）或索引（index）
getPanelIndex	panel	获取指定面板的索引
select	which	移除指定的面板。'which'参数可以是面板的标题（title）或索引（index）

（续表）

名称	参数	描述
unselect	which	取消选中指定的面板。'which'参数可以是面板的标题（title）或索引（index）
add	options	新增面板
remove	which	移除面板。'which'参数可以是面板的标题（title）或索引（index）

6. 演示从服务器加载数据

【本节详细代码参见随书源码：源码\easyui\example\c5\ accordion.html】

折叠面板加载服务器数据的方式与面板加载服务器数据的方式相同。下面将演示如何为折叠面板加载服务器内容,本例中使用三种不同的方法来获取折叠面板中的指定面板,代码如下：

```
01    <div id="aa">
02        <div title="Title1"></div>
03        <div title="Title2"></div>
04        <div title="Title3"></div>
05    </div>
06    <script>
07    $(function(){
08        //初始化折叠面板
09        $("#aa").accordion({
10            width:"300",
11            height:"200",
12        });
13        //panels方法可以获取折叠面板内的全部面板元素，它是一个数组
14        $panels = $("#aa").accordion("panels");
15        //$panels[0]代表折叠面板内的第一个面板元素,可以使用面板的属性对其初始化
16        $panels[0].panel({
17            loadingMessage:"加载中",
18            href:"#",
19            extractor: function(data){
20                    return data;
21            },
22            loader:function(param,success,error){
23                    $.ajax({
24                        url:" server/getData.php",
25                        data:{"index":0},
26                        type:"get",
27                        success: function(data){
28                            success(data);
29                        },
30                        error:function(data){
31                            error();
32                        }
33                    });
34        }});
35        //通过getPanel方法获取折叠面板内的第二个面板元素对象，这里使用面板的索引搜
36    索指定的面板
37        $panel_2 = $("#aa").accordion("getPanel",1);
38        $panel_2.panel({
39            loadingMessage:"加载中",
```

```
40              href:"#",
41              extractor: function(data){
42                      return data;
43              },
44              loader:function(param,success,error){
45                  $.ajax({
46                          url:" server/getData.php",
47                          data:{"index":1},
48                          type:"get",
49                          success: function(data){
50                              success(data);
51                          },
52                          error:function(data){
53                              error();
54                          }
55                  });
56          }});
57      //通过 getPanel 方法获取折叠面板中第三个面板对象，这里使用面板的标题搜
58  索指定的面板
59          $panel_3 = $("#aa").accordion("getPanel","Title3");
60          $panel_3.panel({
61              loadingMessage:"加载中",
62              href:"#",
63              extractor: function(data){
64                      return data;
65              },
66              loader:function(param,success,error){
67                  $.ajax({
68                          url:"server/getData.php",
69                          data:{"index":2},
70                          type:"get",
71                          success: function(data){
72                              success(data);
73                          },
74                          error:function(data){
75                              error();
76                          }
77                  });
78          }});
79
80      });
81  </script>
```

服务器代码如下：

```
01  <?php
02      $index = $_GET["index"];
03      $message = array("我是内容一","我是内容二","我是内容三");
04      echo $message[$index];
05  ?>
```

最终运行结果如图 5.5 所示。

Title1
我是内容一
Title2
Title3

图 5.5　折叠面板内加载服务器内容

折叠面板加载服务器数据时使用的是惰性加载方式，页面被打开时仅仅加载展开状态的面板内容，而折叠状态的面板内容并未被加载。当第一次展开折叠的面板时会向服务器加载其内容。

7. 利用折叠面板制作导航栏

折叠面板可以用来制作布局中的左侧导航栏，由于在网页开发中导航的数量以及内容无法在早期进行确定，因此通常会将导航栏的内容保存到一个对象中，并利用折叠面板的方法动态加载导航内容。接下来将向读者演示如何利用折叠面板制作导航栏，部分代码如下：

```
01  <body>
02      <div id="nav" class="easyui-accordion" width='200'>
03          <!-- 导航内容 -->
04      </div>
05  </body>
06  <script>
07      $(function(){
08       //定义导航中的内容
09      var menu_content =
10          {"content":[
11          {"menuid":"1","icon":"icon-extend-man","menuname":"人员信息",
12              "menus":[{"menuid":"11","menuname":"添加用户
","icon":"icon-add-extend"},
13                          {"menuid":"12","menuname":"用户列表
","icon":"icon-table-extend"}
14                      ]
15              },
16          {"menuid":"2","icon":"icon-extend-folder","menuname":"项目管理",
17              "menus":[{"menuid":"21","menuname":"添加项目
","icon":"icon-add-extend"},
18              {"menuid":"22","menuname":"项目列表","icon":"icon-table-extend"}
19                      ]
20          }]
21      };
```

133

```
22      //初始化折叠面板
23      $("#nav").accordion({animate:false});
24      //将导航内容动态地添加到折叠面板中
25      $.each(menu_content.content, function(i, n) {
26          var menulist ='';
27          menulist +='<ul>';
28          $.each(n.menus, function(j, o) {
29          menulist += '<li><div><a id="'+o.menuid+'" href="#" ><span
class="'+o.icon+'" >
30           </span><span class="nav">' + o.menuname +
'</span></a></div></li> ';
31          });
32          menulist += '</ul>';
33          $('#nav').accordion('add', {
34              title: n.menuname,
35              content: menulist,
36              iconCls: 'icon ' + n.icon
37          });
38      });
39  });
40  </script>
```

最终运行结果如图 5.6 所示。

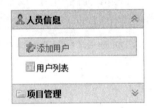

图 5.6   利用折叠面板制作导航栏

5.1.3   选项卡（Tabs）

选项卡也是一个可以包含多个面板元素的容器,与折叠面板不同的是选项卡同一时间只能显示一个面板,选项卡内每个面板称为标签页,每个标签页都有一个头部的标题以及工具按钮。

选项卡的依赖关系如下:

- panel
- linkbutton

选项卡扩展于:

- panel

选项卡的默认配置定义在$.fn.tabs.defaults 中。

134

1. 创建选项卡

使用标记创建选项卡的方法如下:

```
01        <div id="tt" class="easyui-tabs" style="width:500px;height:250px;">
02          <div title="Tab1" >
03            tab1
04          </div>
05          <div title="Tab2">
06            tab2
07          </div>
08          <div title="Tab3">
09            tab3
10          </div>
11        </div>
```

通过 JavaScript 创建选项卡的方法如下:

```
01        <div id="tt">
02          <div title="Tab1" >
03            tab1
04          </div>
05          <div title="Tab2">
06            tab2
07          </div>
08          <div title="Tab3">
09            tab3
10          </div>
11        </div>
12        <script>
13          $(function(){
14            $('#tt').tabs({
15              width:"500",
16              height:"250"
17            });
18          });
19        </script>
```

2. 选项卡内标签页属性

选项卡内标签页的属性继承于基础的面板属性，其新增的属性见表 5.12。

表 5.12　选项卡内面板属性说明

名称	类型	描述	默认
closable	boolean	当设置为 true 时该标签页会显示一个可关闭的按钮	false
selected	boolean	当设置为 true 时该标签页将会被选中	false
disabled	boolean	当设置为 true 时该标签页将会被禁用	false

3. 选项卡属性

选项卡常用属性说明见表 5.13。

表 5.13　选项卡常用属性说明

名称	类型	描述	默认
width	number	选项卡容器的宽度	auto
height	number	选项卡容器的高度	auto
plain	boolean	设置为 true 时移除选项卡头部背景颜色	false
fit	boolean	设置为 true 时选项卡将适应其父容器尺寸	false
border	boolean	设置为 true 时显示选项卡的边界	true
scrollIncrement	number	每按一次标签页的滚动按钮滚动的像素数	100
scrollDuration	number	每一个滚动动画应该持续的毫秒数	400
tools	array,selector	设置头部工具栏按钮，使用方法与面板的 tools 属性一致	null
toolPosition	string	工具栏的位置，可能的值有'left' 'right'	right
tabPosition	string	选项卡位置，可能的值有'top' 'bottom' 'left' 'right'	top
headerWidth	number	选项卡头部的宽度，仅当选项卡位置设置为'left' 或者'right'有效	150
tabWidth	number	标签页头部的宽度	auto
tabHeight	number	标签页头部的高度	27
selected	number	初始化时选中的标签页索引（从 0 开始计数）	0
showHeader	boolean	设置为 true 时显示选项卡头部	true
justified	boolean	设置为 true 时标签页头部宽度将适应选项卡头部宽度	false
narrow	boolean	设置为 true 时移除各个标签页之间的空格	false
pill	boolean	设置为 true 时可以突出显示选中的标签	false

4. 选项卡事件

选项卡常用事件说明见表 5.14。

表 5.14　选项卡常用事件说明

名称	参数	描述
onLoad	panel	当一个选项卡内的面板完成加载远程数据时触发
onSelect	title,index	当用户选中一个面板时触发
onUnselect	title,index	当用户取消选中一个面板时触发
onBeforeClose	title,index	当一个面板被关闭前触发，返回 false 就取消关闭动作
onClose	title,index	当用户关闭一个面板时触发
onAdd	title,index	当用户新增一个面板时触发
onUpdate	title,index	当一个面板被更新时触发
onContextMenu	e, title,index	当一个面板被右击时触发

5. 选项卡方法

选项卡常用方法说明见表 5.15。

表 5.15 选项卡常用方法说明

名称	参数	描述
options	none	返回选项对象
tabs	none	返回选项卡全部的面板对象
resize	none	调整选项卡容器尺寸
add	options	添加一个新的选项卡面板
close	which	关闭指定的选项卡面板，which 参数可以是面板的标题（title）或索引（index）
getTab	which	获取指定的面板对象，which 参数可以是面板的标题（title）或索引（index）
getTabIndex	tab	得到指定的选项卡面板索引
getSelected	none	获取选中的标签页面板
select	which	选择一个标签页面板，'which'参数可以是标签页面板的标题或索引
unselect	which	取消选择一个标签页面板，'which'参数可以是标签页面板的标题或索引
showHeader	none	显示标签页头部
hideHeader	none	隐藏标签页头部
showTool	none	显示标签页工具栏
hideTool	none	隐藏标签页工具栏
exists	which	指示指定的面板是否已存在，'which' 参数可以是标签页面板的标题或索引
update	param	更新指定的标签页面板，param 参数包含两个属性： ● tab：被更新的标签页面板 ● options：面板的选项
enableTab	which	启用指定的标签页面板，'which' 参数可以是标签页面板的标题或索引
disableTab	which	禁用指定的标签页面板，'which' 参数可以是标签页面板的标题或索引
scrollBy	deltaX	通过指定的像素数滚动标签页头部，负值表示滚动到右边，正值表示滚动到左边

6. 演示动态增加标签页

【本节详细代码参见随书源码：源码\easyui\example\c5\ addtabs.html】

在上一节中向读者演示了如何通过折叠面板创建导航栏。通常我们会给每一个导航都添加一个链接，当用户单击这个导航时跳转到链接页面，但是这种做法的用户交互性较差。下面我们将通过选项卡组件将用户的导航页面动态加载到各个标签页中，部分代码如下：

```
01  <body class="easyui-layout">
02      <div id="tt" class="easyui-tabs" style="width:500px;height:250px;">
```

```
03              <div title="主页" style="padding:20px;display:none;">
04                    主页
05             </div>
06        </div>
07        <a id="btn1" class='addpage' href="#" url='page1.html' title='添加页面 1'>
添加页面 1</a>
08        <a id="btn2" class='addpage' href="#" url='page2.html' title='添加页面 2'>
添加页面 2</a>
09        <a id="btn3" class='addpage' href="#" url='page3.html' title='添加页面 3'>
添加页面 3</a>
10  </body>
11      <script>
12          $(function(){
13              $('.addpage').linkbutton();
14              $('.addpage').click(function(){
15                  var $p = $(this);
16                  var title = $p.attr('title');
17                  //检查标签是否已被加载
18                  var which = $('#tt').tabs('getTab',title);
19                  //which 指的是标签页对象，返回 null 代表该标签不存在
20                  if(which){
21                      //如果该标签页存在的话就在选项卡中选中它
22                      $('#tt').tabs('select',title);
23                  }
24                  else{
25                      //标签页不存在时则动态添加
26                      $('#tt').tabs('add',{
27                          //设置标签标题
28                          title:title,
29                          //为标签添加一个可关闭的按钮
30                          closable:true,
31                          //远程加载标签内容
32                          href:$p.attr('url'),
33                          //对加载后的数据进行过滤，仅保留<body>标记内的内容
34                          extractor: function(data){
35                              var pattern =
/<body[^>]*>((.|[\n\r])*)<\/body>/im;
36                              var matches = pattern.exec(data);
37                              if (matches){
38                                  return matches[1];
39                              } else {
40                                  return data;
41                              }
42                          }
43                      });
44                  }
45              });
46          });
47  </script>
```

本例我们在选项卡中动态加载标签页面，这些页面也是被定义在一个 HTML 中，例如代

码中"页面一"的完整代码如下：

```
01    <!DOCTYPE html>
02    <html>
03       <head>
04            <meta charset="UTF-8">
05            <title>标签页面</title>
06            <link rel="stylesheet" type="text/css"
      href="../themes/default/easyui.css">
07            <link rel="stylesheet" type="text/css" href="../themes/icon.css">
08            <link rel="stylesheet" type="text/css" href="../demo.css">
09            <script type="text/JavaScript" src="../jquery.min.js"></script>
10            <script type="text/JavaScript"
      src="../jquery.easyui.min.js"></script>
11       </head>
12       <body>
13            页面一
14       </body>
15    </html>
```

可以发现在标签页中我们仅需要用到 body 标记中的内容，因此我们可以使用面板的
extractor 属性对加载后的数据进行过滤，仅保留 body 标记中的内容。最终运行结果如图 5.7
所示。

图 5.7   动态增加标签页

在使用动态加载标签页的方法时，必须保证主页面中加载了标签页所依赖的所有 js 和 css
文件，否则标签页将无法达到预期效果。

5.2 布局（Layout）

在前面的章节中向读者介绍了折叠面板和选项卡两个组件，这两个组件的主要作用是将多

个面板集成在一个容器中，其中折叠面板是在垂直方向上集成多个面板，而选项卡是在水平方向上集成多个面板。本节的布局也是一个可以集成多个面板的容器，有五个区域，分别是北部区域（north）、南部区域（south）、东部区域（east）、西部区域（west）和中部区域（center）。其中，中部区域是必选的，其他边缘区域是可选的，每个边缘区域面板可通过拖曳边框调整尺寸，也可以通过单击折叠按钮来折叠面板。布局中的每个区域都可以嵌套新的布局。本节将向读者介绍简单的布局、复杂的布局以及嵌套布局，最后将和读者一起探讨常见的几种 Web 布局方式。

5.2.1 简单的布局

布局的依赖关系如下：

- panel
- resizable

布局的默认配置定义在$.fn.layout.defaults 中。

1. 创建布局

通过标记创建布局的方法如下：

```
01  <div id="cc" class="easyui-layout" style="width:600px;height:400px;">
02      <div data-options="region:'north',title:'North Title',split:true"
style="height:100px;"></div>
03      <div data-options="region:'south',title:'South Title',split:true"
style="height:100px;"></div>
04      <div data-options="region:'east',title:'East',split:true"
style="width:100px;"></div>
05      <div data-options="region:'west',title:'West',split:true"
style="width:100px;"></div>
06      <div data-options="region:'center',title:'center title'"
style="background:#eee;"></div>
07  </div>
```

通过 JavaScript 创建布局的方法如下：

```
01  <div id="cc" style="width:600px;height:400px;">
02    <div data-options="region:'north',title:'North Title',split:true"
style="height:100px;"></div>
03    <div data-options="region:'south',title:'South Title',split:true"
style="height:100px;"></div>
04    <div data-options="region:'east',title:'East',split:true"
style="width:100px;"></div>
05    <div data-options="region:'west',title:'West',split:true"
style="width:100px;"></div>
06    <div data-options="region:'center',title:'center title'"
style="background:#eee;"></div>
07  </div>
```

```
08  <script>
09      $(function(){
10          $('#cc').layout();
11      });
12  </script>
```

2. 布局中各个区域面板的属性

区域面板的属性继承于面板，其新增的属性说明见表 5.16。

表 5.16　区域面板常用属性说明

名称	类型	描述	默认
title	string	布局中面板的标题	null
region	string	定义布局中面板的位置，它的值可能是 north、south、east、west、center	
border	boolean	设置为 true 时显示面板的边框	true
split	boolean	当设置为 true 时，就显示拆分栏，用户可以用它改变面板的尺寸	
iconCls	string	在面板头部显示的图标类型	null
href	string	远程服务器地址，用于面板从远程服务器加载数据	null
collapsible	boolean	定义是否显示可折叠按钮	true
minWidth	number	设置面板的最小宽度	10
minHeight	number	设置面板的最小高度	10
maxWidth	number	设置面板的最大宽度	10000
maxHeight	number	设置面板的最大高度	10000
expandMode	string	该属性定义单击折叠面板时面板的展开模式，可能的值有： ● float：区域面板将会展开并显示在其他区域面板顶部 ● dock：区域面板将会展开并停靠在布局中 ● null：面板不会被展开	
collapsedSize	number	面板被折叠后显示的尺寸	28
hideExpandTool	boolean	是否隐藏放大工具	false
hideCollapsedContent	boolean	面板折叠后，是否隐藏折叠面板中的标题栏	true
collapsedContent	string,function(title)	折叠面板上显示的标题	

> expandMode 属性定义当区域面板被折叠后，单击折叠后的面板时展开的方式。当设置为 dock 时，面板将会被打开并固定在布局中。当设置为 float 时，面板将会被打开并且显示在其他区域面板的顶部，但是当鼠标离开该面板时它会自动折叠。当设置为 null 时，面板不会被展开。

3. 布局属性

布局只有一个 fit 属性，用于设置布局的尺寸是否适应于父元素的尺寸。如果开发者在 body 标记中创建布局，就会自动最大化到整个页面。例如，创建全屏布局：

```
01  <body>
02  <div id="cc">
03      <div data-options="region:'north',title:'North Title',split:true"
    style="height:100px;"></div>
04      <div data-options="region:'south',title:'South Title',split:true"
    style="height:100px;"></div>
05      <div data-options="region:'east',title:'East',split:true"
    style="width:100px;"></div>
06      <div data-options="region:'west',title:'West',split:true"
    style="width:100px;"></div>
07      <div data-options="region:'center',title:'center title'"
    style="background:#eee;"></div>
08  </div>
09  <script>
10  $(function(){
11      $('#cc').layout({
12          fit:true
13      });
14  });
15  </script>
16  </body>
```

或者：

```
01  <body class="easyui-layout">
02      <div data-options="region:'north',title:'North Title',split:true"
    style="height:100px;"></div>
03      <div data-options="region:'south',title:'South Title',split:true"
    style="height:100px;"></div>
04      <div data-options="region:'east',title:'East',split:true"
    style="width:100px;"></div>
05      <div data-options="region:'west',title:'West',split:true"
    style="width:100px;"></div>
06      <div data-options="region:'center',title:'center title'"
    style="background:#eee;"></div>
07  </body>
```

4. 布局事件

布局常用事件说明见表 5.17。

表 5.17 布局常用事件说明

名称	参数	描述
onCollapse	region	当一个区域面板折叠时触发
onExpand	region	当一个区域面板展开时触发
onAdd	region	当添加一个新的区域面板时触发
onRemove	region	当移除一个区域面板时触发

5. 布局方法

布局常用方法说明见表 5.18。

表 5.18 布局常用方法说明

名称	参数	描述
resize	param	调整布局的大小，'param'对象有如下属性： ● width: 布局的宽度 ● height: 布局的高度
panel	region	返回指定的面板，region 参数可能是'north' 'south' 'east' 'west' 'center'
collapse	region	折叠指定的面板，region 参数可能是'north' 'south' 'east' 'west' 'center'
expand	region	展开指定的面板，region 参数可能是'north' 'south' 'east' 'west' 'center'
add	options	添加一个指定的面板，options 参数是一个区域面板对象
remove	region	移除指定的面板，region 参数可能是'north' 'south' 'east' 'west' 'center'
split	region	给指定的面板添加分割线
unsplit	region	移除指定面板的分割线

5.2.2 添加和删除布局

通过布局的 add 和 remove 方法，开发者可以动态地添加和删除布局中指定的区域。例如，在布局的东部区域新增一个面板，相关代码如下：

```
01    $('#cc').layout('add',{
02        region: 'east',
03        width: 180,
04        title: '东部区域标题',
05        split: true,
06        tools: [{
07            iconCls:'icon-add',
08            handler:function(){alert('add')}
09        }]
10    });
```

通过指定布局区域的区域可以快速删除一个面板，例如删除布局中的东部区域面板，相关代码如下：

```
$('#cc').layout("remove","east");
```

143

5.2.3 布局的种类

在网页设计中常见的布局方式有五种，分别是：

- 静态布局
- 流式布局
- 自适应布局
- 响应式布局
- 弹性布局

1. 静态布局

静态布局方式是最简单的，它没有兼容性问题。本书大部分例子都是使用的静态布局。静态布局的特点是网页上所有元素的尺寸一律使用 px 作为单位，不管浏览器尺寸具体是多少，网页布局始终按照最初写代码时的布局来显示，例如：

```
01<div id='cc' style="width:600px;height:400px;" class="easyui-layout">
02  <div data-options="region:'north',title:'North Title',split:true"
style="height:100px;"></div>
03  <div data-options="region:'south',title:'South Title',split:true"
style="height:100px;"></div>
04  <div data-options="region:'east',title:'East',split:true"
style="width:100px;"></div>
05  <div data-options="region:'west',title:'West',split:true"
style="width:100px;"></div>
06  <div data-options="region:'center',title:'center title'"
style="width:100px;"></div>
07</div>
```

上述代码我们使用了 px（像素值）来设置布局，运行结果如图 5.8 所示。

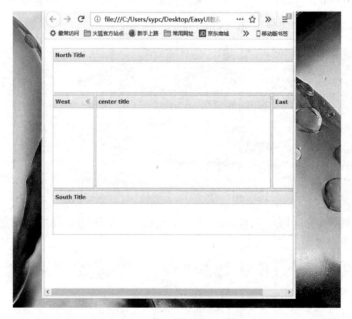

图 5.8　静态布局

可以发现当改变浏览器尺寸时，布局并不会自动调整。

2. 流式布局

流式布局的特点是页面元素的宽度按照屏幕分辨率进行适配调整，流式布局通常使用%百分比定义宽度，使用 px 来固定住高度，例如：

```
01<div id='cc' style="width:70%;height:400px;" class="easyui-layout">
02  <div data-options="region:'north',title:'North Title',split:true"
style="height:100px;"></div>
03  <div data-options="region:'south',title:'South Title',split:true"
style="height:100px;"></div>
04  <div data-options="region:'east',title:'East',split:true"
style="width:100px;"></div>
05  <div data-options="region:'west',title:'West',split:true"
style="width:100px;"></div>
06  <div data-options="region:'center',title:'center title'"
style="width:100px;"></div>
07</div>
```

最终运行结果如图 5.9 所示。

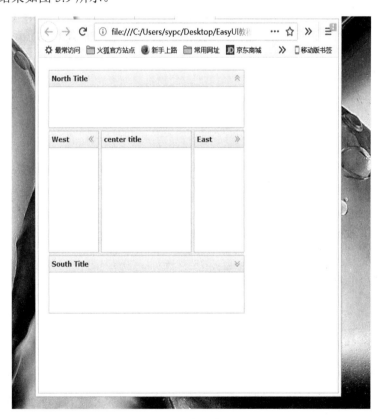

图 5.9　流式布局

可以发现当调整浏览器尺寸时，布局的宽度仍然按照页面的百分比展示。

3. 自适应布局

自适应布局主要是为不同分辨率的屏幕定义布局，换句话说就是定义多个静态布局，每个静态布局对应一个分辨率范围，改变分辨率可以切换不同的静态布局。

4. 响应式布局

响应式布局设计的目标是确保一个页面在所有终端上（包括各种尺寸的 PC、手机甚至手表等）都能显示出令人满意的效果。响应式布局用于解决不同设备之间、不同分辨率之间的兼容问题。响应式布局在头部会加上这样一段代码：

```
01  <meta name="applicable-device" content="pc,mobile">
02  <meta http-equiv="Cache-Control" content="no-transform ">
```

5. 弹性布局

弹性布局的特点是包裹文字的各元素尺寸采用 em/rem 做单位，而页面的主要划分区域的尺寸仍使用百分数或 px 做单位。

6. 总结

EasyUI 通常用来设计 PC 端界面，此时使用静态布局配合流式布局是最好的选择。EasyUI 也提供了移动端的布局方式，在本书的后面章节将向读者讲解 EasyUI 移动页面的设计方式。

5.2.4 嵌套布局

我们可以在一个布局区域中嵌套一个布局，此时就形成了一个嵌套布局，它的使用方法如下：

```
01  <div data-options="region:'north',title:'North Title',split:true"
style="height:100px;"></div>
02  <div data-options="region:'south',title:'South Title',split:true "
style="height:100px;"></div>
03  <div data-options="region:'east',title:'East',split:true"
style="width:100px;"></div>
04  <div data-options="region:'west',title:'West',split:true "
style="width:100px;"></div>
05  <div data-options="region:'center',title:'center title'"
style="padding:5px;background:#eee;">
06      <div class="easyui-layout" data-options="fit:true">
07          <div data-options="region:'west',title:'west'"
style="width:180px"></div>
08          <div data-options="region:'center',title:'center'"></div>
09      </div>
10  </div>
```

上述代码中在布局的中部区域中嵌套了一个包含西部和中部区域的布局，最终运行结果如图 5.10 所示。

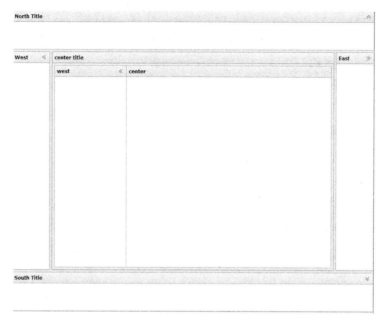

图 5.10　嵌套布局

5.2.5　自适应高度布局

【本节详细代码参见随书源码：源码\easyui\example\c5\ fitLayout.html】

自适应高度布局指的是，当布局中区域面板的内容发生改变时，布局的高度会自动适应面板中的内容。通常会使用布局的 resize 方法来动态调整布局高度。例如，下面我们设计一个布局高度随着中部区域面板的内容自动调整的程序，部分代码如下：

```
01  <div id="cc" style="width:700px;height:350px;">
02      <div data-options="region:'north'" style="height:50px"></div>
03      <div data-options="region:'south'" style="height:50px;"></div>
04      <div data-options="region:'west'" style="width:150px;"></div>
05      <div data-options="region:'center'" style="padding:20px">
06          <p>面板内容</p>
07          <p>面板内容</p>
08          <p>面板内容</p>
09      </div>
10  </div>
11  <script type="text/JavaScript">
12      $(function(){
13          $('#cc').layout();
14          setHeight();
15      });
16      function addItem(){
17          $('#cc').layout('panel','center').append('<p>新增面板内容</p>');
18          setHeight();
19      }
20      function removeItem(){
```

```
21          $('#cc').layout('panel','center').find('p:last').remove();
22          setHeight();
23      }
24      //该函数动态调整布局高度
25      function setHeight(){
26          //获取布局对象
27          var c = $('#cc');
28              //获取布局中部区域的面板对象
29          var p = c.layout('panel','center');
30              //获取面板高度
31          var oldHeight = p.outerHeight();
32              //重新设置面板的高度自动适应其内容
33          p.panel('resize', {height:'auto'});
34              //获取面板新的高度
35          var newHeight = p.outerHeight();
36              //重新设置布局的高度
37          c.layout('resize',{
38              height: (c.height() + newHeight - oldHeight)
39          });
40      }
41  </script>
```

最终运行结果如图 5.11 所示。

图 5.11 自适应高度布局

5.2.6 复杂布局

【本节详细代码参见随书源码：源码\easyui\example\c5\ complexLayout.html】

下例中创建一个拥有北部、西部和中部区域的布局组件。在布局的西部区域中使用折叠面板设计一个导航栏，当单击导航栏上的元素时，会在布局中部区域中显示一个个的标签页。在北部区域中创建一个带有背景颜色的标题区域，部分代码如下：

```
01      <body class="easyui-layout" id='cc'>
02          <div data-options="region:'north',split:true,collapsible:false"
03          style="background:#95B8E7;height:25px">
04              <span>EasyUI 入门到精通</span>
05          </div>
06          <div data-options="region:'center'"
style="padding:5px;background:#eee;">
07              <div id="tt" class="easyui-tabs" data-options="fit:true">
08                  <div title="主页" style="padding:20px;display:none;">
09                      主页
10                  </div>
11              </div>
12          </div>
13      </body>
```

西部区域的面板创建方式如下：

```
01   //动态添加布局西部区域面板
02      $('#cc').layout('add',{
03          region: 'west',
04          width: 200,
05          title: '菜单',
06          split: true,
07          //单击折叠后的面板时，面板不会自动展开
08          expandMode:null,
09          //添加面板内容
10          content:"<div id='nav' class='easyui-accordion' "+
11              data-options='border:false'></div>",
12      });
13      //初始化折叠面板
14      $("#nav").accordion();
15      //定义导航中的内容
16       var menu_content =
17       {"content":[
18          {"menuid":"1","icon":"icon-extend-man","menuname":"人员信息",
19              "menus":[{"menuid":"11","menuname":"添加用户",
20                      "icon":"icon-add-extend","url":"adduser.html"},
21                      {"menuid":"12","menuname":"用户列表",
22                      "icon":"icon-table-extend","url":"userlist.html"}
23                      ]
24          },
25          {"menuid":"2","icon":"icon-extend-folder","menuname":"项目管理",
26          "menus":[{"menuid":"21","menuname":"添加项目",
27              "icon":"icon-add-extend","url":"addproject.html"},
28              {"menuid":"22","menuname":"项目列表",
29              "icon":"icon-table-extend","url":"projectlist.html"}
30              ]
31          }]
32      };
33      //将导航内容动态地添加到折叠面板中
34      $.each(menu_content.content, function(i, n) {
```

```
35          var menulist ='';
36              menulist +='<ul>';
37              $.each(n.menus, function(j, o) {
38                  menulist += '<li><div><a id="'+o.menuid+'" href="#" ><span
class="'+
39                      o.icon+'"> </span><span class="nav"
url='+o.url+'>'+
40                      o.menuname + '</span></a></div></li> ';
41              });
42          menulist += '</ul>';
43          //动态添加折叠面板中的元素
44          $('#nav').accordion('add', {
45              title: n.menuname,
46          content: menulist,
47          iconCls: 'icon ' + n.icon,
48      });
49  });
```

最后给导航栏中的元素添加单击事件，单击后动态添加标签页，代码如下：

```
01  //导航栏中元素被单击时
02          $('.nav').click(function(){
03              var $p = $(this);
04              var title = $p.html();
05              //检查标签是否已被加载
06              var which = $('#tt').tabs('getTab',title);
07              //which 指的是标签对象，返回 null 代表该标签不存在
08              if(which){
09                  //如果该标签存在的话就在选项卡中选中它
10                  $('#tt').tabs('select',title);
11              }
12              else{
13                  //动态添加标签
14                  $('#tt').tabs('add',{
15                      //设置标签标题
16                      title:title,
17                      //为标签添加一个可关闭的按钮
18                      closable:true,
19                      //远程加载标签内容
20                      href:$p.attr('url'),
21                      //对加载后的数据进行过滤，进保留<body>标签内的内容
22                      extractor: function(data){
23                          var pattern =
/<body[^>]*>((.|[\n\r])*)<\/body>/im;
24                          var matches = pattern.exec(data);
25                          if (matches){
26                              return matches[1];
27                          } else {
28                              return data;
29                          }
30                      }
```

```
31                    });
32                 }
33             });
```

最终运行结果如图 5.12 所示。

图 5.12　复杂的布局

5.3　窗口（Window）

5.3.1　创建简单的窗口

窗口的依赖关系如下：

- draggable
- resizable
- panel

窗口扩展于：

- panel

窗口的默认配置定义在$.fn.window.defaults 中。

1. 创建窗口

使用标记创建窗口的方法如下：

```
01      <div id="win" class="easyui-window" title="My Window"
```

```
style="width:600px;height:400px"
02           data-options="iconCls:'icon-save',modal:true">
03       窗口内容
04     </div>
```

使用 JavaScript 创建窗口的方法如下：

```
01  <div id="win"></div>
02    $('#win').window({
03        width:600,
04        height:400,
05        modal:true
06  });
```

2. 窗口属性

窗口常用的属性说明见表 5.19。

表 5.19　窗口常用属性说明

名称	类别	描述	默认
title	string	窗口标题	New Window
collapsible	boolean	定义是否显示可折叠按钮	true
minimizable	boolean	定义是否显示最小化按钮	true
maximizable	boolean	定义是否显示最大化按钮	true
closable	boolean	定义是否显示关闭按钮	true
closed	boolean	定义是否关闭窗口	false
zIndex	number	定义窗口的 z-index 风格	9000
draggable	boolean	定义窗口是否可拖曳	true
resizable	boolean	定义窗口是否可调整尺寸	true
shadow	boolean	如果设置为 true，当窗口能够显示阴影的时候将会显示阴影	true
inline	boolean	定义如何放置窗口，当设置为 true 时则放在它的父容器里，当设置为 false 时则浮在所有元素的顶部	false
modal	boolean	定义窗口是否为模态窗口	false
border	boolean,string	定义窗口的边框风格，可能的值有 true、false、'thin'和'thick'	true
constrain	boolean	定义是否限制窗口的位置	false

3. 窗口的事件

窗口的事件扩展于面板，其本身无新增和重新事件。

4. 窗口的方法

窗口常用的方法说明见表 5.20。

表 5.20　窗口常用方法说明

名称	参数	描述
window	none	返回窗口对象
hcenter	none	使窗口在水平方向上居中
vcenter	none	使窗口在垂直方向上居中
center	none	使窗口在水平和垂直方向上居中

5.3.2　创建模态窗口

所谓的模态窗口是指当显示窗口时用户仅能操作窗口内的内容。创建模态窗口时，需要设置窗口 modal 属性为 true，如下代码所示。

```
01        <div id="win"></div>
02        <script>
03        $(function(){
04            $('#win').window({
05                width:600,
06                height:400,
07                modal:true,
08                constrain:true,
09            });
10            $('#win').window('center');
11        });
12        </script>
```

5.3.3　创建内联窗口

所谓的内联窗口是指以窗口父元素的位置作为窗口位置的参照。如下代码，我们设置窗口的位置居中，并设置其为内联窗口：

```
01        <div id='boder'>
02            <div id="win"></div>
03        </div>
04        <script>
05            $(function(){
06                $('#win').window({
07                    width:300,
08                    height:300,
09                    inline:true
10                });
11                $('#win').window("center");
12            });
13        </script>
```

最终运行结果如图 5.13 所示。

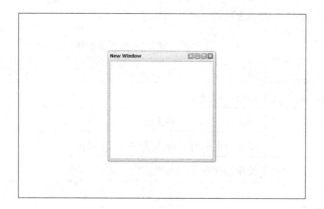

图 5.13　内联窗口

可以发现窗口是在其父元素内居中显示。

5.3.4　窗口的布局

我们也可以对窗口的内容进行布局，如下代码所示。

```
01  <div id="win">
02      <div class="easyui-layout" data-options="fit:true">
03      <div data-options="region:'north'" style="height:50px"></div>
04      <div data-options="region:'south'" style="height:50px;"></div>
05      <div data-options="region:'west'" style="width:150px;"></div>
06      <div data-options="region:'center'" style="padding:20px"></div>
07  </div>
08  <script>
09  $(function(){
10      $('#win').window({
11          width:500,
12          height:500,
13      });
14      $('#win').window("center");
15  });
16  </script>
```

最终运行结果如图 5.14 所示。

图 5.14　窗口的布局

5.3.5　窗口的页脚

窗口是一个扩展于面板的组件，因此我们可以使用面板的 footer 属性来设计窗口的页脚，部分代码如下：

```
01  <div id="win"></div>
02  <div id="footer">
03      <span>窗口页脚</span>
04  <div>
05  <script>
06      $(function(){
07          $('#win').window({
08              width:300,
09              height:300,
10              footer:'#footer'
11          });
12          $('#win').window("center");
13      });
14  </script>
```

最终运行结果如图 5.15 所示。

155

5.15　窗口的页脚

5.3.6　窗口的边框样式

EasyUI 为窗口提供了 8 种边框样式，开发者可以根据需要选择不同的样式。要使用这些样式的话需要先引入 themes 中的 color.css 文件，其使用方法如下所示。

```
01  <div id="win"></div>
02  <script>
03      $(function(){
04          $('#win').window({
05              width:500,
06              height:300,
07              //边框风格有 c1,c2,…,c8 八种风格
08              cls:'c8'
09          });
10          $('#win').window("center");
11      });
12  </script>
```

最终运行结果如图 5.16 所示。

图 5.16　窗口边框样式

5.4 对话框（Dialog）

对话框是一个特殊的窗口，在头部有一个工具栏，在底部有一组按钮。对话框的依赖关系如下：

- window
- linkbutton

对话框扩展于：

- window

对话框的默认配置定义在$.fn.window.defaults 中。

1. 创建窗口

使用标记创建对话框的方法如下：

```
01 <div id="dd" class="easyui-dialog" title="My Dialog"
style="width:400px;height:200px;"
02      data-options="iconCls:'icon-save',resizable:true,modal:true">
03    Dialog Content.
04 </div>
```

使用 JavaScript 创建对话框的方法如下：

```
01 <div id="dd">Dialog Content.</div>
02 $('#dd').dialog({
03    title: 'My Dialog',
04    width: 400,
05    height: 200,
06    closed: false,
07    cache: false,
08    href: 'get_content.php',
09    modal: true
10 });
```

2. 对话框属性

对话框常用的属性说明见表 5.21。

表 5.21　对话框常用属性说明

名称	类型	默认	描述
title	string	对话框标题	New Dialog
collapsible	boolean	定义是否显示折叠按钮	false
minimizable	boolean	定义是否显示最小化按钮	false
maximizable	boolean	定义是否显示最大化按钮	false

（续表）

名称	类型	默认	描述
resizable	boolean	定义对话框是否可以被缩放	false
toolbar	array,selector	定义对话框的工具栏，可以是一个元素选择器，也可以是一个链接按钮对象数组	Null
buttons	array,selector	定义对话框的按钮，可以是一个元素选择器，也可以是一个链接按钮对象数组	

3. 对话框事件

对话框的事件扩展于窗口，其本身无新增和重写事件。

4. 对话框方法

对话框常用的方法说明见表 5.22。

表 5.22　对话框常用方法说明

名称	参数	描述
dialog	none	返回外部的对话框对象

5. 演示

下面我们将创建一个带工具栏和按钮的对话框，部分代码如下：

```
01          <div id="dd"></div>
02          <div id="bt">
03              <a href="#" class="easyui-linkbutton"
04              data-options="iconCls:'icon-ok',text:'确定',plain:true"></a>
05              <a href="#" class="easyui-linkbutton"
06              data-options="iconCls:'icon-cancel',text:'取消
',plain:true"></a>
07          </div>
08          <script>
09              $(function(){
10                  $('#dd').dialog({
11                      title: '对话框',
12                      width: 400,
13                      height: 200,
14                      resizable:true,
15                      //直接给工具栏添加链接按钮对象
16                      toolbar:[{
17                          text:'新增',
18                          iconCls:'icon-add',
19                          handler:function(){alert("add 按钮被单击");}
20                      },{
21                          text:'编辑',
```

```
22                      iconCls:'icon-edit',
23                      handler:function(){alert("edit 按钮被单击");}
24                  }
25                  ],
26              //使用选择器选中按钮栏
27              buttons:'#bt'
28          });
29      });
30  </script>
```

最终运行结果如图 5.17 所示。

图 5.17 对话框演示

5.5 信息提示窗口（Messager）

信息提示窗口是扩展于窗口的组件，它的使用方法与其他组件不同，开发者需要在指定方法中初始化配置。EasyUI 提供了五类信息提示窗口，分别是底部提示窗口、消息提示窗口、确认提示窗口、进度提示窗口、输入提示窗口。这些窗口都有一些共同的属性，见表 5.23。

表 5.23 信息提示窗口属性

名称	类型	描述	默认
Ok	string	确认按钮文本	Ok
cancel	string	取消按钮文本	Cancel
msg	string	窗口主体内容	
fn	function	单击确认或取消按钮后的回调函数	

5.5.1 底部提示窗口

底部提示窗口会在页面的右下角弹出一个提示窗口，是异步的，用户可以同时操作应用以及查看提示。可以通过$.messager.show 方法调用底部提示窗口，它有如下属性：

● showType: 定义提示窗口以何种动画弹出，可能的值有 null、slide、fade、show，默认值为 slide。

- showSpeed：定义弹出动画持续的时间，单位是毫秒，默认值是 600 毫秒。
- width：定义提示窗口的宽度，默认为 250。
- height：定义提示窗口的高度，默认为 100。
- title：提示窗口的标题。
- msg：提示窗口的内容。
- style：定义提示窗口的自定义风格。
- timeout：定义窗口显示的时间，单位为秒。如果设置值为 0，那么窗口不会自动关闭。

下面的代码将创建一个简单的底部提示窗口：

```
01  $.messager.show({
02      //窗口的属性
03      cls:"c2",
04      //信息窗口属性
05      title:'底部信息窗口',
06      msg:'信息提示部分',
07      //窗口不会被关闭
08      timeout:0,
09      //窗口打开时的动画
10      showType:'show',
11  });
```

最终运行结果如图 5.18 所示。

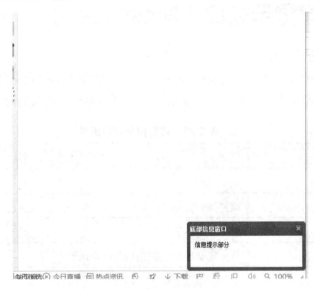

图 5.18 底部提示窗口

5.5.2 消息提示窗口

消息提示窗口与底部提示窗口一样，也用来向用户提示文本信息，不同的是消息提示窗口是同步的，用户必须确定浏览过窗口内容方可关闭窗口操作应用。可以通过$.messager.alert 方法调用消息提示窗口，它有如下属性：

- title：窗口的标题。
- msg：窗口内显示的提示信息。
- icon：窗口的图标，可能的值有 error、question、info、warning。
- fn：当单击 OK 按钮后的回调函数。

下面代码将创建一个简单的消息提示窗口：

```
01  $.messager.alert({
02      title:'标题',
03      msg:'内容',
04      ok:"确定"
05  });
```

最终运行结果如图 5.19 所示。

图 5.19　消息提示窗口

5.5.3　确认提示窗口

在用户进行一些敏感操作时，通常要让用户先进行确认，以免出现操作失误而导致关键数据丢失的情况，此时可以显示确认提示窗口。确认提示框有确定和取消两个按钮，开发者可以根据用户的选择来决定操作。可以通过$.messager.confirm 方法调用确认提示窗口，它有如下属性：

- title：窗口的标题。
- msg：窗口内显示的内容。
- fn(b)::回调函数。当用户单击了确认按钮时参数为 true，否则参数为 false。

下面我们来创建一个基本的确认提示窗口，部分代码如下：

```
01      $.messager.confirm({
02          title:'标题',
03          msg:'内容',
04          ok:"确定",
05          cancel:"取消",
06          fn:function(b){
```

```
07              if(b){
08                  alert("单击了确认按钮");
09              }else{
10                  alert("单击了取消按钮");
11              }
12          }
13      });
```

最终运行结果如图 5.20 所示。

图 5.20　确认提示窗口

5.5.4　进度提示窗口

进度提示窗口告诉用户程序正在执行请稍等，它会实时反映程序运行的进度。可以通过 $.messager. progress 方法调用进度提示窗口，它有如下属性：

- title: 窗口的标题。
- msg: 窗口内显示的内容。
- text:: 滚动条上显示的文本。
- interval: 滚动条进度更新的时间间隔，默认为 300 毫秒。

进度提示窗口也定义了一系列的方法，例如：

- bar: 获取窗口中的滚动条对象。
- close: 关闭进度提示窗口。

显示滚动条的方法如下：

```
$.messager.progress();
```

关闭滚动条的方法如下：

```
$.messager.progress('close');
```

进度提示窗口默认不会同步更新进度，它会循环地更新进度直到被关闭为止。如果需要更新进度的话，必须获取滚动条对象，然后动态地更新当前进度。

5.5.5　输入提示窗口

输入提示窗口允许用户在窗口中输入相关信息，可以通过$.messager.prompt 方法调用输入提示窗口，它有如下属性：

● title：窗口的标题。

● msg：窗口内显示的内容。

● fn(val)::回调函数，参数为用户输入的内容。

输入提示窗口的使用方法如下：

```
01  $.messager.prompt({
02      title:'请输入账号',
03      msg:'账号',
04      ok:"确定",
05      cancel:"取消",
06      fn:function(val){
07          //val 为用户输入的内容
08          alert(val);
09      }
10  });
```

最终运行结果如图 5.21 所示。

图 5.21　输入提示窗口

5.6　小结

本章向读者介绍了 EasyUI 中布局的使用方法。布局的基础是面板，我们先讲解了基础面板的使用方法；再讲解了由多个面板组合而成的组件，分别是折叠面板、选项卡以及布局，它们的本质其实就是将多个面板集成在一个容器中。在面板中也可以嵌套任意组件，这就允许我们可以在布局中的面板里嵌套布局，通过这种方式可以设计任意形式的布局。

本章最后向读者介绍了窗口。窗口是扩展于面板的组件，它的特点是动态地显示内容，由面板可以扩展出各类组件，如对话框、信息提示框。

第 6 章

深入理解EasyUI组件机制

前 5 章向读者详细介绍了 EasyUI 中的部分组件，在学习这些组件的过程中读者可能会出现各种疑惑，下面罗列出一些常见的问题。

（1）EasyUI 中的依赖关系

在第 2 章中我们讲到 EasyUI 组件中有两种关系，第一种是依赖关系，第二种是扩展关系，这两种关系的区别是什么？

（2）EasyUI 组件中的默认配置与选项对象

在讲解 EasyUI 组件时都会介绍其默认配置，每个 EasyUI 组件都有一个 options 方法返回其选项对象，默认配置与选项对象有何区别？

（3）EasyUI 组件的属性设置方式

EasyUI 组件的属性设置方式非常灵活，例如可以有五种方式来设置文本框的宽度，分别是：

- 使用组件的默认配置赋值
- 使用元素的 data-options 属性赋值
- 使用元素的各个属性赋值（style 和 data-options 例外）
- 使用元素的 style 属性赋值
- 利用 JavaScript 创建组件时通过构造参数赋值

这 5 种属性设置方式有何区别？其优先级是什么？

（4）EasyUI 组件的初始化过程

EasyUI 组件为何可以被初始化多次？例如：

```
01    <input id='test'>
02    <script>
03        $(function(){
04            $("#test").textbox({width:100});
05            $("#test").textbox({width:200});
06        });
07    </script>
```

可以发现最终显示的只有一个文本框且其宽度为 200，其原理是什么？

为何可以同时初始化多个 EasyUI 组件？例如：

```
01    <a class='btn'>按钮 1</a>
02    <a class='btn'>按钮 2</a>
03    <a class='btn'>按钮 3</a>
04    <script>
05        $(function(){
06            $(".btn").linkbutton();
07        });
08    </script>
```

可以发现三个链接按钮都已被初始化，其原理是什么？

在向读者详细解释上述问题之前，我们首先使用 EasyUI 开发一个起止日期框的组件，进一步加深读者对 EasyUI 组件的掌握。其次向读者介绍 jQuery 开发插件的技术，因为 EasyUI 本身就是一系列的 jQuery 插件的集合，因此掌握了 jQuery 开发插件的技术后，就可以查阅 EasyUI 组件的源码，本书会带领读者一起分析 EasyUI 组合（Combo）组件的源码。最后我们将模仿 EasyUI 组件的开发方式开发起止日期框插件。

本章主要涉及的知识点有：

● 　使用 jQuery 开发插件的方法。

● 　EasyUI 插件的源码分析。

● 　如何设计基于 EasyUI 的自定义插件。

6.1 　使用 EasyUI 开发自定义组件

【本节详细代码参见随书源码：\源码\easyui\example\c6\example.html】

在前面的章节中，我们学习了 EasyUI 中的日期框（datebox）组件，日期框可以使用户快速地选中某个日期，但是在网站开发中经常会遇到诸如搜索某个时间范围之间内容的需求，此时我们可能会设计两个日期框，其中一个用来选择开始日期，另一个用来选择结束日期，这种做法虽然可以解决相关问题，但是要实现像验证日期区间是否合法等功能时会变得十分棘手。本节将带领读者开发一款依赖于 EasyUI 组合的高级组件起止日期框（start-end），它不仅可以选择开始日期和结束日期，还可以实现日期区间验证，以及指定日期区间自动选择功能。起止日期框的使用效果如图 6.1 所示。

图 6.1　起止日期框

　　读者可以发现，起止日期框其实是在组合的面板主体区域中添加了两个日期框组件和一组链接按钮，并在面板底部区域添加了"确定"和"清空"两个链接按钮。我们先来创建组合组件，代码如下：

```
01          <input id="cc">
02          $('#cc').combo({
03              label:"请选择起止日期",
04              labelWidth:100,
05              //组件宽度
06              width:350,
07              //面板宽度
08              panelWidth:250,
09              //设置文本框不可编辑
10              editable:false,
11              //去除文本框右侧下拉图标
12              hasDownArrow:false,
13              //自定义的验证规则
14              validType:'validateSE'
15          });
```

　　相关解释已经在代码中注释，其中的 validateType 属性用于验证起止时间区间是否合法，验证规则代码将在后面讲解。此时运行结果如图 6.2 所示。

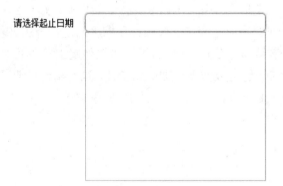

图 6.2　起止日期框运行结果

接下来我们首先将在面板主体区域中添加两个日期框，因为面板是由组合组件动态创建的，所以我们无法在 HTML 中定义，此时需要通过组合组件的 panel 方法获取面板对象。接着通过面板对象的 body 方法获取面板主体区域对象，最后通过 jQuery 的 append 方法向主体区域中添加 HTML 代码。相关代码如下：

 jQuery 的 append 方法不仅可以接收 DOM 对象，也可以直接接收 HTML 标记。

```
01              //返回面板对象
02              $p   = $('#cc').combo("panel");
03              //获取面板的主体区域对象
04              $body = $p.panel("body");
05              //开始时间日期框
06              var start_databox = "<div><input id='se-start'
class='se-date'></div>";
07              //结束时间日期框
08              var end_databox= "<div
style='margin-top:20px;margin-bottom:10px'>"+
09                          "<input id='se-end' class='se-date'></div>";
10              //链接按钮
11              var tool  = "<div style='margin-top:20px'>"+
12                  "<a id='se-past'   href='#' class='se-toolbutton'>过去</a>"+
13                  "<a id='se-week'   href='#' class='se-toolbutton'>一周</a>"+
14                  "<a id='se-month'  href='#' class='se-toolbutton'>一月</a>"+
15                  "<a id='se-quarter' href='#' class='se-toolbutton'>一季</a>"+
16                  "<a id='se-year'   href='#' class='se-toolbutton'>一年</a>"+
17                  "</div>";
18              //分割线
19              var split = "<hr style='border:none;border-top:1px solid #95B8E7;'/>";
20              //将这些内容加入面板主体区域中
21              $body.append(start_databox);
22              $body.append(end_databox);
23              $body.append(split);
24              $body.append(tool);
```

在上面的代码中，我们向面板主体区域添加了两个日期框和一组链接按钮，以及一个分割线。接下来将初始化日期框和链接按钮。在面板主体区域中有 5 个链接按钮，通过 id 一个个地初始化它们显然过于费力，此时我们可以通过 class 属性一次性初始化它们，代码如下：

```
01              $(".se-toolbutton").linkbutton({
02                  width:42,
03                  height:30,
04                  group:"tool-btn",
05                  toggle:true
06              });
```

在上述代码中，我们将每个链接按钮都分到了一个名为 tool-btn 的组中，这是因为面板主体区域中的 5 个链接按钮其实是相互独立的，也就是它们可以同时显示被选中状态，但是在这里显然每次只能有一个链接按钮被选中，因此我们会将这类性质的按钮存放到一个按钮组中，当按钮在一个按钮组中时，同一时间只会有一个按钮被选中。

接下来，我们需要初始化面板主体区域中的两个日期框。通常情况下还需要对日期框中的日历控件进行相关处理，例如重新设置每周的第一天等。我们会先通过日期框的 calendar 方法获取其中的日历控件，再对其进行相关处理，但是在这里面板主体区域中有两个日期框，如果每一个都这样处理的话未免过于麻烦，所以我们将使用一个共享日历，在日期框中利用 sharedCalendar 属性选中这个日历。接下来我们先创建一个共享日历，相关代码如下：

```
01      <!--在 HTML 中添加一个存放日历控件的 div-->
02      <div id="sc"></div>
03      //初始化日历框属性
04      $("#sc").calendar({
05          firstDay:"1",//设置星期一为每周的第一天
06          //汉化
07          months:['1月','2月','3月','4月','5月','6月','7月','8月','9月','10
月','11月','12月'],
08          weeks:['日','一','二','三','四','五','六'],
09      });
```

然后我们在 HTML 中添加两个存放开始时间和结束时间存储值的隐藏输入框。相关代码如下：

```
01      <input id="v_start" type='hidden'>
02      <input id="v_end" type='hidden'>
```

接着我们初始化两个日期框，相关代码如下：

```
01          //设置开始时间日期框属性
02          $('#se-start').datebox({
03              width:200,
04              label:"开始时间",
05              sharedCalendar:"#sc",
06              labelWidth:60,
07              currentText:"今天",
08              closeText:"关闭",
09              editable:false,
10              parser: function(s){
11                  s = $("#v_start").val();
12                  var t = Date.parse(s);
13                  if (!isNaN(t)){
14                      return new Date(t);
15                  } else {
16                      return new Date();
17                  }
18              },
19              formatter:function(date){
20                  var y = date.getFullYear();
21                  var m = date.getMonth()+1;
22                  var d = date.getDate();
23                  $("#v_start").val(y+'/'+m+'/'+d);
24                  return y+'年'+m+'月'+d+"日";
```

```
25                      }
26                  });
27                  //设置结束时间日期框属性
28                  $('#se-end').datebox({
29                      width:200,
30                      label:"结束时间",
31                      sharedCalendar:"#sc",
32                      labelWidth:60,
33                      currentText:"今天",
34                      closeText:"关闭",
35                      parser: function(s){
36                          s = $("#v_end").val();
37                          var t = Date.parse(s);
38                          if (!isNaN(t)){
39                              return new Date(t);
40                          } else {
41                              return new Date();
42                          }
43                      },
44                      formatter:function(date){
45                          var y = date.getFullYear();
46                      var m = date.getMonth()+1;
47                      var d = date.getDate();
48                      $("#v_end").val(y+'/'+m+'/'+d);
49                      return y+'年'+m+'月'+d+"日";
50                  }
51              });
```

其中的 parser 和 formatter 属性在本书第 2 章有关日期框中详细讲解过，这里不再重复，最终运行结果如图 6.3 所示。

图 6.3　起止日期框运行结果

可以发现我们已经成功地在面板主体区域中添加了相关内容，不过内容排版过于混乱，此时可以使用面板的 bodyCls 属性给其主体区域添加一个风格，例如我们可以为其设置内边框边距。接下来，我们使用面板的 footer 属性为其添加一个底部区域，相关代码如下：

```
01      <style>
02      .panelcontent{
03          padding:10px 5px 15px 20px;
```

```
04              }
05      </style>
06      <div id="se-footer">
07          <div id="footer-button" style="float:right;margin-right:20px">
08              <a id='se-qk' href='#' class='se-footerbutton'>清空</a>
09              <a id='se-qd' href='#' class='se-footerbutton'>确定</a>
10          </div>
11      </div>
12      //设置面板的属性
13          $p.panel({
14              //给面板主体区域添加一个风格
15              bodyCls:"panelcontent",
16              //给面板添加一个底部区域
17              footer:"#se-footer",
18          });
19          //初始化底部区域中的链接按钮
20          $(".se-footerbutton").linkbutton({
21                  width:42,
22                  height:30,
23          });
```

最终运行结果如图 6.4 所示。

图 6.4　起止日期框运行结果

接下来我们需要处理按钮组中按钮的单击事件，例如处理一周按钮被单击事件，此时会将结束时间设置为当前时间，将开始时间设置为当前时间一周前的时间，部分代码如下：

```
01              $("#se-week").click(function(){
02                  $("#v_start").val(p_week);
03                  $('#se-start').datebox('setValue',p_week);
04                  $("#v_end").val(now);
05                  $('#se-end').datebox('setValue',now);
06                  $('#se-end').datebox('readonly');
07                  $('#se-start').datebox('readonly');
08              });
```

在这里我们先给存放存储值的文本框赋值，然后调用日期框的 setValue 方法为日期框赋值，调用该方法后日期框会先调用其 parser 属性中定义的方法，再调用其 formatter 属性中定义的方法。按钮组中其他按钮的使用方法与其相似。

在起止日期框中定义了一个自定义验证规则 validateSE，它的代码如下：

```
01              $.extend($.fn.validatebox.defaults.rules, {
02                  validateSE : {
03                  validator : function() {
04                   var start = $("#v_start").val();
05                   var end  = $("#v_end").val();
06                   if((start==""&&end=="")||start<end){
07                     return true;
08                   }
09                   else{
10                     return false;
11                   }
12                  },
13                  message : '请输入合法的起止日期'
14                  }
15              });
```

这段验证规则就是将开始时间和结束时间的存储值进行比较，如果开始时间大于结束时间的话就验证失败。图 6.5 为验证失败时的显示效果。

图 6.5　验证失败显示效果

6.2 插件的制作方法

在上一节中带领读者一起编写了起止日期框组件，但是这个组件目前存在以下问题：

● 该组件的控制代码过多，并且每一次使用都需要添加一次，在实际开发中会增加开发复杂度。

● 如果在一个页面中需要用到多个起止日期框时，上述代码会存在 id 冲突等问题。

● 该组件不适合复用，例如希望将链接按钮组中一周按钮改成 3 天，用户单击该按钮后，开始时间选中为当前时间的前三天日期，那么此时需要修改源代码，这不符合软件开发的"开关原则"，会给开发带来极大的困难。

> 所谓的"开关原则"就是指对新增代码开放，对修改代码关闭。我们可以在原先的代码中新增代码，但是不要修改原来的代码，因为修改原来的代码会带来一系列的未知 bug。

针对上述问题，我们通常会将一些开发完毕的组件设计成插件的形式以供使用。EasyUI 其实就是一组基于 jQuery 的插件集合体，EasyUI 组件源码通常存放在 jquery.easyui.min.js 文件中。本节将向读者介绍插件开发中的一些必要知识。

6.2.1 使用 jQuery 制作插件

1. 插件外部区域

在制作插件前，通常都会将插件写入一个自调用匿名函数体中，例如：

```
01  ;(function ($) {
02  //插件内容
03  })(jQuery);
```

在这段代码开头有个分号，作用是防止当别人编写的插件末尾少写分号时导致的程序运行错误。程序在运行时会将所有的插件文件都加载到一个文件里，如果我们编写的插件的上一个插件是别人写的，但是它没有分号，此时程序就会报错，因此我们通常会在插件的开头加上一个分号，当别人编写的插件少分号时，它可以作为该插件的结束语句，否则会作为一段空语句运行。

(function())()这段代码的含义是创建一个自调用匿名函数，不仅仅是 jQuery 插件的开发，我们在写任何 JavaScript 代码时都应该注意不要污染全局命名空间。因为随着代码的增加，如果有意无意在全局范围内定义一些变量的话，就很容易产生冲突，一个好的做法是始终用自调用匿名函数包裹代码，这样代码中定义的变量即为该函数的局部变量，此时我们就不用担心变量会产生冲突了。

我们通常会给自调用匿名函数添加一些系统变量参数，这样可以提高访问速度，并且提升系统性能，例如上述代码中将 jQuery 变量传递到插件内部。

2. 插件内容

使用 jQuery 开发插件主要有三种方式，分别是：

- 通过$.extend()扩展 jQuery。
- 通过$.fn 向 jQuery 添加新的方法。
- 通过$.widget()应用 jQuery UI 的部件工厂方式创建。

通常我们会使用第二种方式来制作插件，基本格式为：

```
01  $.fn.pluginName = function(options) {
02      //相关代码
03  }
```

其中，pluginName 为我们自定义的插件名称；options 是调用该插件时传递的参数，通常是一个对象。函数内部 this 指代的是我们在调用该插件时用 jQuery 选择器选中的元素对象，是一个 jQuery 对象，在对其进行操作的时候，可以直接调用 jQuery 的其他方法，而不需要再用美元符号来包装一下，例如：

```
01  <input id="t" value="test">
02      <script>
03          //插件内容
04          ;(function ($) {
05              $.fn.example = function (options) {
06                  alert(this.val());//输出 test
07                  alert(options.name);//输出 firstname
08              }
09          })(jQuery);
10          //处理程序
11          $(function(){
12              //调用插件
13              $("#t").example({
14                  name:'firstname'
15              });
16          });
17      </script>
```

6.2.2　$.extend 方法

jQuery 中的$.extend 方法用于将一个或多个对象的内容合并到目标对象。例如：

```
01              var obj1 = {
02                  width:100,
03                  height:200,
04                  left:10
05              };
06              var obj2 ={
07                  width:200
08                  top:20
09              }
10              var obj = $.extend(obj1,obj2);
```

上述代码中我们定义了两个对象 obj1 和 obj2，并且通过$.extend 方法将它们合并。$.extend 方法会将 obj2 对象合并到 obj1 对象中，并将合并后的结果返回。在合并过程中 obj2 中的属性会覆盖掉 obj1 中的同名属性，例如 obj2 和 obj1 对象都拥有 width 属性，在合并过程中 ob2 中的 width 属性会覆盖掉 obj1 中的 width 属性，因此此时 obj 对象的内容就为：

```
01              {
02                  width:200
03                  height:200,
04                  left:10
05                  top:20
06              }
```

$.extend 方法中可以添加任意多个对象，其合并的顺序为从最后一个参数逐步向前一个参数合并。在合并过程中如果出现同名属性，后一个参数的该属性会覆盖掉前一个参数的该属性。

合并后的对象将会保存在第一个参数中,并且返回。通常我们会设置第一个参数为一个空对象,
例如:

```
var obj = $.extend({{},obj1,obj2);
```

这样做的好处是可以防止 obj1 对象的内容被改变。

6.2.3 $.data 方法

jQuery 中的$.data 方法用于向元素添加数据以及取出添加在元素上的数据。给元素绑定数据的方法如下:

```
$(selector).data(name,value);
```

取出元素中绑定的数据的方法如下:

```
$(selector).data(name);
```

其中，selector 参数为元素的选择器，name 参数为绑定元素的名称，value 参数为绑定的值。例如，将数据绑定到文本框上，然后取出绑定的数据，代码如下:

```
01    <input id='test' class='easyui-textbox'>
02    <script>
03        $(function(){
04            //绑定数据
05            $('#test').data('test','5');
06            //取出绑定的数据
07            alert($('#test').data('test'));
08        });
09    </script>
```

在开发插件的过程中，通常会使用$.data 方法来保存选项对象，关于选项对象的使用将在下一节详细讲解。

6.3 EasyUI 插件源码分析

上一节中我们讲到 EasyUI 其实就是一系列插件的集合体，其插件通常都是编写在下面的代码中:

```
01    (function($){
02        //插件内容
03    })(jQuery);
```

本节将带领读者分析 EasyUI 中组合插件的源码，其他组件的插件源码构造与之相似。

6.3.1 默认配置和选项对象

在前面的章节中，我们讲解 EasyUI 中的组件时都会介绍该组件的默认配置，组合组件的

默认配置如下 :

```
01  $.fn.combo.defaults=$.extend(
02  {},//空对象，保存合并后的结果
03  $.fn.textbox.defaults,//文本框的默认配置
04  //组合新增的属性和事件
05  {   inputEvents:{click:_a25,keydown:_a29,paste:_a29,drop:_a29},
06  panelEvents:{mousedown:function(e){e.preventDefault();e.stopPropagation();}},
07      panelWidth:null,
08      panelHeight:200,
09      panelMinWidth:null,
10      panelMaxWidth:null,
11      panelMinHeight:null,
12      panelMaxHeight:null,
13      panelAlign:"left",
14      reversed:false,
15      multiple:false,
16      multivalue:true,
17      selectOnNavigation:true,
18      separator:",",
19      hasDownArrow:true,
20      delay:200,
21      keyHandler:{up:function(e){},
22      down:function(e){},
23      left:function(e){},
24      right:function(e){},
25      enter:function(e){},
26      query:function(q,e){}},
27      onShowPanel:function(){},
28      onHidePanel:function(){},
29      onChange:function(_a59,_a5a){}
30  });
```

读者可以发现组合的默认配置由两部分组成，第一部分是文本框的默认配置对象，第二部分是组合自身新增和重写的属性、事件配置，$.extend 方法可以将这两部分合并到一个对象中。因此我们称组合扩展于文本框，可以使用文本框的属性或事件来初始化组合。在这里，我们讲解的默认配置是指如果不使用指定的属性或事件初始化组合时，组合将以默认配置进行初始化，例如：

```
<input class='easyui-combo>//此时组合将使用默认配置进行初始化
```

如果开发者使用属性或事件初始化组合，此时会使用$.extend 方法将组合默认配置与开发者初始化配置进行合并，合并后的配置称为选项对象。部分源码如下：

```
01      $.data(this, "combo", {
02              options: $.extend(
03              {},//空对象，保存合并结果
04              $.fn.combo.defaults,//组合的默认配置对象
05              $.fn.combo.parseOptions(this), //用户的初始化配置
06              _a52//构造参数
07      ),
08              previousText: ""
09      });
```

上述代码中将用户初始化配置和组合默认配置合并,并将合并后的选项对象绑定到实例化元素上,通过组合的 options 方法可以返回该选项对象。所谓的实例化元素,简单地讲就是在开发中我们是使用哪个元素的选择器来初始化组合的,选项对象通常就绑定在这个元素中。注意上述代码中有个$.fn.combo.parseOptions(this)方法,该方法用于返回初始化配置,下面我们将详细介绍该方法。

 EasyUI 的组件是通过选项对象来初始化的。

6.3.2 EasyUI 属性设置

EasyUI 的属性取值渠道比较多,多得有些让人眼花缭乱,它的好处就是很灵活,坏处就是容易乱。比如说多种渠道设置同一个属性时,到底以哪种渠道设置的属性为准呢?我们先看一段代码:

```
01      <div id='test' data-options='width:100' width='200px'
style='width:300px'></div>
02      <script>
03          $(function(){
04              $('#test').combo({
05                  width:400
06              })
07          });
08      </script>
```

在上述代码中,我们使用了四种渠道来设置组合的宽度属性,运行后可以发现组合的宽度为 400。在 EasyUI 中有五种渠道设置组件的初始化值,它们分别是:

- 【渠道 1】使用组件的默认配置赋值。
- 【渠道 2】使用元素的 data-options 属性赋值。
- 【渠道 3】使用元素的各个属性赋值(style 和 data-options 例外)。
- 【渠道 4】使用元素的 style 属性赋值。
- 【渠道 5】利用 JavaScript 创建组件时通过构造参数赋值。

在上一节中我们介绍过使用默认配置赋值的情况,例如:

```
<div id='test' class='easyui-combo'></div>
```

使用元素的 data-options 属性赋值的用法如下:

```
<div id='test' class='easyui-combo' data-options='width:100'></div>
```

使用元素的各个属性赋值(style 和 data-options 例外),该方法就是将组件的属性或事件直接写到元素中,例如:

```
<div id='test' class='easyui-combo' panelMinHeight='500' width='200px'></div>
```

使用元素的 style 属性赋值,该属性中只能对元素的宽度、高度等风格赋值,无法对像面板最小高度等之类的属性赋值，例如：

```
<div id='test' class='easyui-combo' style ='width:100px'></div>
```

通过 JavaScript 创建组件时，可以传入构造参数赋值，例如：

```
01      <div id='test'></div>
02      <script>
03          $(function(){
04              $('#test').combo({
05                  width:400
06              })
07          });
08      </script>
```

既然组件初始化的方式多种多样，那么它们优先级是怎样的呢？我们先回到上节中讲解的组合源码：

```
01      $.data(this, "combo", {
02              options: $.extend(
03              {},//空对象，保存合并结果
04              $.fn.combo.defaults,//组合的默认配置对象
05              $.fn.combo.parseOptions(this), //用户的初始化配置
06              _a52//构造参数
07          ),
08              previousText: ""
09          });
```

其中参数_a52 为构造参数，也就是通过【渠道 5】赋值的参数，在$.extend 方法中后面的对象会覆盖掉前面的对象中的重名属性，因此可以得出结论【渠道 5】的优先级最高。$.fn.combo.parseOptions(this)方法会取出其他 3 种渠道的赋值，其代码如下：

```
01      $.fn.combo.parseOptions = function( _a58) {
02      var t = $(_a58);//实例化元素的 jQuery 对象
03      return $.extend(
04          {},//空对象
05          $.fn.textbox.parseOptions(_a58),//解析文本框组件的不同渠道赋值
06          $.parser.parseOptions(
07              _a58,
08              //下面的参数可直接定义在标记内
09              [
10              "separator",
11              "panelAlign",
12              {
13                  panelWidth: "number",
14                  hasDownArrow: "boolean",
15                  delay: "number",
16                  reversed: "boolean",
17                  multivalue: "boolean",
18                  selectOnNavigation: "boolean"
19              },
20              {
21                  panelMinWidth: "number",
22                  panelMaxWidth: "number",
23                  panelMinHeight: "number",
```

```
24                      panelMaxHeight: "number"
25                  }]
26          ),
27          {
28              panelHeight: (t.attr("panelHeight") == "auto" ? "auto"
29              : parseInt(t.attr("panelHeight")) || undefined),
30              multiple: (t.attr("multiple") ? true: undefined)
31          }
32      );
33  };
```

可以发现这段代码先使用$.fn.textbox.parseOptions(_a58)方法取出文本框其他三种渠道的赋值，然后使用$.parser.parseOptions方法取出组合的其他三种渠道赋值，$.parser.parseOptions方法是一个公用的属性转换器，用于取出其他三种渠道的赋值，源代码如下：

```
01  //参数_15 初始化元素的 DOM，_16 为额外的属性对象
02  parseOptions: function(_15, _16) {
03      var t = $(_15);
04      var _17 = {};
05       //第一步：首先从 data-options 属性中取出初始化配置
06      var s = $.trim(t.attr("data-options"));
07      if (s) {
08              //兼容在 data-options 中写大括号和不写大括号的用法
09          if (s.substring(0, 1) != "{") {
10              s = "{" + s + "}";
11          }
12           //利用 Function 函数将字符串转化为对象
13           //此时就已经将 data-options 中的初始化配置转化成了对象保存在_17 中
14           //data-options 取值到此完成
15           _17 = (new Function("return " + s))();
16      }
17       //在 style 中取出指定属性，注意只会取出这几种其他定义在 style 中的属性不会被处理
18      $.map(["width", "height", "left", "top", "minWidth", "maxWidth",
    "minHeight", "maxHeight"],
19      function(p) {
20          var pv = $.trim(_15.style[p] || "");
21          if (pv) {
22              if (pv.indexOf("%") == -1) {
23                  pv = parseInt(pv);
24                  if (isNaN(pv)) {
25                      pv = undefined;
26                  }
27              }
28              //将处理后的结果保存到_17 中，如果遇到重名则覆盖
29              _17[p] = pv;
30          }
31      });
32       //_16 参数为写在元素内的属性对象
33      if (_16) {
34          var _18 = {};
35          for (var i = 0; i < _16.length; i++) {
36              var pp = _16[i];
37              if (typeof pp == "string") {
38                  _18[pp] = t.attr(pp);
39              } else {
```

```
40                for (var _19 in pp) {
41                    var _1a = pp[_19];
42                    if (_1a == "boolean") {
43                        _18[_19] = t.attr(_19) ? (t.attr(_19) == "true") :
undefined;
44                    } else {
45                        if (_1a == "number") {
46                            _18[_19] = t.attr(_19) == "0" ? 0 : parseFloat(t.attr(_19))
|| undefined;
47                        }
48                    }
49                }
50            }
51        }
52    //写在元素内的属性对象与前两种方式取出的对象合并
53        $.extend(_17, _18);
54    }
55    return _17;
56 }
57 };
```

通过$.parser.parseOptions 源码，我们可以得出以下几点结论：

- 通过 style 赋值时仅会解析"width" "height" "left" "top" "minWidth" "maxWidth" "minHeight" "maxHeight"属性，其他定义在 style 中的属性将会被 HTML 处理。
- 在 style 中赋值的属性优先级高于在 data-options 中赋值的属性。
- 大部分的属性都可以直接在标记中定义，优先级高于在 style 中赋值的属性。

根据上述代码，我们可以得出如下结论，EasyUI 中属性设置的优先级如下：

【渠道 5】＞【渠道 3】＞【渠道 4】＞【渠道 2】＞【渠道 1】

我们接下来再看这段代码：

```
<div width="200px" style="width:300px" class='easyui-combo'></div>
```

可以发现运行后组合的宽度为 300px 而非 200px，这是因为这里的 width="200px"是 HTML 内部的宽度定义方式，上面提到过大部分的属性都可以直接在标记中定义，但是对于 width 这类可以定义在 style 中的属性，如果直接定义在标记内，EasyUI 组件并不会进行解析，在 $.fn.combo.parseOptions 方法中发现可以直接在标记中定义的属性并没有 width 属性。综上所述，EasyUI 中属性设置的优先级如下：

【渠道 5】＞【渠道 4】＞【渠道 3】＞【渠道 2】＞【渠道 1】

6.3.3　默认方法

组合的默认方法定义在$.fn.combo.methods 中，部分代码如下：

```
01        $.fn.combo.methods = {
02        combo: function(jq) {
03            return jq.closest(".combo-panel").panel("options").comboTarget;
```

179

```
04              },
05           panel: function(jq) {
06              return $.data(jq[0], "combo").panel;
07           },
08           //其他方法省略……
09        }
```

读者可以发现在组合的方法中只是单独地列出组合自身的方法，并没有使用$.extend方法来合并文本框的方法，但是我们可以在组合中使用文本框的方法，这是因为在初始化组合的过程中会自动进行判断。我们再看下面的代码。

```
01  $.fn.combo = function(_a52, _a53) {
02       if (typeof _a52 == "string") {
03           var _a54 = $.fn.combo.methods[_a52];//如果参数是字符串的话则调用组合方
法
04           if (_a54) {
05               return _a54(this, _a53);
06           } else {//如果组合中没有该方法的话，则会在文本框中查找该方法
07               return this.textbox(_a52, _a53);
08           }
09       }
10      //如果参数不是字符串的话，则会配置组合的属性
11      //配置属性的过程省略
12  };
```

当调用组合插件时，程序会先判断参数是否是字符串，如果是字符串的话，则会调用对应的组合方法。如果在组合方法中找不到指定的方法，就会在文本框的方法中查找。因此我们可以在组合中直接调用文本框的方法。

 查看完整的组合方法后会发现组合中并没有textbox方法，其实组合中的textbox方法是调用的文本框中对应的方法。

6.3.4 其他源码分析

在组合插件中还定义了下述代码：

```
01       /*
02           使用each方法遍历所有的调用插件元素
03           该方法允许开发者同时初始化多个组合组件
04       */
05     return this.each(function() {
06          //查看组合是否已被初始化过
07       var _a55 = $.data(this, "combo");
08       if (_a55) {
09          /**
10           如果该元素已经被实例化则取出其选项对象，将选项对象与新的配置参数合并
11           这个设计保证一个组件可以被多次初始化
12          */
13          $.extend(_a55.options, _a52);
14          if (_a52.value != undefined) {
15              _a55.options.originalValue = _a52.value;
```

```
16              }
17          } else {
18              //如果组合没有被初始化过，就初始化组合，其中_a52是参数对象
19              _a55 = $.data(this, "combo", {
20                  options: $.extend({},
21                  $.fn.combo.defaults, $.fn.combo.parseOptions(this), _a52),
22                  previousText: ""
23              });
24              if (_a55.options.multiple && _a55.options.value == "") {
25                  _a55.options.originalValue = [];
26              } else {
27                  _a55.options.originalValue = _a55.options.value;
28              }
29          }
30          _a13(this);
31          _a4f(this);
32      });
33  };
```

通过上述代码分析，我们可以得出以下结论：

（1）在 EasyUI 插件中使用了 each 来遍历初始化的元素，因此我们可以同时初始化多个 EasyUI 组件。例如在起止日期框组件开发中，我们使用下述代码初始化多个链接按钮。

```
01  $(".se-toolbutton").linkbutton({
02      width:42,
03      height:30,
04      group:"tool-btn",
05      toggle:true
06  });
```

（2）一个组件可以被多次初始化，且后面初始化的配置会覆盖前面的配置，例如：

```
01  <div id='test'></div>
02  <script>
03      $(function(){
04          $("#test").textbox({
05              width:100
06          });
07          $("#test").textbox({
08              width:200
09          });
10      });
11  </script>
```

运行后可以发现文本框的宽度为 200px。

6.3.5　总结

通过上述讲解我们可以得出如下结论：

- EasyUI 组件中可以直接使用其所扩展的组件的全部属性、方法、事件。
- 默认配置是一个常量，可以通过诸如$.fn.combo.defaults 方法等来访问指定组件的默

认配置，而选项对象是开发者初始化完毕后的配置，相同组件初始化后的选项对象都可能不相同，可以通过组件的 options 方法取出选项对象。

● 有 5 种渠道可以设置组件的属性，它们的优先级不同。

6.4 制作起止日期框插件

【本节详细代码参见随书源码：源码\easyui\example\c6\ start_end.js】

本节将带领读者模拟 EasyUI 插件制作的方法来制作起止日期框组件。EasyUI 插件制作的总体思路如下：

● 首先确定组件的扩展对象，例如本例中的起止日期框扩展于组合。

● 其次确认组件在扩展对象的基础上需要新增或重写的属性、事件以及方法。

● 最后确定组件的属性设置解析方式，例如哪些属性可以直接定义在标记内等。

● 在开发插件时，需要将插件中的变量保存到调用插件的元素上，例如将选项对象、共享日历对象等数据都通过$data 方法保存到调用插件的元素中，这是因为插件是定义在匿名函数中，其中的变量都属于局部变量，当插件调用完毕后就会被销毁，因此我们通常都会将变量保存到调用插件的元素中。

本节的源码中进行了详细的解释，读者可以根据本例尝试开发自己需要的 EasyUI 插件，下面将简单地对一些代码进行解释。起止日期框组件的默认配置如下：

```
01      //默认配置对象
02      $.fn.start_end.defaults = $.extend(
03          {},//空对象
04          $.fn.combo.defaults,//扩展于组合
05          {
06      tools: [{
07          text: "过去",
08          icons: null,
09          width: 42,
10          handler: function () {
11              return {
12                  start: p_yesterday,
13                  end: now
14              }
15          }
16      }, {
17          text: "一周",
18          icons: null,
19          width: 42,
```

```
20          handler: function () {
21              return {
22                  start: p_week,
23                  end: now
24              }
25          }
26      }, {
27          text: "一月",
28          icons: null,
29          width: 42,
30          handler: function () {
31              return {
32                  start: p_month,
33                  end: now
34              }
35          }
36      }, {
37          text: "一季",
38          icons: null,
39          width: 42,
40          handler: function () {
41              return {
42                  start: p_quarter,
43                  end: now
44              }
45          }
46      }, {
47          text: "一年",
48          icons: null,
49          width: 42,
50          handler: function () {
51              return {
52                  start: p_year,
53                  end: now
54              }
55          }
56      }],
57      initStart:'',
58      initEnd:'',
59      width:250,
60  });
```

可以发现我们将起止日期框新增和重写的属性与组合默认配置合并,此时我们就可以称起止日期框扩展于组合。在起止日期框的默认配置中有一个 tools 属性,该属性接收一个链接按钮对象数组,在 EasyUI 组件中经常会使用这种方法来定义组件中的默认按钮,该方法的优点是开发者可以自行改变链接按钮。例如,我们可以改变起止日期框中的默认工具按钮,代码如下:

```
01    var tools = $.fn.start_end.defaults.tools;
02        tools.splice(1, 1, {
03            text: '7天',
04            icons:'icon-add',
05            handler: function(target){
06                return {
07                    start:'2017/1/3',
08                    end:'2018/1/3'
09                }
10            }
11        });
```

 splice 函数的详细说明见本书第 2 章日期框。

在 tools 属性中,我们规定了每个链接按钮可以设置的属性,它们分别是 text、icons、handler,而链接按钮其他的属性在插件中已强制实现,开发者无法修改。本书第 5 章中向读者介绍了面板中的 tools 属性,既可以通过选择器来指定工具按钮,也可以通过链接按钮对象来设置工具按钮。当使用选择器方式的时候,开发者可以设置链接按钮的全部属性和事件,但是通过链接按钮对象来设置时,仅能设置组件提供的属性,其实此时链接按钮的部分属性已经在插件中实现了,为了方便开发者开发,组件只将变动较大的属性提供给开发者修改。

接下来我们定义起止日期框属性设置的解析方式,部分代码如下:

```
01    /*
02        解析属性设置方式
03        _a58 参数为初始化元素
04    */
05    $.fn.start_end.parseOptions = function(_a58) {
06        var t = $(_a58);
07        return $.extend(
08            {},
09            $.fn.combo.parseOptions(_a58),
10            /**
11                允许开发者直接在标记中定义 initStart、initEnd 属性
12            */
13            $.parser.parseOptions(_a58, ["initStart", "initEnd"])
14        );
15    };
```

上述代码中，我们允许开发者在起止日期框的标记中直接定义 initStart、initEnd 属性以及组合所允许直接定义的属性，因此开发者可以在标记中做如下定义：

```
<div id='test' initStart='2017/6/5' initEnd='2017/6/8'></div>
```

接下来我们定义起止日期框的方法，部分代码如下：

```
01  $.fn.start_end.methods = {
02          //返回选项对象
03          options: function(jq) {
04              return $.data(jq[0], "start_end").options;
05          },
06          //设置起止日期框的值
07          setValues: function(jq, param) {
08              var start = param.start;
09              var end = param.end;
10              _et90(jq[0], start, end);
11              return this;
12          },
13          //获取起止日期框的值
14          getValues: function(jq) {
15              var t = $.data(jq[0], "start_end");
16              return {
17                  start:t.startbox.textbox('getValue'),
18                  end:t.endbox.textbox('getValue')
19              };
20          },
21          //返回日历对象
22          calendar: function(jq) {
23              return $.data(jq[0], "start_end").calendar;
24          },
25          //重置起止日期框的值
26          reset: function(jq) {
27              _et80(jq[0]);
28              return this;
29          },
30          //清空起止日期框的值
31          clear: function(jq) {
32              _et90(jq[0], '', '');
33              return this;
34          },
35          //调整组件的宽度
36          resize:function(jq,param){
37           $.data(jq[0], "start_end").combo.combo("resize",param);
```

```
38          return this;
39        },
40        //销毁组件
41        destroy:function(jq){
42          $.data(jq[0], "start_end").combo.combo("destroy");
43        },
44    }
```

在方法里面有一个 calendar 方法，作用是返回起止日期框的共享日历对象。开发者可以获取该对象后重新设置共享日历。例如，设置日历的第一天为周末，部分代码如下：

```
01          var cc = $("#test").start_end('calendar');
02          cc.calendar({
03            firstDay:0
04          });
```

6.5 在标记中定义组件

读者可以发现目前起止日期框都只能通过 JavaScript 创建，如何才能使我们自己制作的插件可以像 EasyUI 组件那样直接定义在标记中呢？

只需要在 jquery.easyui.min.js 文件的第 66 行中添加我们自定义的插件名称即可，如图 6.6 所示。

```
63  }
64  }});
65  $.parser={auto:true,onComplete:function(_b){
66  },plugins:["start_end","draggable","droppable","resizable","pagination","tooltip","linkbutton","menu","menubutton"
67  var aa=[];
68  for(var i=0;i<$.parser.plugins.length;i++){
69  var _d=$.parser.plugins[i];
70  var r=$(".easyui-"+_d,_c);
71  if(r.length){
72  if(r[_d]){
```

图 6.6　在标记中定义组件

此时就可以直接在标记中定义我们编写的插件，例如：

```
<div class='easyui-start_end' initStart='2017/6/5' initEnd='2017/6/8'></div>
```

最终运行结果如图 6.7 所示。

图 6.7　起止日期框运行结果

6.6 起止日期框使用文档

跟 EasyUI 内置插件一样，我们也可以为起止日期框编写一个说明文档。起止日期框（start_end）是一个 EasyUI 的扩展组件，不仅可以选择开始日期和结束日期，还可以实现日期区间的验证以及指定日期区间自动选择功能。使用起止日期框需要在页面中引入 start_end.js 文件。

起止日期框的依赖关系如下：

- combo
- datebox
- linkbutton

起止日期框扩展于：

- combo

起止日期框的默认配置定义在$.fn.start_end.defaults 中。

1. 创建起止日期框

使用标记创建起止日期框的方法如下：

```
<div class='easyui-start_end' initStart='2017/6/5' initEnd='2017/6/8' ></div>
```

使用 JavaScript 创建起止日期框的方法如下：

```
01    <div id='se'></div>
02    <script>
03    $(function(){
04        $("#se").start_end({
05            initStart:'2017/6/5',
06            initEnd:'2017/6/8'
07        })
08    });
09    </script>
```

2. 起止日期框属性

起止日期框常用的属性说明见表 6.1。

表 6.1　起止日期框常用属性说明

名称	类型	描述	默认

tools	Array	定义起止日期框中的工具栏目按钮，每个按钮拥有如下属性：
		● text: 按钮名称
		● icons: 按钮图标
		● width: 按钮的宽度
		● handler: 用于响应按钮的单击事件，需要返回该按钮被单击后的开始日期和结束日期。例如：
		
		　　handler: function() {
		　　　return {
		　　　　start: '2017/7/8',
		　　　　end: '2017/7/9'
		　　　}
		　　}
			默认显示：过去、一周、一月、一季、一年五个按钮

initStart	string	初始化开始日期	"
initEnd	string	初始化结束日期	"
width	number	组件的宽度	250

例如，使用 tools 属性将默认的一周按钮改为 7 天，部分代码如下：

```
01  $(function(){
02      //设置默认配置对象=====================================
03      var date = new Date();
04      var year = date.getFullYear();
05      var month = date.getMonth() + 1;
06      var day = date.getDate();
07      //当前时间
08      var now = year + '/' + month + '/' + day;
09      var t = new Date(date.getTime() - 1000 * 60 * 60 * 24 * 7);
10      //当前时间的前一周时间
11      var p_week = t.getFullYear() + '/' + (t.getMonth() + 1) + '/' + t.getDate();
12      //获取默认的按钮栏对象
13      var tools = $.fn.start_end.defaults.tools;
14      //使用自定义按钮对象覆盖原数组中的第二个按钮
15      tools.splice(1, 1, {
16              text: '7天',
17              icons:'icon-add',
18              handler: function(target){
19                  return {
20                      start:p_week,
21                      end:now
22                  }
23              }
```

```
24        });
25        $("#se").start_end({
26            tools:tools
27        });
28    });
```

最终运行结果如图 6.8 所示。

图 6.8　通过 tools 方法改变默认按钮

【本节详细代码参见随书源码：源码\easyui\example\c6\ start_end.html】

3. 起止日期框事件

起止日期框无新增或重写属性。

4. 起止日期框方法

起止日期框常用方法说明见表 6.2。

表 6.2　起止日期框常用方法说明

名称	参数	描述
options	none	返回选项对象
setValues	obj	设置起止日期框的值，参数是一个包含开始日期和结束日期的对象
getValues	none	获取起止日期框的值
calendar	none	获取日历对象
reset	none	重置起止日期框的值
clear	none	清理起止日期框的值

通过 setValues 方法可以设置起止日期框的值，例如：

```
$("#se").start_end('setValues',{start:'2017/7/1',end:'2017/7/3'});
```

通过 getValues 方法可以获取起止日期框的值，例如：

```
var start = $("#se").start_end('getValues').start;//获取开始日期
var end= $("#se").start_end('getValues').end;//获取结束日期
```

6.7 小结

本节主要向读者介绍了 EasyUI 插件的内部机制，EasyUI 插件主要由以下部分组成：

- 默认配置：默认配置是指对开发者未赋值的属性和事件，插件所提供的默认值。插件的默认配置中包含其所扩展的插件的默认配置。
- 方法：插件的方法会在插件内定义，开发者可以动态地调用它们。在调用插件方法的时候会检查插件内是否有对应的方法，如果没有的话会调用其所扩展的组件的方法。
- 初始化值的赋值渠道：有五种渠道为 EasyUI 组件设置初始化值，它们的优先级不同，在插件内会对这五种赋值方式进行解析。

简单地说 EasyUI 插件就是由上面这三部分构成的。当初始化组件的时候，插件会解析开发者通过不同渠道设置的初始化配置，并按照指定的优先级将它们合并在一起，然后会将最终的初始化配置与默认配置进行合并，合并后的结果称为选项对象，通过选项对象就可以创建出一个个的 UI。当用户调用插件的方法时，首先会调用插件内定义的方法，如果插件内没有定义该方法的话，会调用其所扩展的插件的方法。如果还没有找到指定的方法的话，会被当作插件的初始化配置来使用，这种无用的初始化配置并不会影响最终的结果。

本书的第一部分已经全部介绍完毕，在本书的第一部分中我们更多的是讲解 EasyUI 中由界面到服务器的相关组件，这类组件关注于提供较为美观的界面，将用户的输入限制或过滤成正确的存储值传输给服务器。在本书的第二部分中将向读者介绍 EasyUI 中由服务器到界面的组件，这类组件关注于将服务器中的数据显示在界面中。

第 2 篇

EasyUI 数据的获取和展示

本篇主要介绍 EasyUI 中数据的获取和展示。相对于其他前端框架，EasyUI 的优势莫过于其强大的数据获取和展示功能，在第 8 章中将向读者介绍三种使用 EasyUI 创建 CRUD 应用的方法。

第 7 章

数据的获取与展示

EasyUI 受到广大开发者的欢迎，其主要原因就是其强大的数据处理能力。EasyUI 的数据处理能力不但非常简单而且十分强大。本书前 6 章主要向读者介绍如何使用 EasyUI 的组件向服务器提交数据，但是对于存储在服务器中的这些数据，通常需要对其进行处理，例如更改数据内容、删除过期数据等，本章开始将向读者介绍 EasyUI 强大的数据处理组件。

本章主要涉及的知识点有：

● 使用网格来获取与展示数据。

● 使用树来获取与展示数据。

这些组件都是将指定的 JSON 格式数据映射到组件的视图中，因此在学习本章时读者需要关注每种组件所接受的数据格式。

7.1 使用表单向服务器提交数据

在介绍数据的获取与展示前，我们先设计一个表单来提交产品数据，产品数据有如下属性：

● 产品名称（productname）。

● 产品类型（producttype），有电器和食品两种类型产品。

● 产品价格（productprice）。

● 产品销量（productvolume）。

● 上架时间（producttime）。

● 产品产地（productaddress）。

【本节详细代码参见随书源码：\源码\easyui\example\c7\createProduct.html】

运行结果如图 7.1 所示。

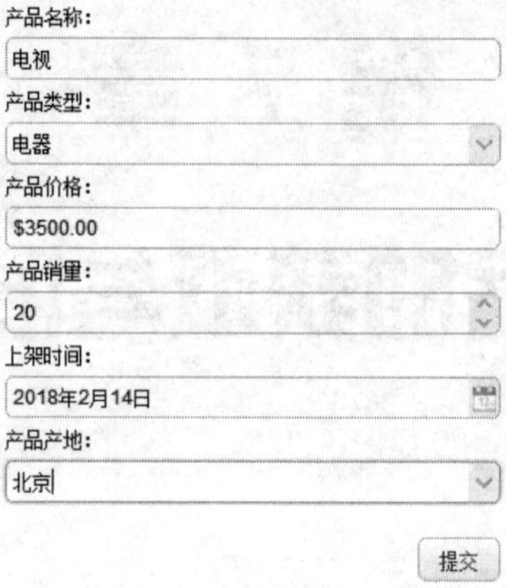

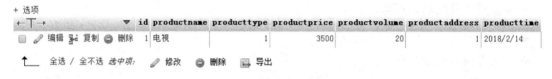

产品名称:

电视

产品类型:

电器

产品价格:

$3500.00

产品销量:

20

上架时间:

2018年2月14日

产品产地:

北京

提交

图 7.1　添加产品

当用户单击提交按钮后,服务器程序会将前端的数据存储进数据库,此时数据库中的数据如图 7.2 所示。

+ 选项

	id	productname	producttype	productprice	productvolume	productaddress	producttime
□　✎ 编辑 ⁼ₑ 复制 ⊖ 删除	1	电视	1	3500	20	1	2018/2/14

↑ 全选 / 全不选　选中项:　✎ 修改　⊖ 删除　▨ 导出

图 7.2　数据库中的数据

可以发现服务器是将存储值保存到数据库中,例如产品类型中保存的是数字 1 而非汉字"电器"。接下来我们将讲解如何获取以及展示数据库中的数据。

7.2　数据网格（DataGrid）

数据网格以表格的形式来显示数据,支持对表格内数据进行选择、排序、分组和编辑,使用数据网格可以极大地减轻开发者的开发时间。数据网格是轻量级的插件,但是它的功能相当丰富,例如可以对表格进行合并、冻结列和页脚、分页以及隔行变色等功能。

数据网格的依赖关系如下:

- panel
- resizable
- linkbutton
- pagination

数据网格扩展于:

- panel

数据网格的默认配置定义在 $.fn.datagrid.defaults 中。

7.2.1 使用本地数据初始化数据网格

1. 在 table 标记中初始化数据网格的方法

```
01    <table class="easyui-datagrid" width='300px'>
02        <thead>
03            <tr>
04                <th data-options="field:'name'">姓名</th>
05                <th data-options="field:'sex'">性别</th>
06                <th data-options="field:'age'">年龄</th>
07            </tr>
08        </thead>
09        <tbody>
10            <tr>
11                <td>张三</td><td>男</td><td>34</td>
12            </tr>
13            <tr>
14                <td>李四</td><td>女</td><td>23</td>
15            </tr>
16        </tbody>
17    </table>
```

通过标记初始化数据网格时，使用<tr>标记定义每一行，使用<th>标记定义列，使用<td>标记定义单元格。

2. 在 JavaScript 中初始化数据网格的方法

```
01 <table id="dg" style="width:700px; height:auto; border:1px
solid#ccc;"></table>
02    <script>
03    $(function(){
04        $('#dg').datagrid({
05            width:400,
06            columns:[[
07                {field:'name',title:'姓名'},
08                {field:'sex',title:'性别'},
09                {field:'age',title:'年龄'}
10            ]],
11            data:[
12                {name:'张三',sex:'男',age:'34'},
13                {name:'李四',sex:'女',age:'23'}
14            ]
15        });
16    });
17    </script>
```

其中 columns 属性是一个接收数据网格列的配置对象的数组（列的配置属性见表 7.3），data 属性为数据网格中被加载数据的数组，数组中的每一个对象表示数据网格中的每一行。由于在数据网格中每一行都是一个对象,因此可以根据行对象获取指定单元格的数据。假设第一行的对象为 row,那么可以通过 row.name 获取第一行的姓名,单元格数据也就是'张三'。

 在数据网格的事件及其方法中会大量使用行对象作为参数。

7.2.2 使用服务器端数据初始化数据网格

更多的情况下我们会使用服务器端程序获取数据库的数据以初始化数据网格,其需要使用到的属性见表 7.1。

表 7.1 服务器端初始化数据网格属性

名称	类型	描述	默认
url	string	获取服务器端数据的地址	null
loadMsg	string	从服务器端加载数据时显示的一条提示信息	Processing,pleasewait…
queryParams	object	获取服务器端数据时,向服务器端发送的额外参数	{}
loader	function	定义如何从远程服务器上加载数据,返回 false 可以取消加载行为,它有三个参数,分别是: ● param:发送到服务器的参数对象 ● success(data):获取数据成功后的回调函数 ● error():获取数据失败后的回调函数	
loadFilter	function	格式化服务器端数据	
method	string	向服务器端请求数据的方式	post

接下来我们使用服务器端的数据来初始化数据网格,相关代码如下:

```
01      <div id='dg'></div>
02      <script>
03          $(function(){
04              $("#dg").datagrid({
05                  width:600,
06                  url:"http://127.0.0.1/easyui/c7/getData.php",
07                  columns:[[
08                      {field:'productname',title:'产品名称'},
09                      {field:'producttype',title:'产品类型'},
10                      {field:'productprice',title:'产品价格'},
11                      {field:'producttime',title:'上架时间'},
12                      {field:'productaddress',title:'产地'},
13                      {field:'productvolume',title:'销售量'},
14                  ]],
15                  loadMsg:"数据正在加载,请稍等",
16              });
17          })
18      </script>
```

其中 getData.php 代码如下：

```
01  include_once(dirname(__FILE__).'/../small/small.php');
02  //查询数据库中的数据
03  $data=db::select("select * from product")->getResult();
04  //将数组转换成 JSON 格式并返回
05  echoData::toJson($data);
```

上述代码将数据库中的数据转化成 JSON 格式，其格式如下所示。

```
01  [{
02      "id":"1",
03      "productname":"电视",
04      "producttype":"1",
05      "productprice":"3500",
06      "productvolume":"20",
07      "productaddress":"1",
08      "producttime":"2018/2/14"
09  }]
```

可以发现服务器端返回的数据结构其实与 data 属性中定义的数据结构一致。最终运行结果如图 7.3 所示。

产品名称	产品类型	产品价格	上架时间	产地	销售量	
电视	1	3500	2018/2/14	1	20	

图 7.3　使用服务器端数据初始化数据网格

通过图 7.3 可以发现，产品类型、产地显示的是数据库中的存储值。为了方便搜索和存储，我们会将一些数据使用数字来保存，这也就是本书中多次提及的存储值，但是这些值在显示的过程中需要转化为用户可以理解的展示值，数据网格的 loadFilter 属性可以用来完成这一转换，如下代码所示。

```
01  loadFilter:function(data){
02      for(vari=0;i<data.length;i++){
03          //格式化产品类型
04          if(data[i]["producttype"]=="1"){
05              data[i]["producttype"]="电器";
06          }elseif(data[i]["producttype"]=="2"){
07              data[i]["producttype"]="食品";
08          }else{}
09          //格式化产地
10          switch(data[i]["productaddress"]){
11              case"1":
12                  data[i]["productaddress"]="北京";
13                  break;
14              case"2":
15                  data[i]["productaddress"]="上海";
16                  break;
17              case"3":
```

```
18              data[i]["productaddress"]="南京";
19              break;
20          default:
21              break;
22      }
23      //格式化上架时间
24      vardate=newDate(Date.parse(data[i]["producttime"]));
25      varYear=date.getFullYear();
26      varMonth=date.getMonth()+1;
27      varDay=date.getDate();
28      data[i]["producttime"]=Year+"年"+Month+"月"+Day+"日";
29  }
30  returndata;
31 }
```

最终运行结果如图 7.4 所示。

产品名称	产品类型	产品价格	上架时间	产地	销售里
电视	电器	3500	2018年2月14日	北京	20

图 7.4　格式化服务器端数据

在上面的代码中，我们向读者演示了一个错误的数据网格格式化方法。尽管如图 7.3 所演示的，loadFilter 属性可以正确地格式化数据，但是使用该属性会改变数据网格的初始数据结构，并且造成一系列不可知的错误。在后面的章节中，我们将详细向读者介绍，目前仅需记住不能使用 loadFilter 属性格式化数据即可。

Loader 属性允许开发者使用自定义加载数据的方式，queryParams 属性为向服务器端加载数据时附带的参数，这两个属性均扩展于面板，详细使用方法参见本书第 5 章。Method 方法定义数据以何种方式传输到服务器，默认使用 post 方式。

7.2.3　数据网格中的列

开发者可以定义数据网格中列的显示方式，表 7.3 提供了列的配置属性，使用这些属性可以实现对列的排序以及编辑等功能。

1.　列的基本使用方法

数据网格中列的属性见表 7.2。

表 7.2　数据网格中列的属性说明

名称	类型	描述	默认值
columns	array	数据网格中列的配置对象，关于列的详细配置属性见表 7.3	undefined
frozenColumns	array	和 columns 属性一样，但是这些列会被冻结在网格左侧	undefined

（续表）

名称	类型	描述	默认值
fitColumns	boolean	设置为 true，会自动扩大或缩小列的尺寸以适应网格的宽度，并且防止水平滚动	false
resizeHandle	string	调整列的位置，可能的值有'left' 'right' 'both'。当设置为'right'时，用户可通过拖曳列头部的右边缘来调整列	right
resizeEdge	number	设置列头部可被拖曳的宽度	5
sortName	string	指定初始化时对那一列进行排序	null
sortOrder	string	初始化时指定的列的排序规则，可能的值有'asc' 'desc'	asc
multiSort	boolean	定义是否允许多行排序	false
remoteSort	boolean	定义是否在远程服务器上对数据进行排序	true

列的配置属性说明见表 7.3。

表 7.3　列的配置属性说明

名称	类型	描述	默认
title	string	列的名称	undefined
field	string	列的字段名称	undefined
width	number	列的宽度，如果没有定义的话列的宽度将自动扩展到适应其内容的宽度	undefined
rowspan	number	指定一个单元格占多少行	undefined
colspan	number	指定一个单元格占多少列	undefined
align	string	指定每一列的内容对齐方式，可能的值有'left' 'right' 'center'	undefined
halign	string	指定每一列的头部对序方式，可能的值有'left' 'right' 'center'，如果未指定则将使用内容的对齐方式	undefined
sortable	boolean	如果设置为 true 时，该列允许被排序	undefined
order	string	默认的排序方式，可能的值有： ● asc: 升序排序 ● desc: 倒序排序	undefined
resizable	boolean	设置为 true 时该列可以被调节宽度	undefined
fixed	boolean	设置为 true 时该列将不受 fitColumns 属性的影响，保持原尺寸	undefined
hidden	boolean	设置为 true 时隐藏该列	undefined
checkbox	boolean	设置为 true 时显示复选框	undefined
formatter	function	格式化单元格，它有三个参数： ● value: 字段的值 ● rowData: 每一行的数据对象 ● rowIndex: 行的索引	undefined

（续表）

名称	类型	描述	默认
styler	function	设置单元格的样式，它有三个参数： ● value：字段的值 ● rowData：每一行的数据对象 ● rowIndex：行的索引	undefined
sorter	function	用于在本地排序中自定义排序规则，它有两个属性，分别是： ● a：第一个字段值 ● b：第二个字段值	undefined
editor	string,object	定义编辑器的类型。 当使用字符串作为参数时其值为编辑器类型。 当使用对象作为参数时包含如下两个属性： ● type：编辑器类型可能的类型有 text、textbox、numberbox、numberspinner、combobox、combotree、combogrid、datebox、datetimebox、timespinner、datetimespinner、textarea、checkbox、validatebox ● options：编辑器类型对应的配置选项	undefined

下面我们创建一个简单的数据网格，并详细分析部分属性的含义，部分代码如下：

```
01      <tableid="dg"style="width:700px"></table>
02      <script>
03          $(function(){
04              $('#dg').datagrid({
05              width:400,
06              fitColumns:true,
07              resizeHandle:'right',
08              resizeEdge:15,
09              columns:[[
10                      {field:'name',title:'姓名
',align:'center',halign:'left',width:'100'},
11                      {field:'sex',title:'性别
',align:'center',resizable:false,width:'100'},
12                      {field:'age',title:'年龄',align:'center',width:'100'}
13              ]],
14              data:[
15                      {name:'张三',sex:'男',age:'34'},
16                      {name:'李四',sex:'女',age:'23'}
17                  ]
18              });
19          });
20      </script>
```

最终运行结果如图 7.5 所示。

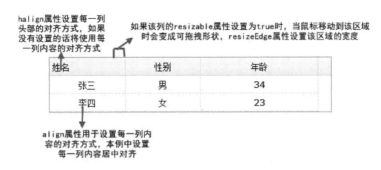

图 7.5　网格中列的基本使用方法

当 fitColumns 属性设置为 true 时，会自动扩大或缩小列的尺寸以适应网格的宽度，并且防止水平滚动。初学者很容易在这个属性上出现问题，首先使用该属性前必须设置列的宽度，如果未设置的话该属性将不起效果，当需要扩大列的宽度来适应网格的时候，默认会扩大最后一列的宽度。通过图 7.5 读者可以发现，姓名和性别列的宽度依然是 100px，只有年龄列的宽度被扩大。我们也可以指定年龄列保持原宽度，此时只需要在对应列中设置 fixed 属性值为 true即可，例如：

```
01  columns:[[
02      {field:'name',title:'姓名',align:'center',halign:'left',width:'100'},
03      {field:'sex',title:'性别',align:'center',resizable:false,width:'100'},
04      {field:'age',title:'年龄',align:'center',width:'100',fixed:true}
05  ]],
```

此时的运行结果如图 7.6 所示。

姓名	性别	年龄
张三	男	34
李四	女	23

图 7.6　列的自适应宽度

可以发现此时年龄列的宽度依然保持为 100px，而性别列的宽度被扩大。通常我们会设置列为流式布局方式，例如：

```
01  columns:[[
02      {field:'name',title:'姓名',align:'center',halign:'left',width:' 40%' },
03      {field:'sex',title:'性别',align:'center',resizable:false,width:'30%'},
04      {field:'age',title:'年龄',align:'center',width:'30%',}
05  ]],
```

使用流式布局可以使每一列按照指定的比例显示。

2. 列的组合

使用 rowspan 属性和 colspan 属性可以对列的头部单元格进行任意组合，其中 rowspan 属性指定一个单元格占多少行，colspan 属性指定一个单元格占多少列，请看下面的示例：

```
01  columns:[[
02          {field:'productname',title:'产品名称',rowspan:2,align:'center'},//该
单元格占两行
03          {field:'attr',title:'产品属性',colspan:5,align:'center'},//该单元格占
五列
04          ],
05          [
06          {field:'producttype',title:'产品类型',align:'center'},
07          {field:'productprice',title:'产品价格',align:'center'},
08          {field:'producttime',title:'上架时间',align:'center'},
09          {field:'productaddress',title:'产地',align:'center'},
10          {field:'productvolume',title:'销售量',align:'center'},
11  ]],
```

最终运行结果如图 7.7 所示。

产品名称	产品属性				
	产品类型	产品价格	上架时间	产地	销售量
电视	电器	3500	2018年2月14日	北京	20

图 7.7 列的组合

 上述代码中我们新增了一个名为 **attr** 的字段，该字段并没有与之对应的数据，其作用是创建一个占据 5 列的单元格。

3. 冻结列

列的配置属性中的 frozenColumns 可以设置需要被冻结的列的信息，当某一列被冻结时，它将显示在固定位置。部分代码如下所示。

```
01  frozenColumns:[[
02              {field:'productname',title:'产品名称',align:'center'}
03              ]],
04  columns:[[
05          {field:'attr',title:'产品属性',colspan:5,align:'center'},
06          ],
07          [
08          {field:'producttype',title:'产品类型',align:'center'},
09          {field:'productprice',title:'产品价格',align:'center'},
```

```
10              {field:'producttime',title:'上架时间',align:'center'},
11              {field:'productaddress',title:'产地',align:'center'},
12              {field:'productvolume',title:'销售量',align:'center'},
13  ]],
```

最终运行结果如图 7.8 所示。

图 7.8　冻结列

【本节详细代码参见随书源码：源码\easyui\example\c7\frozenColumns.html】

4．添加复选框

开发者也可以设置数据网格的某一列内容为复选框，此时该列的全部单元格内都将显示一个复选框，单击头部的复选框可以全选或反选全部的复选框。例如，在数据网格的第一列添加复选框来选中数据，部分代码如下：

```
01  columns:[[
02          {field:'cb',align:'center',checkbox:true},//在第一列添加复选框
03          {field:'productname',title:'产品名称'},
04          {field:'producttype',title:'产品类型'},
05          {field:'productprice',title:'产品价格'},
06          {field:'producttime',title:'上架时间'},
07          {field:'productaddress',title:'产地'},
08          {field:'productvolume',title:'销售量'},
09  ]],
```

最终运行结果如图 7.9 所示。

	产品名称	产品类型	产品价格	上架时间	产地	销售量
	电视	电器	3500	2018年2月14日	北京	20

图 7.9　添加复选框

此时数据网格中每行就有两种选中方式，第一种方式是单击复选框选中数据，第二种方式是选中行来选中数据。开发者可以设计这两种选中方式的关系，数据网格提供如下两个属性。

● checkOnSelect：设置为 true 时复选框的选中状态会随着行的选中状态而改变。例如选中行时，复选框会被自动选中。

● selectOnCheck：设置为 true 时行的选中状态会随着复选框的选中状态而改变。例如选中复选框时该行会被自动选中。

5. 列的展示方式

在使用服务器端数据初始化数据网格时，我们曾经使用 loadFilter 来格式化存储值，这是一个错误的格式化方法。正确的方法是使用列的 formatter 属性来格式化存储值。为了使用户更好地区分不同类型的数据，我们也会使用不同的颜色来显示不同的数据，例如使用蓝色显示电器、使用红色显示零食。列的配置属性 styler 可以为列中的数据设置不同的显示风格。formatter 和 styler 属性都有三个参数，分别是：

- value：当前单元格的存储值。
- rowData：当前单元格所在行的数据对象，可以通过该对象获取行中每一列的数据。
- rowIndex：当前行的索引（从 0 开始计算）。

下面的代码演示了 formatter 和 styler 属性的使用方法：

```
01  columns:[[
02      {field:'productname',title:'产品名称'},
03      {field:'producttype',title:'产品类型',formatter:formatProductType,
04          styler:function(value,row,index){
05              if(value=="1"){
06                  return 'color:blue';
07              }else if(value=="2"){
08                  return 'color:red';
09              }
10              else{
11                  return '';
12              }
13      }},
14      {field:'productprice',title:'产品价格'},
15      {field:'producttime',title:'上架时间',formatter:formatProductTime},
16      {field:'productaddress',title:'产地',formatter:formatProductAddress},
17      {field:'productvolume',title:'销售量'},
18  ]],
19  //格式化上架时间
20  function formatProductTime(value,row,index){
21      var date=new Date(Date.parse(value));
22      var Year=date.getFullYear();
23      var Month=date.getMonth()+1;
24      var Day=date.getDate();
25      return  Year+"年"+Month+"月"+Day+"日";
26  }
27  //格式化产地
28  function formatProductAddress(value,row,index){
```

```
29      switch(value){
30          case "1":
31              return  "北京";
32          case "2":
33              return "上海";
34          case "3":
35              return  "南京";
36          default:
37              return value;
38      }
39 }
40 //格式化产品类型
41 function formatProductType(value,row,index){
42      if(value == "1"){
43          return "电器";
44      }else if(value == "2"){
45          return "食品";
46      }else{
47          return value;
48      }
49 }
```

最终运行结果如图 7.10 所示。

产品名称	产品类型	产品价格	上架时间	产地	销售量
电视	电器	3500	2018年2月14日	北京	20
薯片	食品	6	2018年3月15日	上海	600

图 7.10 设置列的展示方式

6. 数据网格的数据映射

数据网格的本质其实是将存储值映射到网格中，数据网格本身也有存储值和展示值之分，它们的关系如下：

- 数据网格存储值：服务器端传输给数据网格的数据在通过 loadFilter 属性处理后所生成的数组。
- 数据网格展示值：嵌在 HTML 中向用户展示的值。

在数据网格的事件和方法中，无论是参数 value 还是行对象 row，它们所代表的都是网格的存储值。

数据网格的存储值和展示值互不干扰，例如通过列的 formatter 属性对存储值处理后并不会改变原先的存储值，仅仅只是改变网格中的展示值。

为了进一步加深读者对数据网格值的理解，我们画出了数据网格的映射关系模型，详细如图 7.11 所示。

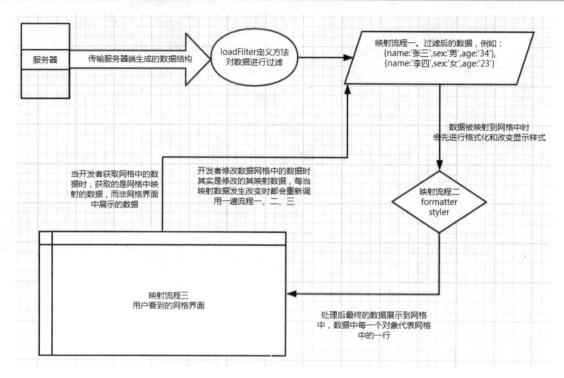

图 7.11 数据网格的映射模型

通过图 7.11 的数据网格映射模型，我们可以得出如下结论：

- 数据网格是将 loadFiter 处理后的数据作为映射数据，因此如果在 loadFilter 中格式化数据的话，就会使数据网格的存储值丢失，此时向数据库中保存的数据以及对数据网格进行编辑时提供的初始化数据都会出错。

- 开发者对数据网格的一切操作都是对映射数据进行操作，换句话说，开发者获取的数据网格中的数据其实是其存储值，设置数据网格中的数据时也应该设置为其存储值。

- 每当数据网格中的映射数据发生改变时都会依次调用流程一、流程二、流程三，因此用户所看到网格界面的数据都是格式化后的数据。

无论是网格还是树，其本质都是将数据映射到指定的界面上，了解了这个原理读者就可以理解网格与树的使用方法了。

7. 列的排序

数据网格默认每列的数据在服务器上进行排序，因此如果需要对本地数据进行排序的话，首先要设置 remoteSort 属性为 false，其次需要设置 sortName 属性的值为需要被排序的列的字段名，最后使用 sortOrder 属性来设置排序的模式，它有两种排序方式，分别是 asc（升序）以及 desc（倒序）。列的排序本质是对映射数据进行排序，下面我们将网格中的数据按照其价格字段进行倒序排序，部分代码如下：

```
01  sortName:'productprice',              //指定需要被排序的字段
02  sortOrder:'desc',                     //指定排序的模式为倒序
03  remoteSort:false,                     //禁止使用服务器端排序
04  columns:[[
05          {field:'productname',title:'产品名称'},
06          {field:'producttype',title:'产品类型'},
07          {field:'productprice',title:'产品价格'},
08          {field:'producttime',title:'上架时间'},
09          {field:'productaddress',title:'产地'},
10          {field:'productvolume',title:'销售量'},
11  ]],
```

最终运行结果如图 7.12 所示。

产品名称	产品类型	产品价格 ▼	上架时间	产地	销售量
冰箱	电器	6000	2017年10月26日	南京	30
薯片	食品	6	2018年3月15日	上海	600
手机	电器	3600	2017年8月16日	上海	120
电视	电器	3500	2018年2月14日	北京	20
瓜子	食品	2	2018年3月14日	南京	630

图 7.12　列的排序

读者可以发现，此时数据并没有按照价格进行倒序排序，这是因为数据网格是以 JSON 格式中的数据来初始化网格的，而 JSON 格式中的数据均为字符串。比较两个字符串大小时，会取出每一个字符串的首字母来比较它们的 ASCII 码的值，因为 6 的首字母为 6，3500 的首字母为 3，因此 6 大于 3500。解决这类问题的办法就是自定义排序规则，在列的配置属性中有一个 sorter 属性，可以用来自定义排序规则。它有两个参数，分别是 a 和 b，用来表示需要被比较的两个数据。当返回值为正数时，b 的值会排在 a 的值前面；当返回值为负数时，a 的值会排在 b 的前面。我们修改上述代码为：

```
01  sortName:'productprice',//指定需要被排序的字段
02      remoteSort:false,//禁止使用服务器端排序
03      columns:[[
04          {field:'productname',title:'产品名称'},
05          {field:'producttype',title:'产品类型'},
06          {field:'productprice',title:'产品价格',
07              sortable:true,
08              //自定义排序规则
09              sorter:function(a,b){
10                  var number1=parseFloat(a);
11                  var number2=parseFloat(b);
12                  //当 a 的值大于 b 时返回 1，否则返回-1
13                  //当返回值为正数时，b 排在 a 前面
14                  //当返回值为负数时，a 排在 b 前面
15                  //因此这段代码的含义就是将小的值排在前面，也就是升序排序
16                  return(number1>number2?1:-1);
```

```
17                   }
18              },
19              {field:'producttime',title:'上架时间'},
20              {field:'productaddress',title:'产地'},
21              {field:'productvolume',title:'销售量'},
22          ]],
```

最终运行结果如图 7.13 所示。

图 7.13 自定义排序

图 7.11 向读者介绍了数据网格的映射过程，读者可以发现数据网格的映射数据是经过 loadFilter 属性过滤后的数据，因此我们也可以在 loadFilter 方法中将价格字段中的数据由字符串转化成数字，此时映射数据中的价格字段就变成了数字，排序时会按照数字的大小进行，代码如下：

```
01  sortName:'productprice',//指定需要被排序的字段
02  remoteSort:false,//禁止使用服务器端排序
03  sortOrder:'desc',
04  columns:[[
05          {field:'productname',title:'产品名称'},
06          {field:'producttype',title:'产品类型'},
07          {field:'productprice',title:'产品价格'},
08          {field:'producttime',title:'上架时间'},
09          {field:'productaddress',title:'产地'},
10          {field:'productvolume',title:'销售量'},
11      ]],
12  loadFilter:function(data){
13      //将价格字段中的数据由字符串转化成数字
14      for(var i=0;i<data.length;i++){
15          data[i]["productprice"]=parseFloat(data[i]["productprice"]);
16      }
17      return data;
18  }
```

在数据网格中有一个 multiSort 属性，用来定义是否允许多列排序。所谓的多列排序是指用户动态排序时可以在原有的排序基础上进行排序。例如，在上述代码中，我们可以给销量列添加一个 sortable:true 属性，此时数据网格中既可以对产品价格进行排序，也可以对销量进行

排序。如果设置允许多列排序时，当我们对价格进行排序后，再对销量排序时会在原有的排序基础上再次排序。

上述我们讲解的排序方式都是在本地进行排序，数据网格也允许数据在服务器端进行排序，当使用服务器端排序时，数据网格会发送两个参数到远程服务器：

- sort：排序列字段名。
- order：排序方式，可以是'asc'或者'desc'，默认值是'asc'。

由于服务器端是在数据库中进行排序，因此开发者无须重新制定排序规则，例如我们可以在服务器上对产品价格进行排序，部分代码如下：

```
01  //需要被排序的字段，将以 sort 参数传输给服务器
02  sortName:'productprice',
03  //排序规则，将以 order 参数传输给服务器
04  sortOrder:'desc',
05  //使用服务器端排序
06  remoteSort:true,
```

服务器端代码如下：

```
01  <?php
02  include_once(dirname(__FILE__).'/../small/small.php');
03  //获取需要被排序的字段，如果没有被设置的话默认以产品 id 为排序字段
04  $sort=isset($_POST['sort'])?strval($_POST['sort']):'id';
05  //获取排序的规则，如果没有设置的话，默认升序排序
06  $order=isset($_POST['order'])?strval($_POST['order']):'asc';
07  //查询数据库中的数据
08  $data=db::select("select * from product order
by".$sort."".$order)->getResult();
09  //将数组转换成 JSON 格式并返回
10  echoData::toJson($data);
11  ?>
```

目前我们讲解了三种排序的方式，它们分别是：

- 服务器端排序：开发难度简单，但是会消耗过多的系统资源。
- 使用自定义的排序规则进行本地排序：开发难度较大，所有计算都在客户端进行，不会使用系统资源。
- 使用 loadFilter 属性对网格数据强制类型转换后进行本地排序：开发难度较为简单，所有计算都在客户端进行，不会使用系统资源。

建议开发者使用第三种排序方式，利用 loadFilter 属性先对初始化数据进行强制类型转换，然后直接利用数据网格提供的排序规则进行排序。

7.2.4 数据网格中的行

相比于列的使用方法，数据网格中行的使用较为简单，开发者可以通过设置行的相关属性来设置数据选中方式、页脚摘要以及行的显示样式等。

1. 行的基本使用方法

数据网格中行的属性见表 7.4。

表 7.4　数据网格中行的属性

名称	类型	描述	默认值
autoRowHeight	boolean	定义是否设置基于该行内容的行高度。设置为 false 时可以提高加载性能	true
striped	boolean	设置为 true 时隔行变色	true
emptyMsg	string	当没有记录时显示的一条提示消息	
nowrap	boolean	设置为 true 时会把数据显示在一行里。设置为 true 可提高加载性能	true
rownumbers	boolean	设置为 true 时会在每一行的前面显示一个带有行号的单元格	false
singleSelect	boolean	设置为 true 时只允许选中一行	false
ctrlSelect	boolean	设置为 true 时仅当 ctrl+鼠标单击时才能选中多个行	false
checkOnSelect	boolean	设置为 true 时当用户单击某一行时，则会选中/反选复框。设置为 false 时，只有当用户单击了复选框时，才会选中/反选复选框	true
selectOnCheck	boolean	设置为 true 时单击复选框将会选中该行。设置为 false 时单击复选框不会选中该行	true
scrollOnSelect	boolean	设置为 true 时，当使用数据网格的方法动态选中某行时，将自动滚动到该行	true
showHeader	boolean	定义是否显示行的头部	true
showFooter	boolean	定义是否显示行的底部	false
rownumberWidth	number	设置带有行号的单元格的宽度	30
rowStyler	function	设置行的样式，该函数返回例如'background:red'的样式。该函数需要两个参数： ● rowIndex：行的索引，从 0 开始 ● rowData：该行相应的记录	

2. 设置行的展示效果

下面将向读者演示如何设置数据网格中行的展示效果，部分代码如下所示。

```
01   showHeader:true,//显示行的头部
02   striped:true,//隔行变色
03   rownumbers:true,//显示带有行号的列
```

```
04    rownumberWidth:50,//设置带有行号的列的宽度
05    //突出显示销量大于 500 的行
06    rowStyler:function(rowIndex,rowData){
07          if(rowData.productvolume>"500"){
08                return "background:red"
09          }
10    },
```

最终运行结果如图 7.14 所示。

图 7.14　数据网格中行的显示

有些读者可能会发现尽管设置了隔行变色属性 striped 为 true，但是数据网格中每一行的颜色几乎一致，此时 striped 属性似乎无法生效。其实这是因为当设置数据网格隔行变色时，每隔一行会增加一个 datagrid-row-alt 样式，该样式默认显示的背景颜色为#fafafa，该颜色与白色几乎一致，因此我们肉眼无法察觉数据网格每一行的背景颜色存在区别。解决这个问题的方法有两种，第一种方法是通过 rowStyler 属性设置指定行的背景颜色，第二种方式是修改 datagrid-row-alt 样式，在 EasyUI 框架中依次打开 themes→default→easyui.css，打开 easyui.css 文件查找 datagrid-row-alt 样式定义，并且修改其默认值，例如我们修改样式值为#EAEAEA，此时就可以发现数据网格中隔行颜色发生改变。

3. 创建页脚摘要

设置 showFooter 属性为 true 时，即可在数据网格的底部显示一个页脚摘要，此时我们需要修改原先数据网格的初始化数据结构，使用 rows 字段来存放主体数据，使用 footer 字段来存放底部摘要数据。示例数据结构如下：

{"rows":[…….主体区域数据],"footer":[…….底部摘要数据]}

下面我们在数据网格的底部增加一个页脚摘要，用于统计全部产品的销售量以及总销售额，部分代码如下：

```
01    $("#dg").datagrid({
02        width:600,
```

```
03         url:"http://127.0.0.1/easyui/example/c7/server/getFooter.php",
04         showFooter:true,//显示页脚摘要
05         columns:[[
06                 {field:'productname' ,title:'产品名称',width:'20%'},
07                 {field:'producttype',title:'产品类型',width:'20%'},
08                 {field:'productprice' ,title:'产品价格',width:'20%'},
09                 {field:'producttime' ,title:'上架时间',width:'20%'},
10                 {field:'productaddress' ,title:'产地',width:'10%'},
11                 {field:'productvolume' ,title:'销售量',width:'10%'},
12             ]],
13         loadMsg:"数据正在加载，请稍等",
14  });
```

服务器端代码如下：

```
01  <?php
02  /**
03   * 返回带有页脚摘要的数据
04  */
05  include_once (dirname(__FILE__) . '/../../../small/small.php');
06  //查询数据库中的数据
07  $data     = db::select("select * from product")->getResult();
08  $volumesum = db::select("select SUM(productvolume) from
    product")->getResult();
09  //总销售额等于销售量乘以单价
10  $pricesum = db::select("select SUM(productvolume*productprice) from
11  product")->getResult();
12  //页脚=======================
13  $footer = array(
14     array(
15        "productname"=>"总销量",
16        "productvolume"=>$volumesum[0]['SUM(productvolume)']
17     ),
18     array(
19        "productname"=>"总销售金额",
20        "productprice"=>(int)$pricesum[0]['SUM(productvolume*productprice)']
21     ),
22  );
23  $t  = array(
24     "rows"=>$data,
25     "footer"=>$footer
26  );
27  //将数组转换成 JSON 格式并返回
28  echo  Data::toJson($t);
29  ?>
```

服务器端返回的数据结构如下所示。

```
01  {
02      "rows": [{
03          "id": "1",
04          "productname": "电视",
```

```
05          "producttype": "1",
06          "productprice": "3500",
07          "productvolume": "20",
08          "productaddress": "1",
09          "producttime": "2018/2/14"
10      }, {
11          "id": "2",
12          "productname": "薯片",
13          "producttype": "2",
14          "productprice": "6",
15          "productvolume": "600",
16          "productaddress": "2",
17          "producttime": "2018/3/15"
18      }, {
19          "id": "3",
20          "productname": "冰箱",
21          "producttype": "1",
22          "productprice": "6000",
23          "productvolume": "30",
24          "productaddress": "3",
25          "producttime": "2017/10/26"
26      }, {
27          "id": "4",
28          "productname": "手机",
29          "producttype": "1",
30          "productprice": "3600",
31          "productvolume": "120",
32          "productaddress": "2",
33          "producttime": "2017/8/16"
34      }, {
35          "id": "5",
36          "productname": "瓜子",
37          "producttype": "2",
38          "productprice": "2",
39          "productvolume": "630",
40          "productaddress": "3",
41          "producttime": "2018/3/14"
42      }],
43      "footer": [{
44          "productname": "总销量",
45          "productvolume": "1400"
46      }, {
47          "productname": "总销售金额",
48          "productprice": "686860"
49      }]
50  }
```

最终运行结果如图 7.15 所示。

产品名称	产品类型	产品价格	上架时间	产地	销售量
电视	电器	3500	2018年2月14日	北京	20
薯片	食品	6	2018年3月15日	上海	600
冰箱	电器	6000	2017年10月26日	南京	30
手机	电器	3600	2017年8月16日	上海	120
瓜子	食品	2	2018年3月14日	南京	630
总销量					1400
总销售金额		686860			

图 7.15　显示页脚摘要

【本节详细代码参考：源码\easyui\example\c7\datagridFooter.html】

7.2.5　创建工具栏

通过数据网格的 toolbar 属性可以在其头部创建一个工具栏，该属性接收的数据类型有：

● 数组，包含链接按钮属性的数组。

● 选择器，包含工具栏按钮的容器的选择器。

下面我们在数据网格的头部创建一个包含数据增删改以及数据搜索的工具栏，相关代码如下：

```
01      <div id='dg'></div>
02      <!--设置工具栏-->
03      <div id="tb" style="padding:5px;height:auto">
04      <div style="margin-bottom:5px">
05          <a href="#" class="easyui-linkbutton" iconCls="icon-add"
plain="true"></a>
06          <a href="#" class="easyui-linkbutton" iconCls="icon-edit"
plain="true"></a>
07          <a href="#" class="easyui-linkbutton" iconCls="icon-save"
plain="true"></a>
08          <a href="#" class="easyui-linkbutton" iconCls="icon-remove"
plain="true"></a>
09      </div>
10      <div>
11          开始日期: <input class="easyui-datebox" style="width:80px">
12          截止日期: <input class="easyui-datebox" style="width:80px">
13          <a href="#" class="easyui-linkbutton" iconCls="icon-search">搜索</a>
14      </div>
15      </div>
16      <script>
17          $(function(){
18          $("#dg").datagrid({
19              width:600,
20              url:"http://127.0.0.1/easyui/c7/getData1.php",
21              toolbar:'#tb',
22              columns:[[
```

```
23                        {field:'productname' ,title:'产品名称',width:'20%'},
24                        {field:'producttype',title:'产品类型',width:'20%'},
25                        {field:'productprice' ,title:'产品价格',width:'20%'},
26                        {field:'producttime' ,title:'上架时间',width:'20%'},
27                        {field:'productaddress' ,title:'产地',width:'10%'},
28                        {field:'productvolume' ,title:'销售量',width:'10%'}
29                    ]],
30                });
31            })
32    </script>
```

最终运行结果如图 7.16 所示。

图 7.16 创建工具栏

7.2.6 数据网格事件和方法

数据网格常用事件说明见表 7.5。

表 7.5 数据网格常用事件说明

名称	参数	描述
onLoadSuccess	data	当数据加载成功时触发
onLoadError	none	加载远程数据发生某些错误时触发
onBeforeLoad	param	发送加载数据的请求前触发，如果返回 false 加载动作就会取消
onClickRow	index,row	当用户单击一行时触发
onDblClickRow	index,row	当用户双击一行时触发
onClickCell	index,field,value	当用户单击一个单元格时触发
onDblClickCell	index,field,value	当用户双击一个单元格时触发
onBeforeSortColumn	sort,order	当用户对一列进行排序前触发，如果返回 false 排序动作就会取消
onSortColumn	sort,order	当用户对一列进行排序时触发，参数包括： ● sort：排序的列的字段名 ● order：排序的列的顺序
onResizeColumn	field,width	当用户调整列的尺寸时触发
onBeforeSelect	index,row	当用户选中一行前触发，如果返回 false 选中动作就会取消

（续表）

名称	参数	描述
onSelect	index,row	当用户选中一行时触发
onBeforeUnselect	index,row	当用户取消选中一行前触发，如果返回 false 选中动作就会取消
onUnselect	index,row	当用户取消选择一行时触发
onSelectAll	rows	当用户选中全部行时触发
onUnselectAll	rows	当用户取消选中全部行时触发
onBeforeCheck	index,row	当用户选中一行复选框前触发，如果返回 false 选中动作就会取消
onCheck	index,row	当用户选中一行复选框时触发
onBeforeUncheck	index,row	当用户取消选中一行复选框前触发，如果返回 false 选中动作就会取消
onUncheck	index,row	当用户取消选择一行复选框时触发
onCheckAll	rows	当用户选中全部行复选框时触发
onUncheckAll	rows	当用户取消选中全部行复选框时触发
onBeforeEdit	index,row	当用户开始编辑一行时触发
onBeginEdit	index,row	当某行切换到编辑模式时触发
onEndEdit	index,row,changes	当完成编辑且编辑器未销毁时触发
onAfterEdit	index,row,changes	当用户完成编辑且编辑器销毁时触发
onCancelEdit	index,row	当用户取消编辑一行时触发
onHeaderContextMenu	e,field	当 datagrid 的头部被右击时触发
onRowContextMenu	e,index,row	当右击行时触发

 index 参数为映射数据中对应该行的索引从 0 开始计算。Row 参数为映射数据中对应该行的对象。

数据网格常用方法说明见表 7.6。

表 7.6　数据网格常用方法说明

名称	参数	描述
options	none	返回选项对象
getPager	none	返回分页器对象

（续表）

名称	参数	描述
getPanel	none	返回面板对象
getColumnFields	frozen	返回列的字段，如果参数设定为 true，冻结列的字段被返回
getColumnOption	field	返回指定列的选项
resize	param	调整尺寸和布局
load	param	加载并显示第一页的行，如果指定 param 参数，就将替换 queryParams 属性
reload	param	重新加载行，就像 load 方法一样，但是保持在当前页
reloadFooter	footer	重新加载脚部的行
loading	none	显示正在加载状态
loaded	none	隐藏正在加载状态
fitColumns	none	使列自动展开/折叠以适应数据网格的宽度
fixColumnSize	none	固定列的尺寸
fixRowHeight	index	固定指定行的高度
freezeRow	index	冻结指定的行，当向下滚动数据时，该行始终显示在数据网格顶部
autoSizeColumn	field	调整列的宽度以适应内容
loadData	data	加载本地数据，旧的行会被移除
getData	none	返回加载的数据
getRows	none	返回当前页的全部行数据
getFooterRows	none	返回底部的行数据
getRowIndex	row	返回指定行的索引，row 参数可以是一个行数据对象或者一个 id 字段的值
getChecked	none	返回所有被勾选的行
getSelected	none	返回第一个选中的行或者没有选中行时返回 null
getSelections	none	返回所有选中的行，当没有选中的行时，将返回空数组
clearSelections	none	清除所有选中的行
clearChecked	none	清除所有勾选的行
scrollTo	index	滚动到指定的行
gotoPage	param	跳转到指定的页
highlightRow	index	高亮显示一行
selectAll	none	选中当前页所有的行
unselectAll	none	取消选中当前页所有的行

名称	参数	描述
selectRow	index	选中一行，index 为行索引，从 0 开始计算
selectRecord	idValue	选中指定 id 的行
unselectRow	index	取消选中指定 id 的行
checkAll	none	勾选当前页所有的行
uncheckAll	none	取消勾选当前页所有的行
checkRow	index	勾选一行，行索引从 0 开始
uncheckRow	index	取消勾选一行，行索引从 0 开始
beginEdit	index	开始对一行进行编辑
endEdit	index	结束对一行进行编辑
cancelEdit	index	取消对一行进行编辑
getEditors	index	获取指定行的编辑器，每个编辑器有下列属性： ● actions: 编辑器能做的动作 ● target: 目标编辑器的 jQuery 对象 ● field: 字段名 ● type: 编辑器的类型
getEditor	options	获取指定的编辑器，options 参数包含两个属性： ● index: 行的索引 ● field: 字段名
refreshRow	index	刷新一行
validateRow	index	验证指定的行，有效时返回 true
updateRow	param	更新指定的行，param 参数包含下列属性： ● index: 更新行的索引 ● row: 行的新数据
appendRow	row	追加一个新行
insertRow	param	插入一个新行，param 参数包括下列属性： ● index: 插入行的索引，如果没有定义，就追加新行 ● row: 行的数据
deleteRow	index	删除一行
getChanges	type	获取最后一次提交以来更改的行，type 参数表示更改的行的类型，可能的值是 inserted、deleted、updated 等。当 type 参数没有分配时，返回所有改变的行
acceptChanges	none	提交自从被加载以来或最后一次调用 acceptChanges 以来所有更改的数据
rejectChanges	none	回滚自从创建以来或最后一次调用 acceptChanges 以来所有更改的数据

（续表）

名称	参数	描述
mergeCells	options	把一些单元格合并为一个单元格，options 参数包括下列属性： ● index：开始行的索引 ● field：字段名 ● rowspan：合并跨越的行数 ● colspan：合并跨越的列数
showColumn	field	显示指定的列
hideColumn	field	隐藏指定的列
sort	param	对数据网格进行排序，param 对象包含下列属性： ● sortName：需要被排序的字段名 ● sortOrder：排序的规则

1. 获取选中行的数据

数据网格中有三种方法来获取被选中的数据，分别是：

● getSelected：取得第一个选中行数据，如果没有选中行，则返回 null。

● getChecked：与 getSelected 用法一致，不过该方法返回的是复选框被勾选的行。

● getSelections：取得所有选中行数据。

详细的使用方法参见下面的代码。

```
01      //获取被选中的第一个行记录
02      varrow=$('#dg').datagrid('getSelected');
03      //返回该行产品数据的价格
04      alert(row.productprice);
05      //获取所有被选中的行记录
06      varrows=$('#dg').datagrid('getSelections');
07      //返回第一行产品的价格
08      alert(rows[0]. productprice);
```

2. 查询数据

数据网格中的 load 方法允许用户使用指定的条件动态地刷新页面，它的参数 param 为向服务器提交的额外参数，如果未设置的话会向服务器提交 queryParams 属性中设置的参数。下面我们在数据网格中添加一个含有起止日期框的工具栏，允许用户搜索指定上架时间范围内的产品，部分代码如下：

```
01      <div id='dg'></div>
02      <!--设置工具栏-->
03      <div id="tb" style="padding:5px;height:auto">
04          <div id='se' data-options="label:'请输入起始日期
',labelWidth:'100',width:350"
05          style="display:inline"></div>
06          <a href="#" class="easyui-linkbutton" iconCls="icon-search"
id='search'>搜索</a>
```

```
07        </div>
08        <script>
09            $(function(){
10                $("#se").start_end();
11                //单击搜索后的处理事件
12                $("#search").click(function(){
13                    //获取起止日期框的值
14                    var seValues = $("#se").start_end('getValues');
15                    //使用指定条件加载数据，参数 start、end 的值将会被传输到服务器端
16                    $('#dg').datagrid('load',{
17                        start:seValues.start,
18                        end: seValues.end
19                    });
20            });
21            //初始化数据网格代码…………
22        </script>
```

服务器端代码如下：

```
01  <?php
02  /**
03   * 搜索数据
04   */
05  include_once (dirname(__FILE__) . '/../../../small/small.php');
06  date_default_timezone_set("PRC");
07  /**
08   * 前端会将 start、end 的值通过 post 方法传输到服务器
09   * 通过$_POST 可以获取传输的值
10   */
11  //获取开始时间
12  $start = isset($_POST['start']) ? strtotime(($_POST['start'])) : 0;
13  //获取结束时间
14  $end = isset($_POST['end']) ? strtotime(($_POST['end'])) : 0;
15  if($start!='0'&&$end!='0'){
16  $data = db::select("select * from product where
unix_timestamp(producttime)>".$start."
17   AND unix_timestamp(producttime)<".$end)->getResult();
18  }else{
19      $data = db::select("select * from product")->getResult();
20  }
21  //将数组转换成 JSON 格式并返回
22  echo  Data::toJson($data);
23  ?>
```

最终运行结果如图 7.17 所示。

请输入起始日期	2018年3月2日至2018年3月30日			🔍 搜索	
产品名称	产品类型	产品价格	上架时间	产地	销售量
薯片	食品	6	2018年3月15日	上海	600
瓜子	食品	2	2018年3月14日	南京	630

图 7.17 查询数据

【本节详细代码参见随书源码：源码\easyui\example\c7\search.html】

3. 合并单元格

读者可以发现产品类型中只有电器和食品两种类型,因此可以将所有的同类型数据进行合并,通常会在数据加载完毕后使用 mergeCells 方法将指定的单元格进行合并,部分代码如下:

```
01  onLoadSuccess:function(){//当数据被加载完毕后
02      $('#dg').datagrid('mergeCells',{
03          field:'producttype',//在产品类型字段中合并单元格
04          index:0,//从产品类型的第一行开始合并
05          rowspan:3//共合并 3 行
06      });
07      $('#dg').datagrid('mergeCells',{
08          index:3,//从产品类型的第四行开始合并
09          field:'producttype',
10          rowspan:2//共合并 2 行
11      });
12  },
```

最终运行结果如图 7.18 所示。

产品名称	产品类型	产品价格 ▼	上架时间	产地	销售量
冰箱		6000	2017年10月26日	南京	30
手机	电器	3600	2017年8月16日	上海	120
电视		3500	2018年2月14日	北京	20
薯片	食品	6	2018年3月15日	上海	600
瓜子		2	2018年3月14日	南京	630

图 7.18 合并单元格

7.2.7 数据网格编辑

数据网格允许用户直接对网格中的单元格进行编辑,下面将向读者介绍数据网格中的行内编辑和单元格编辑方法。

1. 行内编辑

行内编辑是指当用户单击某一行时,行内各个单元格将会变成指定的可编辑组件,行内编辑的流程图如图 7.19 所示。

开启编辑模式的流程：

图 7.19　行内编辑流程图

当开启行内编辑时，其事件流程图如图 7.20 所示。

编辑模式开启后的事件流程：

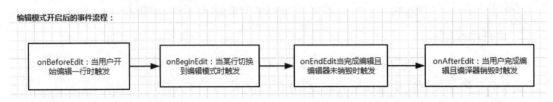

图 7.20　开启行内编辑时的事件流程图

使用 cancelEdit 方法可以取消编辑，此时会触发 onCancelEdit 事件。使用 endEdit 方法可以结束编辑。接下来我们创建一个简单数据网格，向读者介绍编辑的使用方法，该例中当用户双击某行时会开启该行的编辑模式，在编辑模式下双击可以结束编辑。部分代码及注释如下所示。

```
01  columns:[[
02          //产品名称在编辑模式时使用文本框标记
03          {field:'productname' ,title:'产品名称
',width:'10%',editor:"textbox"},
04          //产品类型在编辑模式时使用组合框
05          {field:'producttype',title:'产品类型
',width:'10%',formatter:formatProductType,
06          editor:{type:"combobox",options:{
07              valueField:'id',
08              textField:'typename',
09              data:[
10                  {id:1,typename:'电器'},
11                  {id:2,typename:'食品'}
12              ]}}
13          },
14          //产品价格在编辑模式时使用数字框
15          {field:'productprice' ,width:'20%',title:'产品价格',editor:
16          {type:"numberbox",options:{
17          required:true,
18          min:0,
19          precision:2,
20          prefix:'$',
21          }}
22          },
23          //产品上架时间在编辑模式时使用日期框
24          {field:'producttime' ,title:'上架时间
',width:'30%',formatter:formatProductTime,
25          editor:{type:"datebox",options:{
```

```
26                    required:true,
27                    editable:false,
28                    parser: function(s){
29                        var t = Date.parse(s);
30                        if (!isNaN(t)){
31                            return new Date(t);
32                        }else{
33                            return new Date();
34                        }
35                    },
36                    formatter:function(date){
37                        var y = date.getFullYear();
38                        var m = date.getMonth()+1;
39                        var d = date.getDate();
40                        return y+'/'+m+'/'+d+'/';
41                    },
42                    currentText:"今天",
43                    closeText:"关闭",
44                }}
45            },
46            //产品产地在编辑模式时使用组合框
47            {field:'productaddress' ,title:'产地
   ',width:'20%',formatter:formatProductAddress,
48                editor:{type:"combobox",options:{
49                required:true,
50                valueField:'id',
51                textField:'city',
52                data:[
53                    {id:1,city:'北京'},
54                    {id:2,city:'上海'},
55                    {id:3,city:'南京'}
56                ]}}
57            },
58            //产品类型在编辑模式时使用数字微调器
59            {field:'productvolume' ,title:'销售量',width:'10%',editor:
60                {type:"numberspinner",options:{
61                    required:true,
62                    min:0,
63                }}
64            },
65        ]],
66        //工具栏中添加取消编辑的按钮
67        toolbar:[{
68            iconCls:'icon-cancel',
69            handler:function(){
70                //得到当前选中行对象
71                var row=$("#dg").datagrid('getSelected');
72                //获取当前选中行索引
73                var index=$("#dg").datagrid('getRowIndex',row);
74                //取消该行编辑
75                $("#dg").datagrid('cancelEdit',index);
```

```
76              //取消选中
77              $("#dg").datagrid('unselectRow',index);
78          }
79      }],
80      //双击事件
81      onDblClickRow:function(index,row){
82          //检查当前列是否在编辑模式下
83          //如果在编辑模式下将会结束编辑
84          if(row.editing){
85              //取消该行选中并结束编辑
86              $(this).datagrid('unselectRow',index)
87              .datagrid("endEdit",index);
88          }else{                      //如果该行不在编辑模式时，选中该行并开启编辑模式
89              //选中该行的目的是为了动态取消编辑时找到指定的行
90              $(this).datagrid('selectRow',index)
91                  .datagrid("beginEdit",index);
92          }
93      },
94      //开始编辑前先标记该行已被编辑
95      onBeforeEdit:function(index,row){
96          row.editing=true;
97      },
98      //编辑完毕时标记该行未被编辑
99      onAfterEdit:function(index,row){
100         row.editing=false;
101     },
102     //取消编辑时标记该行未被编辑
103     onCancelEdit:function(index,row){
104         row.editing=false;
105     },
```

最终运行结果如图 7.21 所示。

图 7.21　数据网格行编辑

【本节详细代码参见随书源码：源码\easyui\example\c7\editorRow.html】

224

2. 单元格编辑

通常用户并不希望单击某行时对该行全部数据进行编辑,而是希望单击某个单元格时对该单元格内的数据进行编辑。数据网格并没有提供开启单元格编辑的方法,因此我们需要在数据网格的默认方法中新增一个单元格编辑方法。单元格编辑的总体思路就是在开启行编辑时只保留可被编辑的单元格编辑器,其他单元格编辑器全部销毁,部分代码及说明如下所示。

```
01  /*为数据网格新增单元格编辑方法
02  它的参数为一个包含下列属性的对象
03  1.index 可被编辑的行的索引
04  2.field 可被编辑的列的索引
05  指定的行加指定的列即是一个指定的单元格
06  */
07  $.extend($.fn.datagrid.methods,{
08      editCell:function(jq,param){
09          return jq.each(function(){
10              //获取数据网格的选项对象
11              var opts=$(this).datagrid('options');
12              //获取数据网格中冻结的列以及未冻结的列并将它们合并到一个数组中
13              var fields=$(this).datagrid('getColumnFields',true)
14                  .concat($(this)
15                  .datagrid('getColumnFields'));
16              //遍历全部的列
17              for(var i=0;i<fields.length;i++){
18                  //获取指定列的选项对象
19                  var col=$(this).datagrid('getColumnOption',fields[i]);
20  /*在列的选项对象中新增一个 editor1 属性,该属性保存该列的编辑器对象
21  数据网格在开启某行的编辑模式时,会将该行的单元格转化成 editor 中
22  指定的组件,我们将 editor 的值缓存到其他的变量中,然后设置其值为空,
23  此时该单元格就不会被编辑注意:一行是由多个单元格组成的,编辑单元格
24  的思路就是一行中只有指定的单元格可被编辑,其他单元格不可被编辑*/
25                  col.editor1=col.editor;
26                  /*如果列未被指定可编辑时,则设置其编辑器为空
27                  该方法可以确保对某行开启编辑模式时只有指定的单元格可被编辑*/
28                  if(fields[i]!=param.field){
29                      col.editor=null;
30                  }
31              }
32              //对指定的行开启编辑模式
33              $(this).datagrid('beginEdit',param.index);
34                  //将列的编辑器恢复到初始状态
35                  for(var i=0;i<fields.length;i++){
36                      var col=$(this).datagrid('getColumnOption',fields[i]);
37                      col.editor=col.editor1;
38                  }
39          });
40      }
41  });
```

可以通过 onDblClickCell 或者 onClickCell 事件来触发单元格编辑,如下代码所示。

```
01          //双击单元格事件 index 为行索引、field 为列索引
02          onDblClickCell:function(index,field,value){
03          //检查当前单元格是否在编辑模式下
04          //如果在编辑模式下时将会结束编辑
05              if(editIndex){
06                  //取消该行选中并结束编辑
07                  $(this).datagrid('unselectRow',index)
08                  .datagrid("endEdit",index);
09              }else{
10                  //如果该单元格不在编辑模式时，选中该行并开启编辑模式
11                  //选中该行的目的是为了动态取消编辑时找到指定的行
12                  $(this).datagrid('selectRow',index)
13                  //开启单元格编辑模式
14                  .datagrid("editCell",{
15                      index:index,
16                      field:field
17                  });
18              }
19          },
```

最终运行结果如图 7.22 所示。

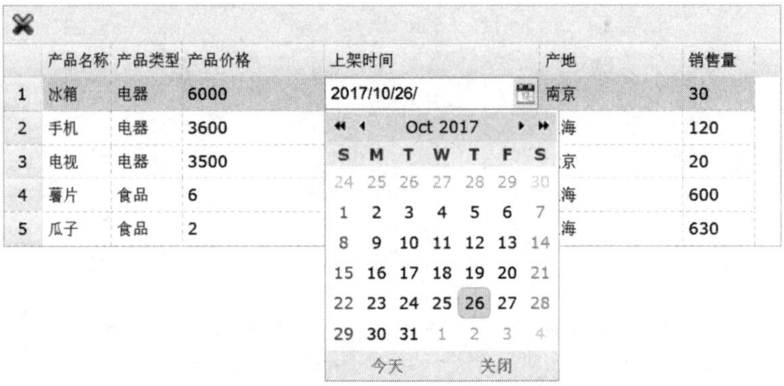

图 7.22　数据网格单元格编辑

【本节详细代码参见随书源码：源码\easyui\example\c7\editorCell.html】

3. 扩展编辑器

除了使用数据网格所支持的编辑器类型外，开发者也可以使用自定义的编辑器类型。在介绍扩展编辑器前，我们先来看一下编辑器的相关定义。数据网格默认的编辑器定义在 $.fn.datagrid.defaults.editors 中，它的相关行为见表 7.7。

表 7.7　编辑器行为

名称	参数	描述
init	container,options	初始化编辑器并且返回目标对象
destroy	target	销毁编辑器

（续表）

名称	参数	描述
getValue	target	获取编辑器的值
setValue	target,value	设置编辑器的值
resize	target,width	调整编辑器的尺寸

编译器的运作流程如图 7.23 所示。

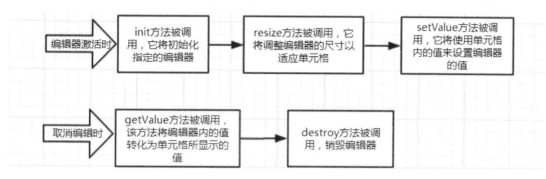

图 7.23　编辑器运作流程图

编译器的 getValue 获取的是指定单元格对应的映射数据的值，而非行内的展示值。setValue 也是使用的存储值来设置指定单元格的值，设置完单元格值后数据网格会按照图 7.10 所展示的流程进行运作，将存储值转换成展示值。

下面我们给数据网格添加一个起止日期框编辑器，部分代码如下：

```
01      $.extend($.fn.datagrid.defaults.editors,{
02      //新增起止日期框编辑器
03      start_end:{
04          //构造编辑器
05      init:function(container,options){
06          varse=$('<div id="se"></div>').appendTo(container);
07          se.start_end(options);
08          return se;
09      },
10      //销毁编辑器，target 参数为编辑器的 DOM 对象
11      destroy:function(target){
12          $(target).start_end("destroy");
13      },
14      /*
15          将编辑器中的值转换为该单元格的值，target 参数为编辑器的 DOM 对象
16          该方法将编辑器内的值转化为单元格所显示的值
17      */
18      getValue:function(target){
19          var v=$(target).start_end("getValues");
20          return v.start+"-"+v.end;
```

```
21      },
22      /*
23          设置编辑器的初始值，target 参数为编辑器的 DOM 对象，value 为单元格的值
24          该方法将单元格内的值转化为编辑器所能接收的初始值
25      */
26      setValue:function(target,value){
27          var v=value.split("-");
28          //设置起止日期框的值
29          $(target).start_end("setValues",{
30              start:v[0],
31              end:v[1]
32          });
33      },
34      //调整编辑器的尺寸
35      resize:function(target,width){
36          $(target).start_end('resize',width);
37      }
38      }
39      });
```

下面的代码将演示如何使用扩展编辑器，部分代码如下所示。

```
01      columns:[[
02      //定义扩展编辑器类型
03          {field:'time',title:'起止日期',editor:"start_end",width:"100%"},
04      ]],
05      data:[
06      //初始化单元格的值，该值在编辑器中将会被解析
07      {time:"2016/5/6-2017/5/6"},
08      {time:'2016/10/6-2018/5/7'}
09      ],
```

最终运行结果如图 7.24 所示。

图 7.24　使用扩展编辑器

7.2.8　数据网格视图

在数据网格中有一个 view 属性，该属性用于指定数据网格的视图。所谓的视图，就是数

据网格显示的样式，例如传统的数据网格视图是由行和列组成的。数据网格允许开发者自定义视图样式。自定义视图的开发难度非常大，幸运的是 EasyUI 提供了一系列常用的数据网格视图扩展，例如数据网格详细视图等。通过这些扩展插件，开发者可以直接使用其视图样式，本书在后面的章节中将详细介绍。

7.3　分页器（Pagination）

分页器允许用户通过翻页来显示大量的数据，本节将介绍 EasyUI 中的分页组件 Pagination 以及数据网格中分页的使用方法。

7.3.1　分页器概述

分页器允许用户通过翻页来导航数据，开发者可以在分页的右侧添加自定义按钮来增强功能。分页器的依赖关系如下：

● linkbutton

1. 创建分页器

使用标记创建分页器的方法如下：

```
<div class="easyui-pagination" data-options="total:1000,pageSize:10">
```

使用 JavaScript 创建分页器的方法如下：

```
01  <div id="pp"></div>
02  $('#pp').pagination({
03  total:1000,
04  pageSize:10
05  });
```

2. 分页器属性

分页器常用的属性说明见表 7.8。

表 7.8　分页器常用属性

名称	类型	描述	默认
total	number	设置数据的总条数，必须在初始化时设置	1
pageSize	number	每一页显示的数据数量	10
pageNumber	number	分页器被创建时显示的当前页码	1
pageList	array	用户可以改变每页显示的数据量，该属性设置允许用户改变的数据量	[10,20,30,50]
loading	boolean	定义数据是否正在加载	false

名称	类型	描述	默认
buttons	array,selector	定义自定义按钮，可能的值有： （1）包含下面属性的按钮对象数组 ● iconCls：按钮的类型 ● handler：按钮被单击后的相应事件 （2）按钮选择器	null
layout	array	定义分页的布局，布局包括一个或多个下列值： （1）list：页面显示数量列表 （2）sep：按钮分割 （3）first：第一个按钮 （4）prev：前一个按钮 （5）next：后一个按钮 （6）last：最后一个按钮 （7）efresh：刷新按钮 （8）manual：允许用户输入页面的输入框 （9）links：页码链接	
links	number	链接的数量，只有当'links'项包含在'layout'中时才是有效的	10
showPageList	boolean	定义是否显示每页数据量的列表	true
showRefresh	boolean	定义是否显示刷新按钮	true
showPageInfo	string	定义是否显示页面的信息	true
beforePageText	string	在 input 组件之前显示的 label	Page
afterPageText	string	在 input 组件之后显示的 label	of{pages}
displayMsg	string	定义页面的显示信息	Displaying{from}to{to}of{total}items

使用分页器的属性可以允许开发者调整分页器中的每一个按钮和文字，如下代码：

```
01  <div id="pp" style="background:#efefef;border:1pxsolid#ccc;">
02  <script>
03  $(function(){
04      $("#pp").pagination({
05          total:1000,
06          pageSize:10,
07          pageNumber:1,
08          showPageList:true,
09          pageList:[10,50,100],
```

```
10          showRefresh:true,
11          showPageInfo:true,
12          beforePageText:'当前页',
13          afterPageText:'总页数{pages}',
14          displayMsg:'数据总数{total}条',
15          buttons:[{
16              iconCls:'icon-add',
17              handler:function(){
18                  alert('新增按钮');
19              }
20          }]
21      });
22  });
23  </script>
```

最终运行结果如图 7.25 所示。

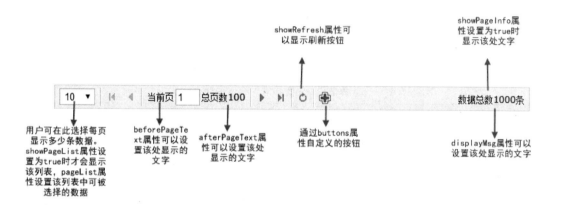

图 7.25　分页器属性的使用方法

当开发者更改分页器默认文本时，可以使用下面的标记来替代指定的信息：

● {from}：当前是从第几条数据开始显示的。

● {to}：当前显示到第几条数据。

● {total}：分页器中总数据量。

● {pages}：分页器中的总页数。

pageSize 与 pageList 必须同时设置，且 pageSize 必须为 pageList 数组中的一个值。

分页器中的 layout 属性可以使开发者对默认按钮进行布局，如下代码所示。

```
01  <div id="pp"style="background:#efefef;border:1px;solid#ccc;">
02  <script>
03  $(function(){
04      $("#pp").pagination({
05          total:1000,
06          pageSize:10,
```

```
07              pageNumber:1,
08              layout:['list','sep','first','prev','sep','links','sep',
'next','last','sep','refresh','info'],
09              links:5
10          });
11      });
12      </script>
```

最终运行结果如图 7.26 所示。

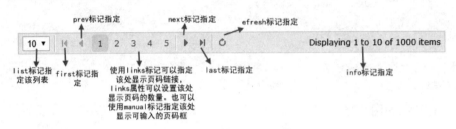

图 7.26 分页器的布局

3. 分页器事件

分页器常用事件说明见表 7.9。

表 7.9 分页器常用事件说明

名称	参数	描述
onSelectPage	pageNumber,pageSize	当用户选择一个新页时触发，该回调函数有两个参数： ● pageNumber: 新页的页码 ● pageSize: 新页中的数据量
onBeforeRefresh	pageNumber,pageSize	当用户单击刷新按钮时触发，返回 false 可以取消刷新行为
onRefresh	pageNumber,pageSize	当页面刷新后的回调函数
onChangePageSize	pageSize	当用户改变每页显示的数据量时触发

4. 分页器方法

分页器常用方法说明见表 7.10。

表 7.10 分页器常用方法说明

名称	参数	描述
options	none	返回选项对象
loading	none	使分页器变成加载状态
loaded	none	使分页器变成加载完毕状态
refresh	options	刷新页面
select	page	选择页面，页面的索引从 1 开始计算

其中，refresh 属性可以在刷新页面的同时重新配置分页器，例如：

```
01    $('#pp').pagination('refresh',{
02        total:2000,
03        pageNumber:6
04    });
```

7.3.2　数据网格中的分页

　　数据网格并不会帮助开发者自动完成分页功能，开发者可以设置 pagination 属性为 true，此时会在数据网格的底部显示一个分页器，但是即使是使用本地数据初始化数据网格，数据网格也不会自动完成分页功能。本节将向读者介绍数据网格中本地分页以及服务器端的分页方法，通常分页只会用于服务器端数据，本地数据并不适合使用分页。

　　数据网格中分页的属性见表 7.11。

表 7.11　数据网格分页属性

名称	类型	描述	默认
pagination	boolean	定义是否在数据网格的底部显示分页器	false
pagePosition	string	定义分页器在数据网格中的位置，可能的值有： ● 'top'：在数据网格顶部显示分页器 ● 'bottom'：在数据网格底部显示分页器 ● 'both'：在数据网格顶部和底部同时显示分页器	bottom
pageNumber	number	在分页器中设置当前显示第几页	1
pageSize	number	在分页器中设置每页显示的数据量	10
pageList	array	在分页器中设置用户可以选择的每页显示的数据量	[10,20,30,40,50]

　　在第 6 章中向读者介绍了 EasyUI 组件的设计原理，在数据网格中加入了分页器组件，并且对常用的分页器属性进行了重写，开发者同样可以使用数据网格的 getPager 方法获取分页器对象，并且使用分页器的相关属性初始化数据网格中的分页器，如下代码所示。

```
01        <table id="dg"></table>
02        <script>
03        $(function(){
04            //表格数据源
05            var data=[];
06            //用代码造 200 条数据
07            for(var i=1;i<200;++i){
08                data.push({
09                    "name":"name"+i,
10                    "age":parseInt(Math.random()*100+1),
11                })
12            }
13            $('#dg').datagrid({
14                width:600,
```

```
15              height:400,
16              pagination:true,
17              rownumbers:true,
18              columns:[[
19                      {field:'name',title:'姓名',align:'center',width:'50%'},
20                      {field:'age',title:'年龄',align:'center',width:'50%'},
21                  ]
22              ],
23              data:data
24          });
25          $('#dg').datagrid('getPager').pagination({
26              total:data.length,
27              layout:['list','sep','first','prev','sep','links','sep','next',
'last','sep','refresh','info'],
28              links:5,
29          });
30      });
31      </script>
```

最终运行结果如图 7.27 所示。

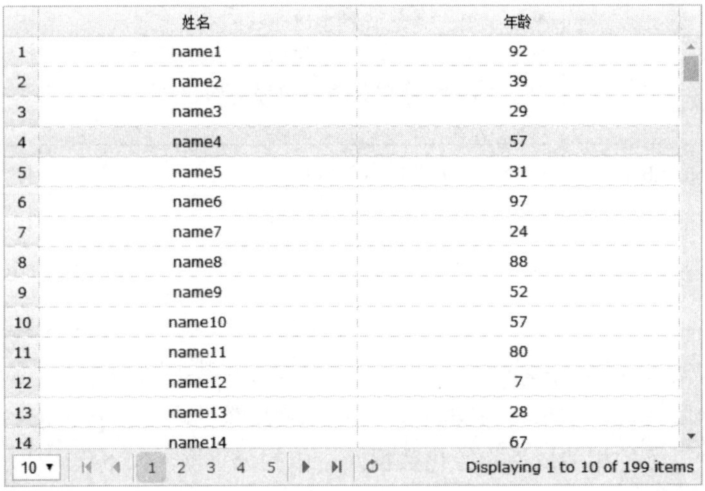

图 7.27   数据网格中的分页

1. 本地数据分页

读者可以发现尽管我们设置了数据网格显示分页,但是在数据网格中仍然显示了全部的数据。接下来将向读者介绍如何对数据网格的本地数据进行分页,相关的代码及注释如下所示。

```
01      <table id="dg"></table>
02      <script>
03      $(function(){
04          //模拟数据网格的数据源
05          var data=[];
06          //用代码创建 200 条数据
```

```
07              for(var i=1;i<200;++i){
08                  data.push({
09                      "name":"name"+i,
10                      "age":parseInt(Math.random()*100+1),
11                  })
12              }
13              //初始化数据网格
14              $('#dg').datagrid({
15                  width:600,
16                  height:250,
17                  pagination:true,
18                  rownumbers:true,
19                  columns:[[
20                          {field:'name',title:'姓名',align:'center',width:'50%'},
21                          {field:'age',title:'年龄',align:'center',width:'50%'},
22                      ]
23                  ],
24                  //注意初始化时显示第一页的数据，因此仅仅显示数据源中的前10条信息
25                  data:data.slice(0,10)
26              });
27              //获取分页器对象
28              $('#dg').datagrid('getPager').pagination({
29                  total:data.length,
30                  layout:['list','sep','first','prev','sep','links','sep','next',
'last','sep','refresh','info'],
31                  links:5,
32                  //当用户单击新页面时改变数据网格中的数据
33                  onSelectPage:function(pageNumber,pageSize){
34                  //通过新页面的页码以及新页面显示的数据量获取起止数据
35                  var start=(pageNumber-1)*pageSize;
36                  var end=start+pageSize;
37                  //数据网格中加载数据
38                  $("#dg").datagrid("loadData",data.slice(start,end));
39                      //刷新并且重置分页器的属性，例如设置新的页码
40                      $(this).pagination('refresh',{
41                          total:data.length,
42                          pageNumber:pageNumber
43                      });
44                  }
45              });
46          });
47      </script>
```

最终运行结果如图 7.28 所示。

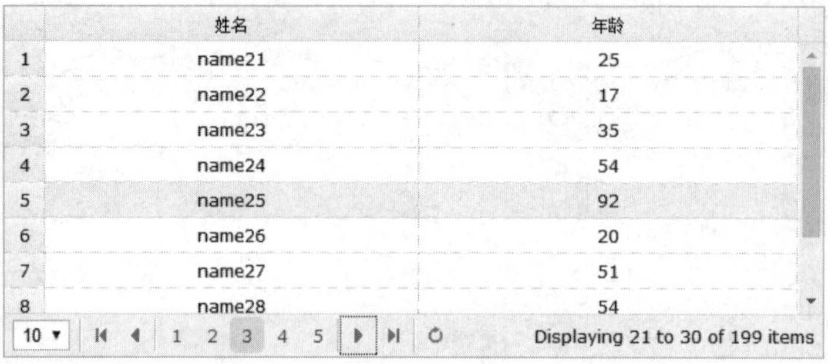

图 7.28　本地分页

2. 服务器分页

在使用服务器端进行分页时，每当用户切换页面或切换页面的显示数据量时，数据网格就会向服务器端传输参数 page 和 rows。page 参数代表当前是第几页，rows 参数代表每页显示多少数据。使用服务器端进行分页时，服务器向数据网格传输的 JSON 数据中需要增加一个 total 属性，用于告诉数据网格当前的总数据量。数据网格会根据总数据量以及每页显示的数据量求出一共有多少页。其中服务器端代码如下：

```
01    //当前是第几页
02    $page=$_POST["page"];
03    //每页显示多少数据
04    $rows=$_POST["rows"];
05    //查询数据库中指定范围的数据
06    $data=db::select("select*frompaginationlimit".($page-1)*$rows.",".$rows)
->getResult();
07    //查询数据库中的数据总数
08    $total=db::select("select*frompagination")->getCount();
09    //以指定的格式生成数组
10    $info=array(
11    "total"=>$total,
12    "rows"=>$data
13    );
14    //将数组转换成 JSON 格式并返回
15    echoData::toJson($info);
```

【本节详细代码参见随书源码：源码\easyui\example\c7\ remotepagination.html】

7.4　数据列表（DataList）

数据列表是一种特殊的数据网格，仅有一列。数据列表允许开发者自定义每一行的格式和风格，它的使用方法与组合框类似。

数据列表的依赖关系如下：

● datagrid

数据列表扩展于：

● datagrid

1. 创建数据列表

使用标记创建数据列表的方法如下：

```
01      <ul class="easyui-datalist">
02          <li value="e1">element1</li>
03          <li value="e2">element2</li>
04      </ul>
```

使用 JavaScript 创建数据列表的方法如下：

```
01      <divid='dl'></div>
02      <script>
03          $(function(){
04              $('#dl').datalist({
05              valueField:"value",
06              textField:"text",
07              data:[
08              {"value":"e1","text":"element1"},
09              {"value":"e2","text":"element2"},
10              ]
11              });
12          });
13      </script>
```

2. 数据列表属性

数据列表常用的属性说明见表 7.12。

表 7.12　数据网格常用属性

名称	类型	描述	默认
lines	boolean	定义是否显示行线	false
checkbox	boolean	定义是否在每一行前面显示复选框	false
valueField	string	数据中的存储值字段名称	value
textField	string	数据中的展示值字段名称	text
groupField	string	设置分组值字段	
textFormatter	function(value,row,index)	文本字段的格式化函数，参数如下： ● value：当前行的展示值 ● row：当前行的记录 ● index：当前行的索引	
groupFormatter	function(value,rows)	返回分组内容的格式化函数，参数如下： ● value：组名 ● rows：该组内的全部行记录	

3. 数据列表事件

数据列表自身无新增和重写的事件。

4. 数据列表方法

数据列表自身无新增和重写的方法。

5. 演示

下面的代码将演示数据列表的使用方式：

```
01  $("#dl").datalist({
02      width:300,
03      lines:true,//显示行线
04      checkbox:true,//显示复选框
05      valueField:"value",//指定存储值字段
06      textField:'text',//指定展示值字段
07      groupField:'group',//指定分组值字段
08      data:[//本地数据
09          {value:"1",text:"电视",group:'1'},
10          {value:"2",text:"空调",group:'1'},
11          {value:"3",text:"薯片",group:'2'},
12          {value:"4",text:"瓜子",group:'2'},
13      ],
14      //格式化分组，本地数据中使用数字来代表指定的组，该函数将数字转换成指定的文本
15      groupFormatter:function(value,rows){
16          if(value=="1"){
17              return"电器"
18          }elseif(value=="2"){
19              return"食品";
20          }else{
21              return"未知";
22          }
23      },
24      //格式化展示值，下面的函数使用红色来标记偶数行的文本
25      textFormatter:function(value,row,index){
26          if(index%2){
27              return"<span style='color:#f00'>"+value+"</span>";
28          }
29          else{
30              return value;
31          }
32      }
33  });
```

最终运行结果如图 7.29 所示。

图 7.29　数据列表使用演示

7.5　属性网格（PropertyGrid）

属性网格为用户提供一个浏览和编辑属性的界面。属性网格是一个可编辑的数据网格，带有内置的排序和分组特征。

属性网格的依赖关系如下：

● datagrid

属性网格扩展于：

● datagrid

1. 创建数据列表

使用标记创建属性网格的方法如下：

```
<table id="pg" class="easyui-propertygrid" style="width:300px"
data-options="url:'get_data.php',showGroup:true,scrollbarSize:0"></table>
```

使用 JavaScript 创建属性网格的方法如下：

```
01      <tableid="pg"style="width:300px"></table>
02          $('#pg').propertygrid({
03              url:'get_data.php',
04              showGroup:true,
05              scrollbarSize:0
06          });
```

2. 属性网格属性

属性网格常用的属性说明见表 7.13。

表 7.13　属性网格常用属性

名称	类型	描述	默认
showGroup	boolean	定义是否显示分组	false
groupField	string	定义分组字段的名称	group
groupFormatter	function(group,rows)	定义如何格式化分组的值，有两个参数： ● group：分组字段的值 ● rows：该组内全部的行	

3. 属性网格事件

属性网格无新增和重写的事件。

4. 属性网格方法

属性网格常用的方法说明见表 7.14。

表 7.14　属性网格常用方法

名称	参数	描述
groups	none	返回全部的组，每一组包含如下属性： ● value：该组的名称 ● rows：该组内的全部行数据 ● startIndex：每一组中的起始索引
expandGroup	groupIndex	展开指定的组
collapseGroup	groupIndex	折叠指定的组

5. 演示

属性网格中编译器的使用方式与数据网格一样。下面的代码将演示属性网格的使用方式：

```
01    $("#pg").propertygrid({
02        width:300,
03        //显示分组
04        showGroup:true,
05        //使用本地数据初始化属性网格
06        data:[
07        {name:"产品名称",value:"电视",group:'1',editor:"text"},
08        {name:"产品名称",value:"空调",group:'1',editor:"text"},
09        {name:"产品名称",value:"薯片",group:'2',editor:"text"},
10        {name:"产品名称",value:"瓜子",group:'2',editor:"text"},
11        ],
12        //格式化分组并且统计每组中的数据量
13        groupFormatter:function(group,rows){
14            //获取该组内的数据量
15            var count=rows.length;
16            if(group=="1"){
17                return"电器-<span style='color:red'>"+count+"条数据</span>";
18            }elseif(group=="2"){
19                return"食品-<span style='color:red'>"+count+"条数据</span>";
20            }else{
21                return"未知";
22            }
23        }
24    });
25  });
```

最终运行结果如图 7.30 所示。

图 7.30　属性网格的使用方法

7.6 组合网格（ComboGrid）

组合网格是由可编辑的文本框和一个包含数据网格的面板组成的。用户可以在文本框中输入关键字，快速查找数据网格中的相关数据。

组合网格的依赖关系如下：

● combo
● datagrid

组合网格扩展于：

● combo

1. 创建组合网格

使用标记创建组合网格的方法如下：

```
01  <select id="cc"  class="easyui-combogrid"  name="dept"  style="width:250px;"
02  data-options="
03  panelWidth:450,
04  value:'006',
05  idField:'code',
06  textField:'name',
07  url:'datagrid_data.json',
08  columns:[[
09  {field:'code',title:'Code',width:60},
10  {field:'name',title:'Name',width:100},
11  {field:'addr',title:'Address',width:120},
12  {field:'col4',title:'Col41',width:100}
13  ]]
14  "></select>
```

使用 JavaScript 创建组合网格的方法如下：

```
01  <input id="cc" name="dept" value="01">
```

```
02   $('#cc').combogrid({
03   panelWidth:450,
04   value:'006',
05   idField:'code',
06   textField:'name',
07   url:'datagrid_data.json',
08   columns:[[
09   {field:'code',title:'Code',width:60},
10   {field:'name',title:'Name',width:100},
11   {field:'addr',title:'Address',width:120},
12   {field:'col4',title:'Col41',width:100}
13   ]]
14   });
```

2. 组合网格的属性

组合网格的属性见表 7.15。

表 7.15　组合网格常用属性说明

名称	类型	描述	默认
loadMsg	string	数据网格从服务器加载数据时显示的提示消息	null
idField	string	id 字段的名称	null
textField	string	显示在文本框中的字段	null
mode	string	定义数据网格获取数据的模式，可能的值有： ● romote：从服务器获取数据，此时会向服务器发送名为'q'的参数，该参数的值为文本框中用户输入的数据 ● local：本地加载数据	local
filter	function(q,row)	定义当'mode'设置为'local'时如何选择本地数据，返回 true 则选择该行	

3. 组合网格事件

组合网格自身无新增和重写事件。

4. 组合网格方法

组合网格的方法见表 7.16。

表 7.16　组合网格方法说明

名称	参数	描述
options	none	返回选项对象
grid	none	返回数据网格对象
setValue	value	设置组件的值
setValues	values	设置组件值的数组
clear	none	清除组件的值

5. 演示

当用户在文本框中输入关键字时，组合网格会将用户输入的关键字作为参数 q 的值传输给服务器，服务器可以根据关键字来查找符合的数据。下面将向读者演示组合网格的使用方法，部分代码如下所示。

```
01  url:"http://127.0.0.1/easyui/example/c7/server/getcomboGrid.php",
02  width:200,
03  panelWidth:500,
04  mode:'remote',
05  idField:'id',
06  textField:'productname',
07  columns:[[
08          {field:'id' ,title:'产品编号',align:'center',width:'8%'},
09          {field:'productname' ,title:'产品名称',align:'center',width:'15%'},
10          {field:'producttype',title:'产品类型',align:'center',width:'15%'},
11          {field:'productprice' ,title:'产品价格',align:'center',width:'15%'},
12          {field:'producttime' ,title:'上架时间',align:'center',width:'30%'},
13          {field:'productaddress' ,title:'产地',align:'center',width:'10%'},
14          {field:'productvolume' ,title:'销售量',align:'center',width:'10%'},
15  ]],
```

服务器端代码如下：

```
01  //参数 q 为前端用户输入的关键字
02  if (isset($_POST["q"])) {
03      $q = $_POST["q"];
04      // 以指定条件查询数据库中的数据
05      $data = db::select("select * from product where productname like '%" . $q . "%'")
06          ->getResult();
07  } else {
08      $data = db::select("select * from product")->getResult();
09  }
10  // 将数组转换成 JSON 格式并返回
11  echo Data::toJson($data);
```

最终运行结果如图 7.31 所示。

图 7.31　组合网格演示

243

【本节详细代码参见随书源码：源码\easyui\example\c7\comboGrid.html】

7.7 树（Tree）

树形结构用于在网页中显示分层数据。与数据网格一样，树也是将数据映射到树形界面上。本节将向读者介绍如何使用树形结构来显示数据。

7.7.1 树形结构简介

在介绍树组件之前，我们先向读者简单地介绍树形结构。图 7.32 描绘了一个简单的树形结构。

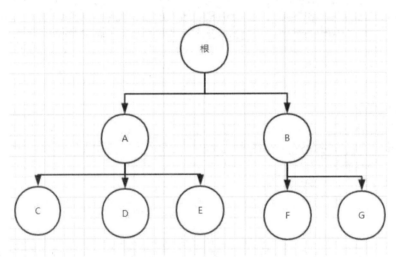

图 7.32　简单的树形结构

参照图 7.32，下面我们总结一下树的基本概念。

- 节点：树中的每个元素都称为节点，例如图中 A、B、C、D、E、F、G 都是节点。每个节点都可以拥有多个子节点，例如 A 拥有 3 个子节点，B 拥有 2 个子节点。
- 根：最上面的节点称为根，每棵树都是由一个根发展而来的。
- 节点的度：节点所拥有的子节点的个数称为节点的度，如节点 A 的度为 3。
- 父节点：例如节点 C 的父节点为 A。
- 子节点：例如节点 A 的子节点为 C、D、E。
- 树叶：度为 0 的节点称为树叶，例如图中的 C、D、E、F、G 都是树叶。

 度大于 0 的节点也称为其子节点的根。

树形结构通常用来显示分层数据，例如图 7.33 可以用来显示产品的分层数据。

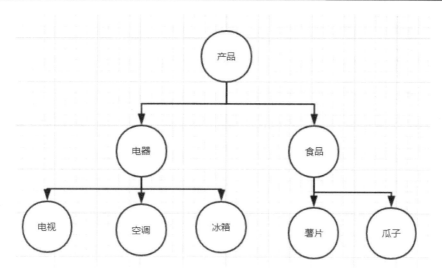

图 7.33　产品的树形结构

7.7.2　EasyUI 中树的使用方法

EasyUI 中的树组件不仅提供了分层显示数据的功能，还向用户提供展开、折叠、拖曳、编辑和异步加载功能。

树的依赖关系如下：

- draggable
- droppable

1. 创建树

使用 HTML 创建树时，通过<ul>标记来创建根，使用<li>标记创建子节点，例如：

```
01  <!--在树的根中添加 easyui-tree 的类来创建树-->
02  <ul id="tt" class="easyui-tree">
03  <!--在根下有两个子节点 A 和 B 使用 li 来标记子节点-->
04  <li>
05  <span>A</span>
06  <!--由于子节点 A 中又有 C、D、E 三个子节点，因此对于子节点而言 A 是它们的根-->
07  <!--使用 ul 标记来创建根-->
08  <ul>
09  <!--由于子节点 C、D、E 为树叶，因此使用 li 创建即可-->
10  <li><span>C</span></li>
11  <li><span>D</span></li>
12  <li><span>E</span></li>
13  </ul>
14  </li>
15  <li>
16      <span>B</span>
17      <ul>
18          <li><span>F</span></li>
```

```
19        <li><span>G</span></li>
20        </ul>
21    </li>
22  </ul>
```

使用标记创建节点不仅复杂也很难控制，通常我们会从数据库加载数据来初始化树，此时就需要服务器将数据库中的数据转换为指定格式的 JSON 格式数据并传输给树，JSON 格式中每一个对象即表示一个节点，每个节点有如下属性。

- id：节点的 id 用来标记唯一的数据，通常可以使用 id 来对数据库数据进行删、改、查操作。
- text：每个节点所显示的文本。
- state：节点的状态，可能的值有'open'或者'closed'，默认值为'open'。当设置为'open'时该节点会被展开，当设置为'closed'时该节点会被折叠。
- checked：定义该节点是否被选中。
- attributes：在该节点中添加自定义属性。
- children：以数组的形式定义子节点。
- iconCls：定义节点的图标类型。

例如，上面的代码也可以使用下面的 JSON 格式表示。

```
01  [
02      //定义节点 A
03      {
04          "id":1,
05          "text":"A",
06          //定义节点 A 的子节点
07          "children":[{
08              "text":"C"
09          },{
10              "text":"D"
11          },{
12              "text":"E"
13          }]
14      },
15      //定义节点 B
16      {
17          "id":2,
18          "text":"B",
19          //定义节点 B 的子节点
20          "children":[{
21              "text":"F"
22          },{
23              "text":"G"
24          }]
25      }
26  ]
```

通过下面的代码即可使用 JSON 数据初始化树形结构。

```
01  <ul id="tt"></ul>
02  $('#tt').tree({
03      url:'tree_data.json'
04  });
```

2. 树属性

树的常见属性说明见表 7.17。

表 7.17　树的常用属性说明

名称	类型	描述	默认
url	string	获取服务器端数据的地址	null
method	string	定义获取数据的 http 方法	post
animate	boolean	定义展开或折叠节点时是否显示动画	false
checkbox	boolean,function	定义是否在每个节点前面显示复选框	false
cascadeCheck	boolean	当选中父节点时是否全选其子节点	true
onlyLeafCheck	boolean	定义是否仅在树叶节点前显示复选框	true
lines	boolean	定义是否在每个节点之间显示行线	false
dnd	boolean	定义是否启用拖放	false
data	array	本地加载数据时，定义要加载的数据	null
queryParams	object	向服务器请求数据时，定义需要传输的额外数据	{}
formatter	function(node)	格式化节点的文本	
filter	function(q,node)	定义如何过滤本地数据，返回 true 时显示该节点	
loader	function(param,success,error)	定义从远处服务器上加载数据的方法，返回 false 可以取消加载	jsonloader
loadFilter	function(data,parent)	返回要显示的过滤数据。返回数据时以标准树格式返回。该函数有下列参数： ● data：要加载的原始数据 ● parent：DOM 对象，表示父节点	

 filter 属性必须通过树的 doFilter 方法来触发，doFilter 方法会传递一个过滤条件给 filter 属性的参数 q。

在树的属性、事件和方法中会使用一个 node 参数来表示节点对象，它的参数如下：

● id：节点的 id 用来标记唯一的数据。

- text: 每个节点所显示的文本。
- state: 节点的状态，可能的值有'open'或者'closed'。
- checked: 定义该节点是否被选中。
- attributes: 在该节点中添加自定义属性。
- iconCls: 定义节点的图标类型。
- target: 该节点的 DOM 对象。

下面的代码将演示如何使用本地数据初始化树。

```
01  $('#tt').tree({
02      //本地数据
03      data:[{
04      "text":"电器",
05      "children":[{"text":"电视"},
06              {"text":"空调"},
07              {"text":"冰箱"}]
08      },
09      {
10      "text":"食品",
11      "children":[{"text":"薯片"},
12              {"text":"瓜子"}]
13      }],
14      //展开或折叠节点时显示动画
15      animate:true,
16      //节点前显示复选框
17      checkbox:true,
18      //选中父节点时子节点会被全选
19      cascadeCheck:true,
20      //显示行线
21      lines:true,
22      //允许拖动
23      dnd:true,
24      //格式化节点，在所有父节点后显示子节点的数量
25      formatter:function(node){
26          var s=node.text;
27          if(node.children){
28          s+=' <spanstyle=\'color:blue\'>('+node.children.length+')</span>';
29          }
30          return s;
31      },
32  });
```

最终运行结果如图 7.34 所示。

图 7.34　使用本地数据初始化树

通常我们会使用树来显示数据库中的数据,此时需要服务器返回数据给树组件。使用服务器初始化树的方法本质上与本地数据初始化树一样,不同的是本地数据是在程序内定义指定的 JSON 数据结构,服务器数据是在服务器上定义 JSON 数据结构并返回给前端。下面的代码将演示如何使用服务器端数据初始化树。

```
01  $(function(){
02      $('#tt').tree({
03          url:"getData.php",
04          //节点前显示复选框
05          checkbox:true,
06          //显示行线
07          lines:true,
08          /*
09              在服务器中我们为了防止编码冲突,将产品的类型使用数字标记
10              在客户端需要将该标记转换成对应的汉字
11              loadFilter 方法可以处理服务器传来的数据进行处理后显示
12          */
13          loadFilter:function(data,parent){
14              for(var i=0;i<data.length;i++){
15                  if(data[i]["text"]=="1"){
16                      data[i]["text"]="电器";
17                  }else if(data[i]["text"]=="2"){
18                      data[i]["text"]="食品";
19                  }else{}
20              }
21              return data;
22          }
23      });
```

服务器端代码如下:

```
01  <?php
02  header("Content-type:text/html;charset=utf-8");
03  include_once(dirname(__FILE__).'/../small/small.php');
04  //创建产品根节点
05  $data=array();
06  //在数据库中查找出全部的电器类型产品
07  $dq=db::select("select * from product where producttype='1'")->getResult();
08  //创建电器产品的根节点
09  $dqarray=array(
```

```
10    "text"=>"1",
11    "children"=>array()
12    );
13    //在电器根节点中添加具体的产品节点
14    for($i=0;$i<count($dq);$i++){
15        array_push($dqarray["children"],array(
16            "text"=>$dq[$i][" productname"]
17        ));
18    }
19    //在数据库中查找出全部的食品类型产品
20    $sp=db::select("select * from product where
productttype='2'")->getResult();
21    //创建食品产品的根节点
22    $sparray=array(
23        "text"=>"2",
24        "children"=>array()
25    );
26    //在食品根节点中添加具体的产品节点
27    for($i=0;$i<count($sp);$i++){
28        array_push($sparray["children"],array(
29        "text"=>$sp[$i][" productname"]
30    ));
31    }
32    //将食品根节点和电器根节点添加到产品根节点中
33    array_push($data,$dqarray);
34    array_push($data,$sparray);
35    //返回指定的 JSON 格式数据到前端
36    echo  Data::toJson($data);
37    ?>
```

最终运行结果如图 7.35 所示。

图 7.35　使用服务器端数据初始化树

通过图 7.35 我们可以发现，当使用服务器数据初始化树时，会一次性加载全部的数据并显示，但是通常我们仅需要加载一个类别的数据。例如，初始化树时，仅向用户显示电器类中的产品，而食品类设置为折叠状态且无须加载其具体的产品，当用户展开食品类时，再从服务器获取该类型的数据。我们称使用该方式加载数据的树为异步树。异步树中子节点依赖于父节点状态被加载。当展开一个关闭的节点时，如果该节点中的子节点未被加载，它将向服务器发送参数为 id 的数据，该参数的值为父节点的 id，服务器使用该参数即可搜索该层级下的子节点。下面我们将向读者演示异步树的使用方法，部分代码如下所示。

```
01  url:"http://127.0.0.1/easyui/example/c7/server/getAsyncTree.php",
02  //节点前显示复选框
03  checkbox:true,
04  //显示行线
05  lines:true,
06  loadMsg:"数据正在加载，请稍等",
07    formatter:function(node){
08      var s=node.text;
09          //格式化产品类型
10        if (s == "1") {
11          return  "电器";
12        } else if (s == "2") {
13          return "食品";
14        } else {
15          return s;
16        }
17      }
```

服务器代码如下：

```
01  // 获取 http 的 id 参数，根据该参数值来决定返回的数据
02  $id = isset($_POST['id']) ? $_POST['id'] : 1;
03  // 当 id 为 2 时说明前端请求食品类型中的产品数据
04  if ($id == 2) {
05      // 在数据库中查找出全部的食品类型产品
06      $sp = db::select("select * from product where
producttype='2'")->getResult();
07      $sparray = array();
08      // 获取食品类型中的全部产品
09      for ($i = 0; $i < count($sp); $i ++) {
10          array_push($sparray, array(
11            "text" => $sp[$i]["productname"]
12          ));
13      }
14      // 返回食品类型的产品
15      echo Data::toJson($sparray);
16  } else { // 如果 id 参数为 1，就提供初始化异步树的数据
17          // 创建产品根节点
18      $data = array();
19      // 在数据库中查找出全部的电器类型产品
20      $dq = db::select("select * from product where
producttype='1'")->getResult();
21      // 创建电器产品的根节点
22      $dqarray = array(
23          "text" => "1",
24          "id" => 1,
25          "children" => array()
26      );
27      // 在电器根节点中添加具体的产品节点
```

```
28      for ($i = 0; $i < count($dq); $i ++) {
29          array_push($dqarray["children"], array(
30              "text" => $dq[$i]["productname"]
31          ));
32      }
33      // 将电器根节点添加到产品根节点中
34      array_push($data, $dqarray);
35      // 将食品根节点添加到产品根节点中，注意食品节点中没有子节点，且设置其为折叠状态
36      array_push($data, array(
37          "text" => "2",
38          "id" => 2,
39          "state" => "closed"
40      ));
41      echo Data::toJson($data);
42  }
```

 当前端请求食品类型的产品数据时，服务器端返回的是全部食品类型产品的 JSON 数据，它的格式如下：

```
[{text:"瓜子"},{text:"薯片"}]
```

最终运行结果如图 7.36 所示。

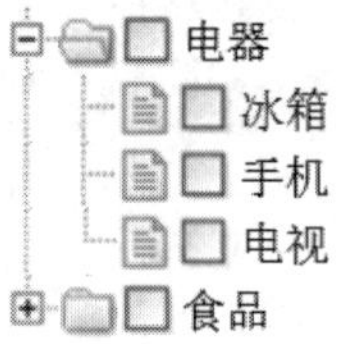

图 7.36 异步树

【本节详细代码参见随书源码：源码\easyui\example\c7\asyncTree.html】

3. 树的数据映射

与数据网格一样，树也是将数据映射到树形界面中，它的映射模型如图 7.37 所示。

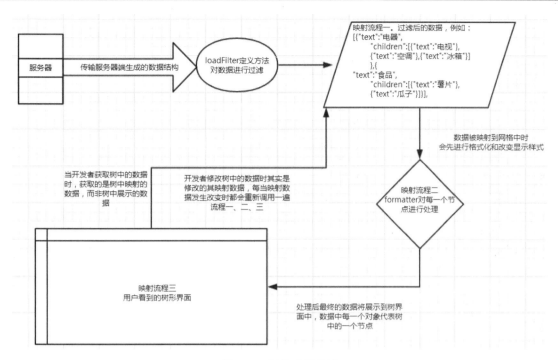

图 7.37　树的映射模型

可以发现树的映射模型与数据网格几乎一致，不同的是树是以节点来表示一条数据，而数据网格是以行来表示一条数据。在后面的章节中，我们将会讲解如何把树和数据网格进行合并，创建一个树形网格。

4. 树常用事件

树的常用事件说明见表 7.18。

表 7.18　树的常用事件说明

名称	参数	描述
onClick	node	当用户单击一个节点时触发
onDblClick	node	当用户双击一个节点时触发
onBeforeLoad	node,param	当加载数据的请求发出前触发，返回 false 则取消加载动作
onLoadSuccess	node,data	当数据加载成功时触发
onLoadError	arguments	当数据加载失败时触发，arguments 参数与 jQuery.ajax 的'error'函数一样
onBeforeExpand	node	节点展开前触发，返回 false 则取消展开动作
onExpand	node	节点展开时触发
onBeforeCollapse	node	节点折叠前触发，返回 false 则取消折叠动作
onCollapse	node	节点折叠时触发
onBeforeCheck	node,checked	当用户单击复选框前触发，返回 false 则取消该选中动作

（续表）

名称	参数	描述
onCheck	node,checked	当用户单击复选框时触发
onBeforeSelect	node	节点被选中前触发，返回 false 则取消该选中动作
onSelect	node	节点被选中时触发
onContextMenu	e,node	右击节点时触发
onBeforeDrag	node	拖动节点前触发，返回 false 则禁止拖曳
onStartDrag	node	当开始拖动节点时触发
onStopDrag	node	当停止拖动节点时触发
onDragEnter	target,source	当节点被拖动进入某个允许放置的目标节点时触发，返回 false 则禁止放置： ● target：被放置的目标节点元素 ● source：被拖动的源节点
onDragOver	target,source	当节点被拖动到允许放置的目标节点上时触发
onDragLeave	target,source	当节点被拖动离开允许放置的目标节点时触发
onBeforeDrop	target,source,point	节点被放置之前触发
onDrop	target,source,point	当节点被放置时触发
onBeforeEdit	node	编辑节点前触发
onAfterEdit	node	编辑节点后触发
onCancelEdit	node	当取消编辑节点时触发

5. 树方法

树的常用方法说明见表 7.19。

表 7.19 树的常用方法说明

名称	参数	描述
options	none	返回树的选项对象
loadData	data	加载树的数据
getNode	target	获取指定的节点对象
getData	target	获取指定的节点数据，包括其子节点
reload	target	重新加载树的数据
getRoot	none	获取根节点，并返回其对象
getRoots	none	获取根节点，并以数组形式返回其对象

（续表）

名称	参数	描述
getParent	target	获取父节点，target 参数为指定节点的 DOM 对象
getChildren	target	获取子节点，target 参数为指定节点的 DOM 对象
getChecked	state	获取指定复选框状态的节点，state 参数为节点的状态，可能的值有'checked' 'unchecked' 'indeterminate'，如果未指定状态，则返回'checked'节点
getSelected	none	获取全部选中的节点并返回，如果无选中的节点，则返回 null
isLeaf	target	将指定的节点定义为树叶节点，target 为指定节点的 DOM 对象
find	id	通过 id 查找指定的节点并返回该节点对象
select	target	选中指定的节点，target 为指定节点的 DOM 对象
check	target	设置指定节点的复选框为选中状态
uncheck	target	设置指定节点的复选框为未选中状态
collapse	target	折叠指定的节点
expand	target	展开指定的节点
collapseAll	target	折叠全部的节点
expandAll	target	展开全部的节点
expandTo	target	从根节点开始展开一直展开到指定的节点
scrollTo	target	滚动到指定的节点
append	param	在指定的节点下添加一些子节点，param 参数有两个属性： ● parent：DOM 对象，要追加到的父节点，如果没有分配，则追加为根节点 ● data：数组，节点的数据
toggle	target	切换节点的展开/折叠状态
insert	param	在指定节点的前面或后面插入一个新的节点，param 参数包括下列属性： ● before：DOM 对象，前面插入的节点 ● after：DOM 对象，后面插入的节点 ● data：对象，节点数据
remove	target	移除指定的节点以及它的子节点
pop	target	移除指定的节点以及它的子节点，并返回移除的节点数据
update	param	更新指定的节点，'param'参数有下列属性： target（被更新节点的 DOM 对象）、id、text、iconCls、checked，等等
enableDnd	none	启用拖放功能
disableDnd	none	禁用拖放功能
beginEdit	target	开始编辑节点
endEdit	target	结束编辑节点
cancelEdit	target	取消编辑节点
doFilter	text	对数据进行过滤

参数 target 为节点的 DOM 对象，参数 node 为节点对象，可以通过 node.target 获取节点的 DOM 对象。

7.7.3　可编辑的树

与数据网格一样，树也允许用户动态编辑节点的内容，不同的是开发者无须为每个节点定义编辑器，树会以文本格式提供给用户编辑，因此相比较于数据网格，树的编辑更为简单，仅需添加如下代码即可。

```
01  onClick:function(node){//单击节点时触发
02      //开启编辑模式
03      $(this).tree('beginEdit',node.target);
04  },
```

最终运行结果如图 7.38 所示。

图 7.38　可编辑的树

7.7.4　动态操作树

树允许用户动态地添加、删除节点。为实现该功能通常会为树创建一个右键菜单，并提供相应的操作按钮。下面将向读者演示如何动态地为树添加/删除节点，部分代码及注释如下所示。

```
01      /*添加节点的方法
02      该方法会在指定的节点下创建一个子节点
03      */
04  function append() {
05      //获取当前选中的节点对象
06      var t = $('#tt');
07      var node = t.tree('getSelected');
08      /*新增一个节点的方法
09      本例中设置用户右击的节点为父节点，并在该节点下创建新节点
10      */
11      t.tree('append', {
12          parent: (node ? node.target: null),
13          data: [{
14              text: 'newitem1'
15          }]
16      });
17  }
18  //删除节点的方法，该方法会删除选中的节点
19  function removeit() {
20      var node = $('#tt').tree('getSelected');
```

```
21          $('#tt').tree('remove', node.target);
22      }
23      //折叠节点
24      function collapse() {
25          var node = $('#tt').tree('getSelected');
26          $('#tt').tree('collapse', node.target);
27      }
28      //展开节点
29      function expand() {
30          var node = $('#tt').tree('getSelected');
31          $('#tt').tree('expand', node.target);
32      }
```

 如果在标记中定义 onclick 事件，那么该事件所对应的处理函数不能定义在$(function(){});中。

最终运行结果如图 7.39 所示。

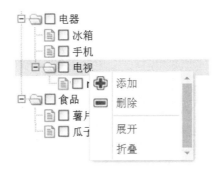

图 7.39　动态操作树

【本节详细代码参见随书源码：源码\easyui\example\c7\operateTree.html】

7.8　树形网格（TreeGrid）

前面的章节中向读者介绍了树的结构模型，树形结构可以用来显示分层数据，但是其本身仍有局限性，例如树形结构仅能显示数据中的一个字段，且仅可以文本方式编辑该字段内容。针对这一问题，EasyUI 提供了树形网格组件。树形网格同时拥有树和网格的特征。在详细介绍树形网格前，我们先来看一段数据网格的 JSON 数据：

```
01  [{type:'电器',name:'热水器',price:'4000',address:'北京'},
02  {type:'电器',name:'电视',price:'5000',address:'北京'},
03  {type:'电器',name:'手机',price:'3000',address:'南京'},
04  {type:'电器',name:'微波炉',price:'2000',address:'上海'},
05  {type:'食品',name:'瓜子',price:'5',address:'上海'},
```

```
06    {type:'食品',name:'薯片',price:'6',address:'南京'},
07    {type:'食品',name:'方便面',price:'4',address:'南京'},
08    {type:'食品',name:'可乐',price:'3',address:'北京'}]
```

　　读者可以发现这段数据有明显的分层结构，例如所有产品都可以分为食品和电器两大类，在这两大类中又可以以产地分为北京、上海、南京三大类。此时可以使用树形网格来完成这段数据的显示，树形网格允许在网格中以树形结构来显示网格数据。

　　树形网格的依赖关系如下：

- datagrid

　　树形网格扩展于：

- datagrid

7.8.1　树形网格的基本使用方法

1. 创建树形网格

　　树形网格可以通过标记和 JavaScript 创建，无论使用本地数据初始化还是使用服务器数据初始化，都需要设置指定的 JSON 格式，树形网格接收的 JSON 格式如下：

```
01  [
02  //第一层产品类型
03  {id:1,name:'电器',price:'',children:[
04      //第二层产品产地
05      {id:2,name:'北京',price:'',children:[
06          //具体的产品
07          {id:3,name:'热水器',price:'4000'},
08          {id:4,name:'电视',price:'5000'}
09      ]},
10      //第二层产品产地
11      {id:5,name:'上海',price:'',children:[
12          //具体的产品
13          {id:6,name:'微波炉',price:'2000'}
14      ]},
15      //第二层产品产地
16      {id:7,name:'南京',price:'',children:[
17          //具体的产品
18          {id:8,name:'手机',price:'3000'},
19      ]}
20  ]},
21  //第一层产品类型
22  {id:9,name:'食品',price:'',children:[
23      //第二层产品产地
24      {id:10,name:'北京',price:'',children:[
25          //具体的产品
26          {id:11,name:'可乐',price:'3'}
27      ]},
```

```
28       //第二层产品产地
29       {id:12,name:'上海',price:'',children:[
30           //具体的产品
31           {id:13,name:'瓜子',price:'5'}
32       ]},
33       //第二层产品产地
34       {id:14,name:'南京',price:'',children:[
35           //具体的产品
36           {id:15,name:'薯片',price:'6'},
37           {id:16,name:'方便面',price:'4'}
38       ]}
39   ]}
40   ]
```

仔细观察树形网格 JSON 格式后可以发现，该结构将数据网格的数据格式合并同类项，在每一条数据中可以添加一个 children 属性来定义该数据的子节点。

使用 JavaScript 创建树形网格的代码如下：

```
01   $("#dg").treegrid({
02       width:300,
03       idField:'id',
04       treeField:'name',
05       columns:[[
06           {field:'id',title:'产品编号'},
07           {field:'name',title:'产品名称'},
08           {field:'price',title:'产品价格'},
09       ]],
10       data:[….指定 JSON 格式]
11   });
```

最终运行结果如图 7.40 所示。

产品编号	产品名称	产品价格
1	▲🗀电器	
2	▲🗀北京	
3	📄热水器	4000
4	📄电视	5000
5	▲🗀上海	
6	📄微波炉	2000
7	▲🗀南京	
8	📄手机	3000
9	▲🗀食品	
10	▲🗀北京	
11	📄可乐	3
12	▲🗀上海	
13	📄瓜子	5
14	▲🗀南京	
15	📄薯片	6
16	📄方便面	4

图 7.40　树形网格演示

设计树形网格数据结构时，开发者应确保每个节点（包括父节点和子节点）的 id 为一个唯一值，树形网格以节点的 id 作为选中的索引。如果节点的 id 出现重复，就会导致节点无法被选中。

2. 树形网格属性

树形网格的常用属性说明见表 7.20。

表 7.20　树形网格常用属性说明

名称	类型	描述	默认
idField	string	定义树节点的唯一标识字段，必需	null
treeField	string	定义树节点的文本字段，必需	null
animate	boolean	定义当节点展开或折叠时是否显示动画效果	false
checkbox	boolean,function	定义是否在每个节点前面显示复选框	false
cascadeCheck	boolean	当选中父节点时是否全选其子节点	true
onlyLeafCheck	boolean	定义是否仅仅在树叶节点前显示复选框	false
lines	boolean	定义是否在每个节点之间显示行线	false
loader	function(param,success,error)	定义从远处服务器上加载数据的方法，返回 false 可以取消加载	jsonloader
loadFilter	function(data,parentId)	返回要显示的过滤数据。返回数据时以标准树格式返回。该函数有下列参数： ● data：要加载的原始数据 ● parent：DOM 对象，表示父节点	

 创建树形网格时，必须设置 idField、treeField 的值。树形网格的方法中会通过 idField 属性值获取指定的节点并对其进行相关操作。

3. 树形网格事件

树形网格的常用事件说明见表 7.21。

表 7.21 树形网格常用事件说明

名称	参数	描述
onClickRow	row	当用户单击一行时触发
onDblClickRow	row	当用户双击一行时触发
onClickCell	field,row	当用户单击一个单元格时触发
onDblClickCell	field,row	当用户双击一个单元格时触发
onBeforeLoad	row,param	当发出加载数据请求前触发，返回 false 取消加载行为
onLoadSuccess	row,data	数据加载成功时触发
onLoadError	arguments	当数据加载失败时触发，arguments 参数和 jQuery.ajax 的'error'方法一样
onBeforeSelect	row	当用户选中某行前触发，返回 false 取消选中行为
onSelect	row	当用户选中某行时触发
onBeforeUnselect	row	当用户取消选中某行前触发，返回 false 取消反选行为
onUnselect	row	当用户取消选中某行时触发
onBeforeCheckNode	row,checked	当用户选中节点前的复选框前触发，返回 false 取消选中行为
onCheckNode	row,checked	当用户选中某个节点前的复选框时触发
onBeforeExpand	row	展开父节点前触发，返回 false 取消展开行为
onExpand	row	展开父节点时触发
onBeforeCollapse	row	折叠父节点前触发，返回 false 取消折叠行为
onCollapse	row	折叠父节点时触发
onContextMenu	e,row	右击某行时触发
onBeforeEdit	row	当用户编辑某行时触发
onAfterEdit	row,changes	用户完成编辑时触发
onCancelEdit	row	用户取消编辑时触发

4. 树形网格方法

树形网格的常用方法说明见表 7.22。

表 7.22 树形网格常用方法说明

名称	参数	描述
options	none	返回树形网格的选项对象
resize	options	调整树形网格的尺寸
fixRowHeight	id	固定指定行的高度
loadData	data	加载树形网格数据

名称	参数	描述
load	param	加载树形网格数据并显示第一页
reload	id	重新加载树形网格的数据。如果设置了'id'参数的值，则重新加载指定的节点，否则重新加载全部节点
reloadFooter	footer	重新加载底部数据
getData	none	获取加载的数据
getFooterRows	none	获取加载的底部数据
getRoot	none	获取根节点，并返回其对象
getRoots	none	获取根节点，并以数组形式返回其对象
getParent	id	获取父节点
getChildren	id	获取子节点
getSelected	none	返回被选中的节点，如果没有节点的话则返回 null
getSelections	none	返回选中的全部节点
getCheckedNodes	none	返回全部复选框被勾选的节点
getLevel	id	获取指定节点的层级
find	id	找到指定节点并返回该节点数据
select	id	选中指定的节点
unselect	id	取消选中指定的节点
selectAll	none	选中全部的节点
unselectAll	none	取消选中全部的节点
checkNode	id	选中指定节点前的复选框
uncheckNode	id	取消选中指定节点前的复选框
collapse	id	折叠指定的节点
expand	id	展开指定的节点
collapseAll	id	折叠全部的节点
expandAll	id	展开全部的节点
expandTo	id	从根节点开始展开，一直展开到指定的节点
toggle	id	切换节点的展开/折叠状态
append	param	在指定的节点下添加一些子节点，param 参数有两个属性： ● parent：父节点的 id，如果未定义则在根节点下添加 ● data：数组，节点的数据

（续表）

名称	参数	描述
insert	param	在指定节点的前面或后面插入一个新的节点，param 参数包括下列属性： ● before：插入在前面的节点的 id ● after：插入在后面的节点的 id ● data：新节点的数据。
remove	id	移除指定的节点以及它的子节点
pop	id	移除指定的节点以及它的子节点，并返回移除的节点数据
refresh	id	刷新指定的节点
update	param	更新指定的节点，'param'参数有下列属性： ● id：表示要被更新的节点的 id ● row：新的行数据
beginEdit	id	开始编辑指定节点
endEdit	id	结束编辑指定节点
cancelEdit	id	取消编辑指定节点
getEditors	id	获取指定行的编辑器。每个编辑器都有下列属性： ● actions：编辑器的行为 ● target：目标编辑器的 jQuery 对象 ● field：字段名 ● type：编辑器的类型
getEditor	param	获取指定的编辑器，param 参数包含两个属性： ● id：节点的 id ● field：字段名
showLines	none	显示树形网格的行线

节点的 id 指的是 idField 属性的值，例如设置 idField 的值为'id'，此时该字段就为节点的 id。通过 node.id 可以获取指定节点的 id。

7.8.2 复杂的树形网格

根据上一节的介绍，读者可以发现树形网格是在数据网格的基础上新增了树的特征，因此树形网格不仅拥有数据网格显示多列数据的能力，也拥有树对节点的动态操作功能。我们可以结合树与数据网格的特征创建一个复杂的树形网格。下面我们将对部分代码进行讲解。在树形网格中新增节点时，需要列出该节点的全部数据，例如：

```
01      //定义新增节点时节点的 id，为确保不重复，每次新增一个节点后该值会自增 1
02      var appendid =100;
03      //获取当前日期用于新增节点时初始化编辑器的值
04      var date=new Date();
```

```
05      var Year=date.getFullYear();
06      var Month=date.getMonth()+1;
07      var Day=date.getDate();
08      var cur =  Year+"/"+Month+"/"+Day+"/";
09      /*
10      添加节点的方法
11      该方法会在指定的节点下创建一个子节点
12      */
13      function append() {
14          //获取当前选中的节点对象
15          var t = $('#tg');
16          var node = t.treegrid('getSelected');
17          /*
18          新增一个节点的方法
19          本例中设置用户右击的节点为父节点，并在该节点下创建新节点
20          */
21          t.treegrid('append', {
22              parent: node.id,
23              data: [{
24                  "productname":'新增产品'+appendid,
25                  'productprice':"请输入产品价格",
26                  "id":appendid++,
27                  'producttime' :cur,
28                  'productaddress':'',
29                  "productvolume":''
30              }]
31          });
32      }
```

 对于新增的节点，如果要赋初值的话，必须设置该值为存储值。

该例最终的运行结果如图 7.41 所示。

	产品名称	产品价格	上架时间	产地	销
1	▲ 🗀 电器				
2	🗎 冰箱	6000	2017年10月26日	南京	30
3	🗎 手机	3600	2017年8月16日	上海	12
4	▲ 🗀 电视	3500	2018年2月14日	北京	20
5	🗎 新增产品10	$12.00	2018年4月1日		
6	▲ 🗀 食品				
7	🗎 薯片	6	2018年3月15日	上海	60
8	🗎 瓜子	2	2018年3月14日	上海	63
	🗎 总销量				14
	🗎 总销售金额	686860			

图 7.41 复杂的树形网格

【本节详细代码参见随书源码：源码\easyui\example\c7\treeGrid.html】

7.9　组合树（ComboTree）

组合树把可编辑的文本框和下拉树结合起来。它的使用方式与组合框相似，不同的是把列表替换成树组件。

组合树的依赖关系如下：

- combo
- tree

组合树扩展于：

- combo

1. 创建组合树

使用标记创建组合树的方法如下：

```
01  <select id="cc" class="easyui-combotree" style="width:200px;"
02   data-options="url:'get_data.php',required:true">
03  </select>
```

使用 JavaScript 创建组合树的方法如下：

```
01  <input id="cc" value="01">
02  $('#cc').combotree({
03   url:'get_data.php',
04   required:true
05  });
```

2. 组合树属性

组合树的常用属性说明见表 7.23。

表 7.23　组合树的常用属性说明

名称	类型	描述	默认
editable	boolean	定义用户是否可以直接往文本域中输入文字	false
textField	string	绑定到组合树上的基础字段名称	null

3. 组合树事件

组合树本身无新增和重写事件。

4. 组合树方法

组合树的常用方法说明见表 7.24。

表 7.24　组合树的常用方法说明

名称	参数	描述
options	none	返回选项对象
tree	none	返回树的对象
loadData	data	加载本地数据
reload	url	再一次请求服务器数据，url 会重写原先的 url 参数
clear	none	清除组件的值
setValue	value	设置组件的值
setValues	values	设置组件值的数组

7.10　组合树形网格

组合树形网格把可编辑的文本框和下拉树形网格结合起来。它的使用方式与组合框相似，不同的是把列表替换成树形网格。

组合树形网格的依赖关系如下：

- combo
- treegrid

组合树形网格扩展于：

- combo

1. 创建组合树形网格

使用标记创建组合树形网格的方法如下：

```
01 <input class="easyui-combotreegrid" data-options="
02 width:'100%',
03 panelWidth:500,
04 label:'SelectItem:',
05 labelPosition:'top',
06 url:'treegrid_data1.json',
07 idField:'id',
08 treeField:'name',
09 columns:[[
10 {field:'name',title:'Name',width:200},
11 {field:'size',title:'Size',width:100},
12 {field:'date',title:'Date',width:100}
13 ]]">
```

使用 JavaScript 创建组合树形网格的方法如下：

```
01  <input id="cc" name="name">
02  $(function(){
03  $('#cc').combotreegrid({
04  value:'006',
05  width:'100%',
06  panelWidth:500,
07  label:'SelectItem:',
08  labelPosition:'top',
09  url:'treegrid_data1.json',
10  idField:'id',
11  treeField:'name',
12  columns:[[
13  {field:'name',title:'Name',width:200},
14  {field:'size',title:'Size',width:100},
15  {field:'date',title:'Date',width:100}
16  ]]
17  });
18  });
```

2. 组合树形网格属性

组合树形网格的常用属性说明见表 7.25。

表 7.25　组合树形网格的常用属性说明

名称	类型	描述	默认
idField	string	id 字段的名称	null
treeField	string	显示在文本框中树的节点字段	null
textField	string	绑定到组合树上的基础字段名称	null
limitToGrid	boolean	定义只能输入树形网格中的数据	false

3. 组合树形网格事件

组合树形网格本身无新增和重写事件。

4. 组合树形网格方法

组合树形网格的常用方法说明见表 7.26。

表 7.26　组合树形网格的常用方法说明

名称	参数	描述
options	none	返回选项对象
grid	none	返回树形网格对象
setValue	value	设置组件的值
setValues	values	设置组件值的数组
clear	none	清除组件的值

7.11 小结

本章向读者介绍了两种数据的获取和展示的组件：网格和树。这两个组件都是将指定的数据结构映射到不同的界面中。网格的界面适用于显示一条拥有多条属性的数据，树的界面适合显示分层数据。网格使用行来表示每条数据，而树使用节点来表示每条数据，每个节点都可能有一个父节点和多个子节点。

在本章后面介绍了树形网格，树形网格将网格和树的特征结合，使用树形网格可以显示更为复杂的数据。

无论是网格还是树，都可以用来显示多条数据，因此将可编辑的文本框和它们进行组合后就形成了组合网格、组合树、组合树形网格，这些组件可以方便用户快速地查找指定条件的数据。用户在文本框中输入的数据会以参数 q 传输给服务器，服务器根据 q 的值查找指定条件的数据。

第 8 章

CRUD 应用

Web 应用（Application）的本质其实就是数据的存储和浏览，网站管理员将数据保存在服务器中，网站访客可以从服务器中获取数据浏览。然而在实际应用中，由于数据的固有特性以及人为的操作失误，管理员经常需要对数据进行维护，例如新增数据、更新数据、删除数据等操作。由于这些操作牵涉前后端的交互问题，并且部分操作具有较强的敏感性（例如删除操作），因此对于开发人员来说，往往需要花费大量的时间来设计这类代码。本节将向读者展示 EasyUI 创建应用的几种方法，这些方法可以大大节省开发者的时间。在每个创建应用的方法内，本书都会提供一个完整的示例，读者只需稍加修改即可放到自己应用中。本章主要涉及的知识点有：

● 通过对话框创建简单的 CRUD 应用。
● 通过可编辑的数据网格插件创建 CRUD 应用。
● 通过数据网格详细内容视图插件创建 CRUD 应用。

8.1 了解什么是 CRUD

CRUD 是增加（Create）、查询（Retrieve）、更新（Update）和删除（Delete）几个单词的首字母简写。CRUD 是描述数据库操作的基本操作功能。

EasyUI 中有多种方法来创建 CRUD 应用，例如：

● 简单的 CRUD 应用：使用数据网格完成查询功能，使用表单完成增加、更新功能。
● 通过可编辑的数据网格快速创建 CRUD 应用。
● 通过数据网格详细视图创建可自增行的 CRUD 应用。

8.2 创建简单的 CRUD 应用

8.2.1 查询数据（Retrieve）

本节将利用数据网格创建一个简单的 CRUD 应用，我们将在数据网格中添加一个含有增加、编辑、删除的工具栏。下面将分别从增加、查询、更新、删除四个方面来讲解应用的创建方法。

【本节详细代码参见随书源码：源码\easyui\example\c8\basicCRUD.html】

应用的读取查询可以通过数据网格来实现，如下代码从数据库中读取全部的产品并在数据网格中显示。

```
01  $("#dg").datagrid({
02      width:610,
03      toolbar:'#tb',
04      url:" server/retrieveProduct.php",
05      singleSelect:true,
06      columns:[
07          [
08          {field:'id' ,title:'产品编号
',align:'center',width:'100',hidden:true},
09          {field:'productname' ,title:'产品名称',align:'center',width:'100'},
10          {field:'producttype',title:'产品类型',align:'center',width:'100',
11              formatter:formatProductType},
12          {field:'productprice' ,title:'产品价格',align:'center',width:'100'},
13          {field:'producttime' ,title:'上架时间',align:'center',width:'100',
14              formatter:formatProductTime},
15          {field:'productaddress' ,title:'产地',align:'center',width:'100',
16              formatter:formatProductAddress},
17          {field:'productvolume' ,title:'销售量',align:'center',width:'100'},
18      ]],
19      loadMsg:"数据正在加载，请稍等",
20  });
```

最终运行结果如图 8.1 所示。

产品名称	产品类型	产品价格	上架时间	产地	销售量
冰箱	电器	6000	2017年10月26日	南京	30
手机	电器	3600	2017年8月16日	上海	120
电视	电器	3500	2018年2月14日	北京	20
薯片	食品	6	2018年3月15日	上海	600
瓜子	食品	2	2018年3月14日	上海	630

图 8.1　数据的查询读取

在代码中我们新增了一个'id'字段，该字段用于标识唯一的产品。例如，在编辑数据时，可以根据该字段在数据库中找到指定的数据。因为其本身没有实际的显示作用，所以通常会将其隐藏。

8.2.2　增加数据（Create）

如图 8.1 所示，在数据网格的工具栏中有新增、编辑、删除按钮，当单击新增按钮时，页面将出现一个对话框，对话框的内容为新增产品的表单，如下代码所示。

```
01    <!--对话框底部按钮-->
02    <div id="bb">
03        <a href="#" class="easyui-linkbutton">取消</a>
04        <a href="#" class="easyui-linkbutton">确定</a>
05    </div>
06    <!--对话框-->
07    <div id="dd" class="easyui-dialog"  style="width:350px;height:400px;"
08        data-options="resizable:true,modal:true,closed:true,buttons:'#bb'">
09        <!-- 表单 -->
10        <form id="ff" method="post" style="padding:5px 0px 0px 15px">
11        <input id="productname" name="productname" class="easyui-textbox"
12        data-options = "label:'产品名
称:',width:400,labelWidth:100,cls:'block',required:true,">
13        <input id="producttype" name="producttype">
14        <input id="productprice" name="productprice">
15        <input id="productvolume" name="productvolume">
16        <input id="producttime"  name = "producttime">
17        <input id="productaddress" name="productaddress">
18        <input id="id" name="id" style='display:none'>
19        </form>
20    </div>
```

无论是创建数据还是编辑数据，我们都将使用该表单来提交数据，因此我们需要定义当前的操作状态来标识当前操作是新增数据还是修改数据，代码如下。

```
01        //定义当前的操作状态，
02        //当设置为 1 时代表新增数据，设置为 2 时代表修改数据
03        var state = "1";
```

对话框默认为关闭状态，当用户单击新增按钮时打开对话框，代码如下。

```
01        //新增数据
02        $("#add").click(function(){
03            state = "1";//设置当前操作为新增数据
04            $('#ff').form('clear');
05            $("#dd").dialog("open").dialog('center').dialog('setTitle','添加产品
');
06        });
```

271

最终运行结果如图 8.2 所示。

图 8.2　增加数据

8.2.3　更新数据（Update）

更新数据的方式与新增数据一致，不同的是更新数据前需要使用指定行的数据来初始化表单，代码如下：

```
01    //更新数据
02    $("#edit").click(function(){
03        state = "2";
04        //获取数据网格中当前选中的行
05        var row = $("#dg").datagrid("getSelected");
06        if(row){
07            $('#ff').form('load',{
08                productname:row['productname'],
09                producttype:row['producttype'],
10                productprice:row['productprice'],
11                producttime:row['producttime'],
12                productaddress:row['productaddress'],
13                productvolume:row['productvolume'],
14                id:row['id'],
15            });
16            $("#dd").dialog("open").dialog('center').dialog('setTitle','编辑产品');
17        }
18    });
```

最终运行结果如图 8.3 所示。

图 8.3　编辑数据

8.2.4　删除数据（Delete）

相比较其他几种数据操作方式，删除数据的操作更为简单。其思路是当用户单击删除按钮时，找到当前用户选中的行并得到该条数据的 id，最后向服务器发出一个删除请求即可。不过为了防止用户误删数据，通常需要在删除数据前让用户确认是否删除，代码如下。

```
01    $("#delete").click(function(){
02        //获取数据网格中当前选中的行
03        var row = $("#dg").datagrid("getSelected");
04        if (row){
05            $.messager.confirm({
06                title:'确认',
07                msg:'是否确认删除这条数据?',
08                ok:'确认',
09                cancel:'取消',
10                fn:function(r){
11                    if (r){
12                        $.messager.progress();
13                        $.post('server/deleteProduct.php',
14                            {id:row.id},function(result){
15                            if (result.success){
16                                $.messager.progress('close');
17                                //重新加载数据网格数据
18                                $('#dg').datagrid('reload');
19                            } else {
20                                //显示错误提示信息
21                                $.messager.show({
22                                    title: '错误',
```

```
23                                    msg: result.errorMsg
24                            });
25                        }
26                    },'json');
27                }
28            }});
29        }
30    });
```

8.2.5 提交表单

当用户创建或者更新完毕数据后，需要将表单提交到服务器，提交表单前首先需要判断当前数据操作的状态，根据不同的状态设置不同的服务器地址。部分代码如下：

```
01    //提交表单
02    $("#ok").click(function(){
03        //根据当前操作状态确定服务器地址
04        if(state == "2"){//更新数据
05                var url = "server/updateProduct.php";
06            }else{//除此之外默认都是创建数据
07                var url = "server/createProduct.php";
08            }
09
10            $('#ff').form('submit',{
11                url:url,
12                onSubmit: function(){
13                //检查表单内的全部组件是否已全部验证通过,验证通过返回 true
14                if($('#ff').form('validate')){
15                    //进度条，提示用户等待
16                    $.messager.progress();
17                    return true;
18                }
19                //如果没有验证通过返回 false,取消此次提交表单行为
20                else{
21                    return false;
22                }
23            },
24            //表单提交成功后触发
25            success:function(data){
26                //关闭进度窗口
27                $.messager.progress('close');
28                //显示提示消息
29                $.messager.alert({
30                    ok:'确认',
31                    title:'消息',
32                    msg:'表单提交成功',
33                    icon:'ok',
34                });
35                //清空表单
36                $('#ff').form('clear');
```

```
37                          //关闭对话框
38                          $("#dd").dialog("close");
39                          //更新数据网格
40                          $("#dg").datagrid('reload');
41                  },
42              });
43          });
```

8.2.6　服务器代码简介

创建数据（createProduct）的服务器代码如下：

```
01  Db::insert("product", array(
02      "productname" => $_POST["productname"],
03      "producttype" => $_POST["producttype"],
04      "productprice" => $_POST["productprice"],
05      "productvolume" => $_POST["productvolume"],
06      "productaddress" => $_POST["productaddress"],
07      "producttime" => $_POST["producttime"]
08  ));
```

更新数据（updateProduct）的服务器代码如下：

```
01  $id = $_POST["id"];
02  Db::update("product", array(
03      "productname" => $_POST["productname"],
04      "producttype" => $_POST["producttype"],
05      "productprice" => $_POST["productprice"],
06      "productvolume" => $_POST["productvolume"],
07      "productaddress" => $_POST["productaddress"],
08      "producttime" => $_POST["producttime"],
09  ), "where id=:id", array(
10      "id" => $id
11  ));
```

删除数据（deleteProduct）的服务器代码如下：

```
01  Db::delete("product","where id=:id",array("id"=>$_POST["id"]));
02  echo  Data::toJson(array(
03      'success'=>'1',
04      'errorMsg'=>'',
05  ));
```

获取数据（retrieveProduct）的服务器代码如下：

```
01  //查询数据库中的数据
02  $data = db::select("select * from product")->getResult();
03  //将数组转换成 JSON 格式并返回
04  echo  Data::toJson($data);
```

8.3 创建 CRUD 数据网格

上一节中我们创建了一个简单的 CRUD 应用，其思路是利用数据网格的工具栏来完成对应操作。读者可以发现该方法下需要通过对话框来提供新增、编辑的界面，并且需要通过不同的操作状态来确定不同的服务器端地址，通过该方法创建 CRUD 应用难度较大。本节将介绍一种更为简单的方法创建 CRUD 应用，该方法使用可编辑的数据网格（edatagrid）插件，关于该插件的详细介绍见本书 11.2 节。

【本节详细代码参见随书源码：源码\easyui\example\c8\datagridCRUD.html】

8.3.1 获取数据

首先定义可编辑数据网格以及工具栏的 HTML 标记，代码如下：

```
01    <div id='dg'></div>
02    <div id="tb">
03        <a href="#" class="easyui-linkbutton" id='add'
04            data-options="iconCls:'icon-add',plain:true">新增</a>
05        <a href="#" class="easyui-linkbutton" id='save'
06            data-options="iconCls:'icon-save',plain:true">保存</a>
07        <a href="#" class="easyui-linkbutton" id='cancel'
08            data-options="iconCls:'icon-undo',plain:true">取消</a>
09        <a href="#" class="easyui-linkbutton" id='delete'
10            data-options="iconCls:'icon-remove',plain:true">删除</a>
11    </div>
```

其次初始化可编辑数据网格，代码如下：

```
01    $(function(){
02    $("#dg").edatagrid({
03        width:600,
04        rownumbers:true,
05        toolbar:"#tb",
06        destroyMsg:{
07            //当没有被选中的行时
08            norecord:{
09                title:'警告',
10                msg:'没有数据被选中'
11            },
12            //显示确认提示
13            confirm:{
14                title:'确认',
15                msg:'你确认要删除该数据吗?'
16            }
17        },
18        url:" server/retrieveProduct.php",
19        saveUrl:'server/createProduct.php',
```

```
20          updateUrl:" server/updateProduct.php",
21          destroyUrl:'server/deleteProduct.php',
22          loadMsg:"数据正在加载，请稍等",
23          columns:[[
24                  //产品名称在编辑模式时使用文本框标记
25                  {field:'productname' ,title:'产品名称
',width:'10%',editor:"textbox"},
26                  //产品类型在编辑模式时使用组合框
27                  {field:'producttype',title:'产品类型
',width:'10%',formatter:formatProductType,
28                      editor:{type:"combobox",options:{
29                      valueField:'id',
30                      textField:'typename',
31                      data:[
32                          {id:1,typename:'电器'},
33                          {id:2,typename:'食品'}
34                      ]}}
35                  },
36                  ......
37          ]],
38  });
```

最终运行结果如图 8.4 所示。

	产品名称	产品类型	产品价格	上架时间	产地	销售量
1	冰箱	电器	6000	2017年10月26日	南京	30
2	手机	电器	3600	2017年8月16日	上海	120
3	电视	电器	3500	2018年2月14日	北京	20
4	薯片	食品	6	2018年3月15日	上海	600
5	瓜子	食品	2	2018年3月14日	上海	630

图 8.4　可编辑的数据网格

8.3.2　新增数据

创建数据的代码如下所示。

```
01      $("#add").click(function(){
02          $("#dg").edatagrid("addRow");
03      });
```

当用户单击新增按钮时，会自动在数据网格的最后新增一行，如图 8.5 所示。

	产品名称	产品类型	产品价格	上架时间	产地	销售量
1	冰箱	电器	6000	2017年10月26日	南京	30
2	手机	电器	3600	2017年8月16日	上海	120
3	电视	电器	3500	2018年2月14日	北京	20
4	薯片	食品	6	2018年3月15日	上海	600
5	瓜子	食品	2	2018年3月14日	上海	630
6						

图 8.5　新增数据

当用户输入完毕后，单击"保存"按钮即可向服务器发送创建数据请求，保存数据的代码
如下所示。

```
01  $("#save").click(function(){
02      $("#dg").edatagrid("saveRow");
03  });
```

 当用户保存数据时，插件会根据当前的操作状态判断调用的服务器地址，例如创建数据时
会调用 saveUrl 属性中定义的服务器地址，更新数据时会调用 updateUrl 属性中定义的服
务器地址。开发者不需要像上一节那样定义当前操作状态来判断服务器地址。

8.3.3　更新数据

当用户双击某行时会自动进入编辑状态，单击取消按钮会取消编辑状态，如图 8.6 所示。

	产品名称	产品类型	产品价格	上架时间	产地	销售量
1	冰箱	电器	6000	2017年10月26日	南京	30
2	手机	电器	3600	2017年8月16日	上海	120
3	电视	电器	3500	2018年2月14日	北京	20
4	薯片	食品	$6.00	2018/3/15/	上海	600
5	瓜子	食品	2	2018年3月14日	上海	630

图 8.6　更新数据

数据更新完毕后，单击保存按钮即可向服务器发送更新数据请求。

8.3.4　删除数据

当用户选中指定的行后单击删除按钮，即可向服务器发送删除数据的请求。

可以发现通过可编辑的数据网格创建 CRUD 应用非常简单，因为该扩展插件帮助开发者
完成了大量的工作，开发者仅仅需要设置每个操作所对应的服务器地址、每列数据的编辑器以
及各个操作所对应的方法即可。但是使用可编辑的数据网格也存在一定的问题，比如当开启行

内编辑后，用户可能无法分清当前数据是初始化时的数据，还是被编辑后的数据，针对这个问题我们在下一节将介绍如何自动增加网格行数据。

8.4　自动增加网格行数据

在上一节中介绍了可编辑的数据网格，可编辑的数据网格尽管大大提高了开发效率，但是也带来了一系列的问题，例如在上一节中我们曾提到当开启行内编辑后数据的来源问题。本节将使用数据网格详细视图插件来解决这个问题，当用户单击每行前面的展开按钮后，该行下面将显示一个对应行的可编辑表单，而该行源数据仍然显示在网格中，只有用户提交表单后才会更新源数据。这种方法的思路就是将源数据与用户编辑数据分开，以防止在使用中产生混淆。关于数据网格详细视图插件的使用见本书 11.1 节。

【本节详细代码参见随书源码：源码\easyui\example\c8\expandRow.html】

与可编辑的数据网格不同，数据网格详细视图插件主要是为了显示数据的详细信息，其并非是针对数据的编辑或创建而设计的，因此利用该方法创建 CRUD 应用显得更为复杂。

8.4.1　读取数据

数据网格详细视图获取数据的方法与 datagrid 一致，例如：

```
01  $("#dg").datagrid({
02      width:600,
03      rownumbers:true,
04      toolbar:"#tb",
05      url:" server/retrieveProduct.php",
06      loadMsg:"数据正在加载，请稍等",
07      singleSelect:true,
08      columns:[[
09          {field:'productname' ,title:'产品名称',width:'10%'},
10          ......
11      ]],
12      view:detailview
13  });
```

此时的运行结果如图 8.7 所示。

		产品名称	产品类型	产品价格	上架时间	产地	销售量
1	✚	冰箱	电器	6000	2017年10月26日	南京	30
2	✚	手机	电器	3600	2017年8月16日	上海	120
3	✚	电视	电器	3500	2018年2月14日	北京	20
4	✚	薯片	食品	6	2018年3月15日	上海	600
5	✚	瓜子	食品	2	2018年3月14日	上海	630

图 8.7　数据网格详细视图读取数据

8.4.2　编辑数据

我们希望用户单击每行前的展开图标后能显示一个表单,表单内拥有该行对应列的输入框以及保存和取消按钮。当用户单击"保存"按钮时,会将编辑后的数据保存到服务器;当用户单击"取消"按钮时,会取消对该行的编辑并折叠该行。下面我们先列出部分代码,再详细讲解其设计思路。

```
01   //展开行后显示行的详细内容
02   detailFormatter:function(index,row){
03       //返回一个产品面板的标记
04       return '<div class="product"></div>';
05   },
06   //展开行时触发的事件
07   onExpandRow: function(index,row){
08       //获取产品面板对象
09       var product =
$(this).datagrid('getRowDetail',index).find('div.product');
10       //初始化面板
11       product.panel({
12         border:true,
13         //面板主体内容
14         content:"<form  method='post' style='padding-left:20px'>"+
15             "<input class='easyui-textbox' name='productname'
16             data-options=\"label:'产品名称: ',required:true,width:200,
17             labelWidth:80,cls:'block'\">"+
18             "<div>"+
19             "<a href=\"#\" class=\"easyui-linkbutton\"
20             onclick = 'save(this)'
data-options=\"iconCls:'icon-save',plain:true\"
21             style=\"margin-left: 400px;\">保存</a>"+
22             "<a href=\"#\" class=\"easyui-linkbutton\"
23             onclick = 'cancel(this)'
24             data-options=\"iconCls:'icon-cancel',plain:true\">取消
</a>"+
25             "</div>"+
26             "</form>"
27       });
```

```
28      //加载表单的初始值
29      $('#dg').datagrid('getRowDetail',index).find('form').form('load',row);
30       //固定详细内容的高度
31      $('#dg').datagrid('fixDetailRowHeight',index);
32  },
```

这段代码的主要思路是先设计每行的详细内容为<div>标记,当展开指定行时则将该行的详细内容初始化为面板。由于每一行都拥有相同的<div>标记,因此我们会使用 class 属性来标记它们,当展开指定的行时,必须找到该行所属的详细内容,代码如下:

```
var product = $(this).datagrid('getRowDetail',index).find('div.product');
```

这段代码的含义是找到指定行详细内容的选择器,并在详细内容容器内查找指定的<div>标记。接下来我们需要初始化面板,面板的内容可以从服务器加载,也可以在本地定义。本例中我们在本地定义面板的内容,面板的内容为一个包含产品各个字段的输入框以及保存和取消按钮的表单。最后我们使用指定行的数据初始化表单,代码如下:

```
$('#dg').datagrid('getRowDetail',index).find('form').form('load',row);
```

最终运行结果如图 8.8 所示。

图 8.8　编辑数据

由于网格中每行的详细内容都含有保存和取消按钮,因此当用户单击保存或取消按钮时,我们必须能判断用户到底是对哪一行进行操作。这就要求开发者必须熟悉数据网格详细视图的 DOM 结构以及掌握 jQuery 选择器的使用方法。如果读者并不太熟悉这些知识点也没有关系,因为这些代码是通用的,读者在开发自己的应用时可以直接复制使用,代码如下:

```
01  //详细内容中单击保存按钮后获取操作的行的索引
02  function save(target){
03      var tr = $(target).closest('.datagrid-row-detail').closest('tr').prev();
04      //当前操作行的索引
05      var index = parseInt(tr.attr('datagrid-row-index'));
06      saveItem(index);
```

```
07  }
08  //详细内容中单击取消按钮后获取操作的行的索引
09  function cancel(target){
10      var tr = $(target).closest('.datagrid-row-detail').closest('tr').prev();
11      //当前操作行的索引
12      var index = parseInt(tr.attr('datagrid-row-index'));
13      cancelItem(index);
14  }
```

一旦获取了当前操作行的索引，我们就可以使用它们编写对应的处理逻辑，代码如下。

```
01      //保存用户操作后的数据
02      function saveItem(index){
03          var row = $('#dg').datagrid('getRows')[index];
04          if (row.isNewRecord){
05            //新建数据的服务器地址
06            var url = "server/createProduct.php";
07          } else {
08            //更新数据的服务器地址
09            var url = "server/updateProduct.php";
10          }
11          //提交表单
12          var $form = $('#dg').datagrid('getRowDetail',index).find('form');
13          $form.form('submit',{
14              url:url,
15              onSubmit: function(){
16                  return $(this).form('validate');
17              },
18              //表单提交成功后触发
19              success:function(data){
20                  data.isNewRecord = false;
21                  $("#dg").datagrid('reload');
22              },
23          });
24      }
25
26      //取消编辑
27      function cancelItem(index){
28          var row = $('#dg').datagrid('getRows')[index];
29          if (row.isNewRecord){
30              $('#dg').datagrid('deleteRow',index);
31          } else {
32              $('#dg').datagrid('collapseRow',index);
33          }
34      }
```

8.4.3 创建数据

创建数据其实就是在网格的最后新增一行，并且将其展开以供用户编辑。需要注意的是，当在网格最后新增一行时，需要为该行添加一个 isNewRecord 字段来表示该行数据是新增数据而非更新数据，如下代码所示。

```
//通用代码，新增数据
$("#add").click(function(){
    $('#dg').datagrid('appendRow',{isNewRecord:true});
    var index = $('#dg').datagrid('getRows').length - 1;
    $('#dg').datagrid('expandRow', index);
    $('#dg').datagrid('selectRow', index);
});
```

最终运行结果如图 8.9 所示。

		产品名称	产品类型	产品价格	上架时间	产地	销售量
1	⊕	冰箱	电器	6000	2017年10月26日	南京	30
2	⊕	手机	电器	3600	2017年8月16日	上海	120
3	⊕	电视	电器	3500	2018年2月14日	北京	20
4	⊕	薯片	食品	6	2018年3月15日	上海	600
5	⊕	瓜子	食品	2	2018年3月14日	上海	630
6	⊟						

产品名称：　　　　　产品类型：

产品价格：　　　　　产品销量：

上架时间：　　　　　产品产地：

保存　取消

图 8.9　创建数据

8.4.4　删除数据

删除数据的方法与基本的 CRUD 一样，代码如下。

```
01  //删除数据的代码
02  $("#delete").click(function(){
03      //获取数据网格中当前选中的行
04      var row = $("#dg").datagrid("getSelected");
05      if (row){
06          $.messager.confirm('确认','是否确认删除这条数据?',function(r){
07              if (r){
08                  //删除数据的服务器地址根据实际项目修改
09                  $.post('server/deleteProduct.php',
10                  {id:row.id},function(result){
11                      if (result.success){
12                          //重新加载数据网格数据
13                          $('#dg').datagrid('reload');
14                      } else {
15                          //显示错误提示信息
16                          $.messager.show({
17                              title: 'Error',
```

```
18                          msg: result.errorMsg
19                      });
20                  }
21              },'json');
22          }
23      });
24  }
25 });
```

8.5 小结

本章向读者介绍了 EasyUI 中的 CRUD 应用，这些应用的本质是对数据库进行读取、编辑、修改、删除操作。我们介绍了三种创建 CRUD 应用的方式，这些应用的优缺点如下：

- 简单的 CRUD 应用：创建复杂，但是灵活性高，符合一般用户的使用习惯。
- 通过可编辑的数据网格快速创建 CRUD 应用：创建简单，但是不符合大部分用户的使用习惯。
- 通过数据网格详细视图创建可自增行的 CRUD 应用：创建难度较高，但是通过模板可以快速复用。

在实际开发中，我们需要根据具体的业务需求灵活使用这几种方式。

第 3 篇

EasyUI 高级应用

本篇主要介绍 EasyUI 的高级应用，包括移动端样式的设计、主题的更改以及 EasyUI 常见的扩展插件。在最后一章将向读者展示使用 EasyUI 开发的一个实战项目。

第 9 章

开发移动页面

随着移动时代的来临，现在的人们更习惯于在手机上浏览信息、进行购物，然而传统的 HTML 页面无法在移动端达成很好的效果，因此近年来以 Bootstrap 为代表的响应式网站层出不穷。这类响应式框架的设计理念是：页面可以智能地根据用户行为以及使用的设备环境进行相对应的布局，也就是说同样一个网页内容可以随着访问设备的不同而以不同的尺寸显示。本章主要涉及的知识点有：

- 移动端的样式设计以及调试方法。
- EasyUI 组件移动端的使用方法。

9.1 移动端基础

9.1.1 自适应屏幕宽度

由于每一款手机都有不同的分辨率、不同的屏幕大小，因此如何使我们开发出来的页面能适用各种类型手机是移动端页面开发的关键，一般使用 HTML5 中的 viewport 可以解决这一问题。其语法如下所示。

```
01  <meta
02  name="viewport"  content="
03  width=device-width,
04  initial-scale=1.0,
05  maximum-scale=1.0,
06  user-scalable=no" />
```

部分参数的含义如下：

- initial-scale: 初始的缩放比例。
- minimum-scale: 允许用户缩放到的最小比例。
- maximum-scale: 允许用户缩放到的最大比例。

● user-scalable：用户是否可以手动缩放。

 在每个移动页面中，都应该在 HTML 的头部增加这段代码。

9.1.2 移动端调试方法

当开发完毕一个移动页面后，通常都需要在浏览器中调试，我们可以在 PC 端的浏览器中调试移动端页面，以 360 浏览器为例，其详细步骤如下：首先打开浏览器，按下键盘上的 F12 键，此时浏览器的下方会出现开发者工具栏，如图 9.1 所示。

图 9.1　开发者工具栏

单击标注的按钮后即可进入移动端调试程序，如图 9.2 所示。

图 9.2　移动端调试页面

 如果使用 360 浏览器调试，需要确保当前在极速模式下。

9.1.3 EasyUI 开发移动页面基础

使用 EasyUI 开发移动页面时需要引入两个文件，即：

```
mobile.css
jquery.easyui.mobile.js
```

通常会将移动端的组件放到一个面板中。与 PC 端不同的是，移动端的面板需要使用 easyui-navpanel 来标记，代码如下。

```
01  <!DOCTYPE html>
02  <html>
03  <head>
04  <meta charset="UTF-8">
05  <meta name="viewport" content="initial-scale=1.0, maximum-scale=1.0,
user-scalable=no">
06  <title>EasyUI 开发移动页面</title>
07  <link rel="stylesheet" type="text/css" href="../themes/default/easyui.css">
08  <link rel="stylesheet" type="text/css" href="../themes/icon.css">
09  <link rel="stylesheet" type="text/css" href="../themes/mobile.css">
10  <link rel="stylesheet" type="text/css" href="../demo.css">
11  <script type="text/javascript" src="../jquery.min.js"></script>
12  <script type="text/javascript" src="../jquery.easyui.min.js"></script>
13  <script type="text/javascript" src="../jquery.easyui.mobile.js"></script>
14  </head>
15  <body>
16      <div class="easyui-navpanel">
17       <header>
18          <div class="m-toolbar">
19             <span class="m-title">
20                      面板头部区域
21             </span>
22          </div>
23       </header>
24      <!--面板主体区域，定义各类组件-->
25      <footer>
26        <div class="m-toolbar">
27           <div class="m-title">面板底部区域</div>
28        </div>
29      </footer>
30      </div>
31  </body>
32  </html>
```

最终运行结果如图 9.3 所示。

图 9.3 移动端基础框架

9.2 表单

移动端内的表单元素使用方式与 PC 端一致，我们仅需要将表单内的各类组件放到面板的主体区域中即可。本节将简要介绍移动端各类表单组件的使用方法。

9.2.1 输入框

下面的例子将演示如何在移动端设计输入框：

```
01   <div class="easyui-navpanel" style="position:relative;padding:20px">
02   <header>
03    <div class="m-toolbar">
04     <span class="m-title"> 表单 </span>
05    </div>
06   </header>
07   <div style="margin-bottom:10px">
08    <input class="easyui-textbox" label="Full name:" prompt="Full name"
09    style="width:100%" />
10   </div>
11   <div style="margin-bottom:10px">
12    <input class="easyui-datebox" label="Birthday:" prompt="Birthday"
13    data-options="editable:false,panelWidth:220,panelHeight:240,"
style="width:100%" />
14   </div>
15   <div style="margin-bottom:10px">
16    <input class="easyui-passwordbox" label="Password:" prompt="Password"
17    style="width:100%" />
18   </div>
19   <div style="margin-bottom:10px">
20    <input class="easyui-numberbox" label="Number:" prompt="Number"
21    style="width:100%" />
22   </div>
23   <div style="margin-bottom:10px">
24    <input class="easyui-numberspinner" label="NumberSpinner:"
25    prompt="NumberSpinner"
```

```
26        style="width:100%" />
27    </div>
28    </div>
```

最终运行结果如图 9.4 所示。

图 9.4　表单

9.2.2　按钮

下面的例子将演示如何设计移动端按钮：

```
01  <div style="padding:20px">
02  <a href="#" class="easyui-linkbutton" style="width:80px">Normal</a>
03  <a href="#" class="easyui-linkbutton" plain="true"
04      outline="true" style="width:80px">Outline</a>
05  <a href="#" class="easyui-linkbutton" disabled
style="width:80px">Disabled</a>
06   <p><a href="#" class="easyui-linkbutton c1"
style="width:100%">Button1</a></p>
07  <div class="m-left"><input class="easyui-switchbutton" checked></div>
08   <p><a href="#" class="easyui-linkbutton c2"
style="width:100%">Button2</a></p>
09  <div class="m-left"><input class="easyui-switchbutton" checked></div>
10  </div>
```

最终运行结果如图 9.5 所示。

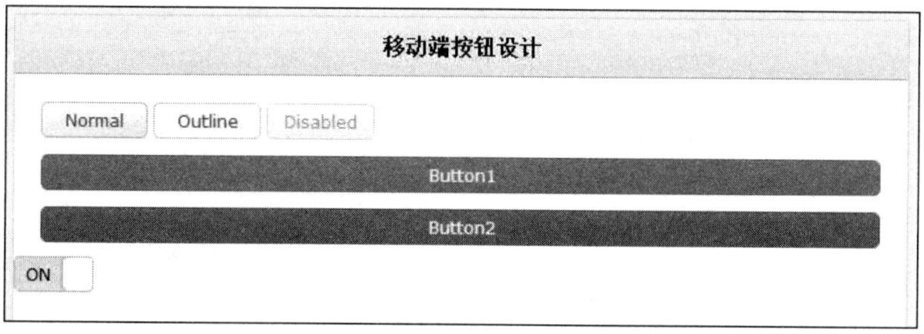

图 9.5　按钮

291

9.2.3 开发移动端登录页面

接下来我们将使用 EasyUI 开发一个移动端的登录页面。部分代码如下：

```
01      <div class="easyui-navpanel" style="position:relative;padding:20px">
02       <header>
03            <div class="m-toolbar">
04                <span class="m-title">
05            登录系统
06          </span>
07            </div>
08        </header>
09        <div style="margin:20px auto;width:100px;height:100px;
10                           border-radius:100px;overflow:hidden">
11              <img src="img/admin.jpg" style="margin:0;width:100%;height:100%;">
12        </div>
13        <div style="padding:0 20px">
14            <div style="margin-bottom:10px">
15                <input class="easyui-textbox" data-options="prompt:'账号',
16                  iconCls:'icon-man'"  style="width:100%;height:38px">
17            </div>
18            <div>
19                <input class="easyui-passwordbox" data-options="prompt:'密码'"
20                            style="width:100%;height:38px">
21            </div>
22            <div style="text-align:center;margin-top:30px">
23                <a href="#" class="easyui-linkbutton"
style="width:100%;height:40px">
24                        <span style="font-size:16px">登录</span></a>
25            </div>
26            <div style="text-align:center;margin-top:30px">
27                <a href="#" class="easyui-linkbutton" plain="true"
outline="true"
28              style="width:100%;height:35px">
29              <span style="font-size:16px">注册</span></a>
30            </div>
31        </div>
32  </div>
```

最终运行结果如图 9.6 所示。

图 9.6　移动端登录页面

【本节详细代码参见随书源码：\源码\easyui\example\ c9\login.html】

9.3 移动端页面布局

在图 9.3 中展示了一个标准的移动端布局框架。它由三部分组成，分别是面板头部区域、面板主体区域、面板底部区域。本节将对这三部分区域进行完善，最终形成更为复杂的移动端布局。

9.3.1　工具栏

工具栏通常设计在面板的头部和底部区域，帮助用户完成一系列的操作，代码如下。

```
01  <div class="easyui-navpanel" style="position:relative;padding:20px">
02      <header>
03          <!--头部区域工具栏-->
04              <div class="m-toolbar">
05                  <div class="m-title">工具栏</div>
06                  <div class="m-left">
07                      <a href="javascript:void(0)" class="easyui-linkbutton
m-back"
08                  plain="true" outline="true">返回</a>
09                  </div>
10                  <div class="m-right">
11                      <a href="javascript:void(0)" class="easyui-linkbutton
m-next"
12                  plain="true" outline="true">下一层</a>
13                  </div>
14              </div>
15      </header>
16          面板主体区域
17
```

```
18      <footer>
19        <!--底部区域工具栏-->
20      <div class="m-buttongroup m-buttongroup-justified" style="width:100%">
21          <a href="javascript:void(0)"
class="easyui-linkbutton"data-options="iconCls:
22            'icon-large-picture',size:'large',iconAlign:'top',plain:true">
图片</a>
23          <a href="javascript:void(0)" class="easyui-linkbutton"
data-options="iconCls:
24            'icon-large-clipart',size:'large',iconAlign:'top',plain:true">
剪辑</a>
25          <a href="javascript:void(0)" class="easyui-linkbutton"
data-options="iconCls:
26            'icon-large-shapes',size:'large',iconAlign:'top',plain:true">图
形</a>
27          <a href="javascript:void(0)" class="easyui-linkbutton"
data-options="iconCls:
28            'icon-large-smartart',size:'large',iconAlign:'top',plain:true">
元素</a>
29        </div>
30      </footer>
31    </div>
```

最终运行结果如图 9.7 所示。

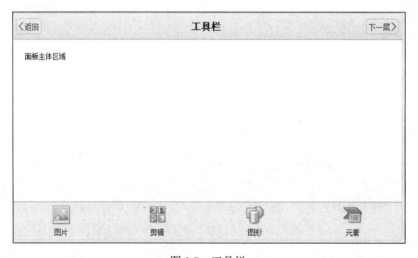

图 9.7 工具栏

9.3.2 面板

在 9.1 节中向读者介绍了移动端面板的使用方式。与 PC 端不同，移动端面板使用 easyui-navpanel 来标记，其主体区域内容也可以通过 ajax 来加载，代码如下。

```
01  <div class="easyui-navpanel" data-options="href:'_content.html'"
style="padding:10px">
02      <header>
```

```
03          <div class="m-toolbar">
04              <div class="m-title">Ajax Panel</div>
05          </div>
06      </header>
07      <footer>
08          <div class="m-toolbar">
09              <div class="m-title">Panel Footer</div>
10          </div>
11      </footer>
12  </div>
```

9.3.3　选项卡

选项卡是一个特殊的面板，有两种使用方法。第一种使用方法是将选项卡中的标签显示在页面的头部，此时选项卡将填充整个页面，代码如下。

```
01      <div class="easyui-tabs"
data-options="fit:true,border:false,tabWidth:80,tabHeight:35">
02          <div title="content1" style="padding:10px">
03            内容一
04          </div>
05          <div title=" content2" style="padding:10px">
06            内容二
07          </div>
08          <div title=" content3" style="padding:10px">
09            内容三
10          </div>
11      </div>
```

最终运行结果如图 9.8 所示。

图 9.8　选项卡

 使用该方法时无须将选项卡嵌入框架面板中。

第二种方法更常用，就是将其嵌入面板框架中，并且使用选项卡的标签代替面板的底部区域，部分代码如下。

```
01  <div class="easyui-navpanel">
02    <header>
03     <div class="m-toolbar">
04      <div class="m-title">
05       选项卡
06      </div>
07     </div>
08    </header>
09    <div class="easyui-tabs"
data-options="tabHeight:60,fit:true,tabPosition:'bottom',
10         border:false,pill:true,narrow:true,justified:true">
11     <div style="padding:10px">
12      <div class="panel-header tt-inner">
13       <img src="img/text_edit.png" width="32px" height="32px" />
14       <br />文本
15      </div>
16      <p>文本</p>
17     </div>
18     <div style="padding:10px">
19      <div class="panel-header tt-inner">
20       <img src="img/gallery.png" width="32px" height="32px" />
21       <br />图片
22      </div>
23      <p>图片</p>
24     </div>
25     <div style="padding:10px">
26      <div class="panel-header tt-inner">
27       <img src="img/videoplayer.png" width="32px" height="32px" />
28       <br />视频
29      </div>
30      <p>视频</p>
31     </div>
32    </div>
33   </div>
```

最终运行结果如图 9.9 所示。

图 9.9 选项卡

【本节详细代码参见随书源码：\源码\easyui\example\c9\ tab.html】

从图 9.7 可以发现，在面板底部区域使用工具栏设计与使用选项卡的标签代替面板底部区域的效果其实是一样的，但是它们有本质上的区别。面板底部区域使用工具栏设计后，每当用户单击工具栏中的按钮时，页面就会跳转到指定的链接。如果使用选项卡的标签来代替面板底部区域，此时当用户单击选项卡标签时页面并不会跳转，而是切换显示的内容。

9.3.4 折叠面板

折叠面板的使用方法如下所示。

```
01    <div class="easyui-accordion" fit="true" border="false">
02        <div title="List">
03            <ul class="m-list">
04                <li>WLAN</li>
05                <li>Memory</li>
06                <li>Screen</li>
07                <li>More...</li>
08            </ul>
09        </div>
10        <!-使用 ajax 异步加载面板数据-->
11        <div title="Ajax" href="_content.html" style="padding:10px"></div>
12    </div>
```

9.3.5 布局

相比较 PC 端的布局使用方法，移动端的布局较为单调。通常我们会将移动端页面分为三个区域，分别是头部、主体、底部区域。在头部和底部区域中设计工具栏，在主体区域中设计其他组件。（在图 9.3 中已经演示了一个简单的页面布局方式。）

297

9.3.6 菜单

通常我们会使用菜单来作为工具栏的一个元素，代码如下。

```
01  <div class="easyui-navpanel">
02      <header>
03          <div class="m-toolbar">
04              <div class="m-title">Menu</div>
05              <div class="m-right">
06                  <a href="javascript:void(0)" class="easyui-linkbutton" data-options=
07                      "iconCls:'icon-search',plain:true"></a>
08                  <a href="javascript:void(0)" class="easyui-menubutton"data-options=
09  "iconCls:'icon-more',menu:'#mm',menuAlign:'right',hasDownArrow:false"></a>
10              </div>
11          </div>
12      </header>
13  </div>
14  <div id="mm" class="easyui-menu" style="width:150px;">
15      <div data-options="iconCls:'icon-undo'">Undo</div>
16      <div data-options="iconCls:'icon-redo'">Redo</div>
17      <div class="menu-sep"></div>
18      <div>Cut</div>
19      <div>Copy</div>
20      <div>Paste</div>
21      <div class="menu-sep"></div>
22      <div>Toolbar</div>
23      <div data-options="iconCls:'icon-remove'">Delete</div>
24      <div>Select All</div>
25  </div>
```

最终运行结果如图 9.10 所示。

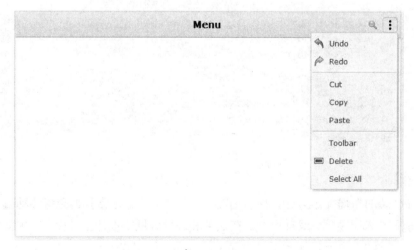

图 9.10　菜单

9.3.7 树

与 PC 端一样，移动端也可以设计树形结构，代码如下。

```
01  <div class="easyui-navpanel" style="padding:10px">
02      <header>
03          <div class="m-toolbar">
04              <div class="m-title">Basic Tree</div>
05          </div>
06      </header>
07      <ul class="easyui-tree" data-options="animate:true">
08          <li>
09              <span>My Documents</span>
10              <ul>
11                  <li data-options="state:'closed'">
12                      <span>Photos</span>
13                      <ul>
14                          <li>
15                              <span>Friend</span>
16                          </li>
17                          <li>
18                              <span>Wife</span>
19                          </li>
20                          <li>
21                              <span>Company</span>
22                          </li>
23                      </ul>
24                  </li>
25                  <li>
26                      <span>Program Files</span>
27                      <ul>
28                          <li>Intel</li>
29                          <li>Java</li>
30                          <li>Microsoft Office</li>
31                          <li>Games</li>
32                      </ul>
33                  </li>
34                  <li>index.html</li>
35                  <li>about.html</li>
36                  <li>welcome.html</li>
37              </ul>
38          </li>
39      </ul>
40  </div>
```

最运行结果如图 9.11 所示。

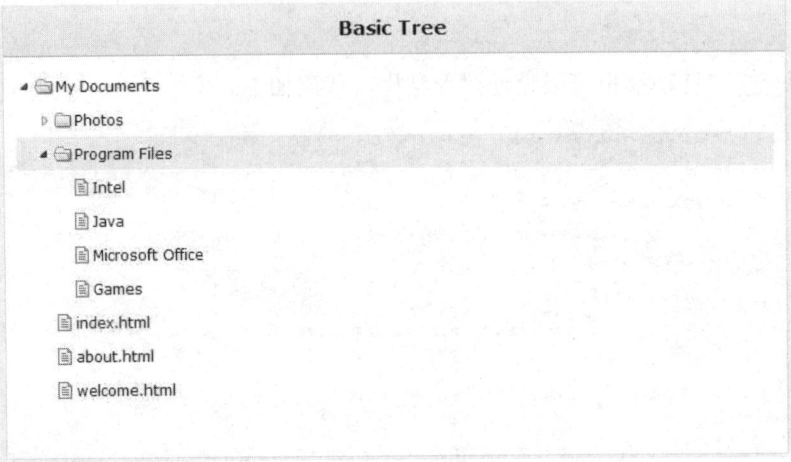

图 9.11　树形结构

9.4　对话框

在移动端使用对话框显示一个表单并不是一个很好的选择，尽管你可以这么去做，但是我们可以使用对话框来显示一些提示消息，代码如下。

```
01  <div style="text-align:center;margin:50px 30px">
02      <a href="javascript:void(0)" class="easyui-linkbutton"
03          data-options="plain:true,outline:true"
04          style="width:80px;height:30px"
05          onclick="$('#dlg1').dialog('open').dialog('center')">Click me</a>
06  </div>
07  <div id="dlg1" class="easyui-dialog" style="padding:20px 6px;width:80%;"
08  data-options="inline:true,modal:true,closed:true,title:'Information'">
09   <p>This is a message dialog.</p>
10      <div class="dialog-button">
11          <a href="javascript:void(0)" class="easyui-linkbutton"
12          style="width:100%;height:35px"
    onclick="$('#dlg1').dialog('close')">OK</a>
13      </div>
14  </div>
```

9.5　信息提示

移动端下的信息提示用于在指定的信息后面显示一条提示数据，例如有多少数据等，它的使用方法十分简单，开发者仅需要在被提示数据后加上如下代码：

```
<span class="m-badge">提示信息内容</span>
```

9.6　动画

EasyUI 移动端动画通常用来显示两个面板切换动作，它有 4 种动作：basic、slide、fade、pop。

动画的使用方式如下。

```
01  <a href="#p2" data-options="animation:'fade',direction:''">Fade</a>
02  <div id="p2" class="easyui-navpanel">
03      <header>
04          <div class="m-toolbar">
05              <div class="m-left">
06                  <a href="#" class="easyui-linkbutton m-back"
07  data-options="plain:true,outline:true,back:true">Back</a>
08              </div>
09              <div class="m-title">Panel2</div>
10          </div>
11      </header>
12      <div style="padding:10px">
13          <p>Panel2 Content.</p>
14      </div>
15  </div>
```

当用户单击 Fade 按钮后，页面会以动画的形式切换到 id 为 p2 的面板。

9.7　数据展示

在移动端也可以把数据以列表形式进行展示。下面我们将简单介绍移动端的几种数据展示方式。

9.7.1　简单的列表（SimpleList）

列表就是把数据一条条地显示在页面中，它的基本结构如下所示。

```
<ul class="m-list">
    <li>列表元素一</li>
    <li>列表元素二</li>
</ul>
```

每个<li>标记代表列表中的每一条数据，每一条数据可以是任意的组件，如下代码在每一条数据中增加一个图片来显示。

```
<li>
    <img class="list-image" src="../images/modem.png"/>
    <div class="list-header">modem</div>
    <div class="list-content">example</div>
</li>
```

9.7.2 数据列表（DataList）

数据列表可以对数据进行分组显示，代码如下。

```
01          <div id="dl" data-options="
02                  fit: true,
03                  border: false,
04                  lines: true,
05                  checkbox: true,
06                  singleSelect: false
07                  ">
08          </div>
09      </div>
10      <script>
11          var data = [
12              {"group":"FL-DSH-01","item":"Tailless"},
13              {"group":"FL-DSH-01","item":"With tail"},
14              {"group":"FL-DSH-02","item":"Adult Female"},
15              {"group":"FL-DSH-02","item":"Adult Male"}
16          ];
17          $(function(){
18              $('#dl').datalist({
19                  data: data,
20                  textField: 'item',
21                  groupField: 'group'
22              })
23          })
24      </script>
```

最终运行结果如图 9.12 所示。

图 9.12　数据列表

9.7.3 数据网格（Datagrid）

与 PC 端一样，移动端也可以使用数据列表来显示数据，代码如下。

```
01  <table id="dg" data-options="header:'#hh',singleSelect:true,
02  border:false,fit:true,fitColumns:true,scrollbarSize:0">
03      <thead>
04       <tr>
05          <th data-options="field:'name',width:100">姓名</th>
06          <th data-options="field:'age',width:80,align:'right'">年龄</th>
07          <th data-options="field:'sex',width:80,align:'right'">性别</th>
08      </tr>
09      </thead>
10  </table>
11  <div id="hh">
12    <div class="m-toolbar">
13      <div class="m-title">数据网格</div>
14    </div>
15  </div>
16  <script>
17        var data = [
18          {"name":"张三","age":"20","sex":"男"},
19          {"name":"李四","age":"27","sex":"女"},
20        ];
21      $(function(){
22          $('#dg').datagrid({
23              data: data
24          });
25      });
26  </script>
```

最终运行结果如图 9.13 所示。

数据网格		
姓名	年龄	性别
张三	20	男
李四	27	女

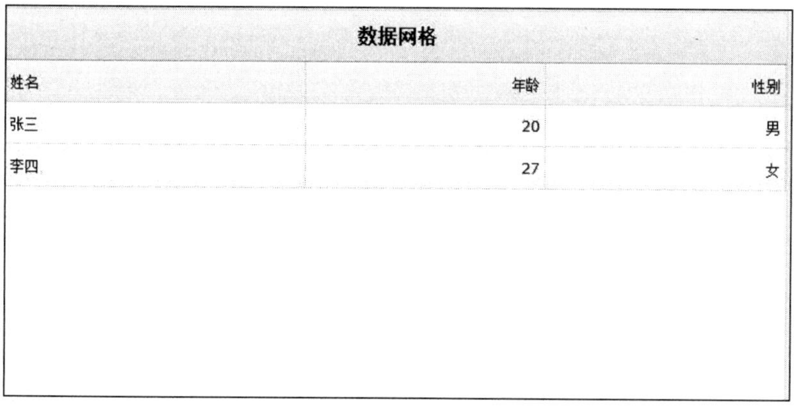

图 9.13 数据网格

9.8 小结

本章简单介绍了 EasyUI 移动端的开发方法，读者可以发现移动端下各个组件的使用方法与 PC 端几乎一致。EasyUI 拥有强大的数据处理功能，更适合做 PC 端的管理界面，因此读者应将主要精力放到 PC 端的学习中。

第 10 章

jQuery EasyUI的主题

主题（Themes）允许开发者改变站点的外观和感观。使用主题可以节省页面设计的时间，让开发者腾出更多的时间进行开发。开发者可以在站点中提供多个主题供用户选择，通过Cookie 或者服务器保存用户选中的主题，当用户再次打开站点时，根据其选择的主题来切换站点的显示外观。本章主要涉及的知识点有：

- 更改 EasyUI 应用的主题。
- 保存 EasyUI 应用的主题。
- 新增和更改 EasyUI 的图标。

10.1 更改主题样式

在 EasyUI 框架文件中有一个 themes 文件夹，该文件夹下提供了一系列可供开发者选择的主题，具体有如下 6 种主题：

- default
- black
- bootstrap
- gray
- metro
- material

本书的示例中使用的是默认主题（default），如果开发者希望使用 bootstrap 风格的主题，仅需将：

```
<link rel="stylesheet" type="text/css" href="../themes/default/easyui.css">
```

更改为：

```
<link rel="stylesheet" type="text/css" href="../themes/bootstrap/easyui.css">
```

EasyUI 还提供了众多的扩展主题，详细内容参见随书资料【资源/extends/theme】。

10.2 替换本机主题样式

每个用户对页面的感观并非一致，因此我们并不希望在程序中限定主题风格，通常会提供全部的风格供用户选择。当用户选中某个主题时，会使用该主题来替换当前主题。替换主题的方法说明如下。

首先需要给<link>标记添加一个 id 属性，例如：

```
<link id ="easyuiTheme"  rel="stylesheet" type="text/css"
href="../themes/default/easyui.css">
```

其次提供当前站点所支持的全部主题以供用户选择，例如我们使用菜单按钮来显示支持的全部主题，代码如下。

```
01      <a href="javascript:void(0)" id="mb" class="easyui-menubutton"
style="float:right"
02          data-options="menu:'#mm'">切换主题</a>
03              <div id="mm" style="width:150px;">
04              <div onclick="changeTheme('Default')">Default</div>
05              <div onclick="changeTheme('black')">black</div>
06                  <div onclick="changeTheme('bootstrap')">bootstrap</div>
07                  <div onclick="changeTheme('gray')">gray</div>
08                  <div onclick="changeTheme('material')">material</div>
09                  <div onclick="changeTheme('metro')">metro</div>
10              </div>
```

当用户选中指定的主题时，会触发 changeTheme 函数，该函数用于替换当前主题，其详细代码如下。

```
01  changeTheme = function(themeName) {
02      //获取当前主题的外部样式表链接地址
03      var $easyuiTheme = $('#easyuiTheme');
04      var url = $easyuiTheme.attr('href');
05      //将本机的主题地址替换成指定的主题地址
06      var href = url.substring(0, url.indexOf('themes')) + 'themes/' + themeName
+ '/easyui.css';
07      $easyuiTheme.attr('href', href);
08  };
```

 在上述代码中，我们假设站点支持的主题都在相同的目录下。如果不在同一目录下，开发者就需要通过不同的情况来设计主题的地址。

10.3 保存主题样式

当用户更改完主题后，每次重新打开页面，主题又会变回默认样式。要解决这个问题我们必须保存用户选择的主题，以便在每次页面打开时都使用指定的主题风格来渲染页面。下面将介绍两种保存主题的方法。

10.3.1　在服务器上保存

如果我们开发的应用有权限认证功能，用户必须通过登录方可访问的话，此时就可以将用户选中的主题风格作为用户信息的一个属性保存到服务器上。用户每次访问网站前先取出其选择的主题风格来渲染页面。

10.3.2　本地保存

对于部分没有权限认证的应用，只能将用户选择的主题风格保存到浏览器上。该方法要想达到预期效果，必须满足以下条件。

● 用户必须在浏览器中启用 Cookie。

● 用户每次访问都需在同一台电脑且同一个浏览器下方可生效。

使用 Cookie 来保存用户选择的主题风格，需要在程序中引入一个 jQuery 的 Cookie 插件 jQuery-cookie.js。该插件获取 Cookie 值的方法如下：

```
$.cookie("CookieName");
```

设置 Cookie 值的方法如下：

```
$.cookie("CookieName",CookieValue, { expires: 7 });
```

删除 Cookie 的方法如下：

```
$.cookie("CookieName",CookieValue, { expires: -1});
```

> 设置 Cookie 时通过 expires 属性来设置 Cookie 存储的时间，其单位为天。如果没有设置 expires 的值，那么当浏览器被关闭后该 Cookie 将自动销毁。如果设置 expires 为-1 的话，就会删除该 Cookie。

本地保存主题的完整代码如下：

```
01  //替换本机主题样式
02  changeTheme = function(themeName) {
03      //获取当前主题的外部样式表链接地址
04      var $easyuiTheme = $('#easyuiTheme');
05      var url = $easyuiTheme.attr('href');
06      //将本机的主题地址替换成指定的主题地址
```

```
07      var href = url.substring(0, url.indexOf('themes')) + 'themes/' + themeName
+ '/easyui.css';
08      $easyuiTheme.attr('href', href);
09      //保存当前选择的主题
10      $.cookie("theme",themeName,{ expires: 7 });
11  };
12
13  //获取存储的主题名称
14  var themeName = $.cookie("theme");
15  //使用存储的主题来渲染页面
16  if(themeName){
17      changeTheme(themeName);
18  }
```

【本节详细代码参见随书源码：\源码\easyui\example\ c10\changeTheme.html】

10.4　图标的更改

　　EasyUI 在 themes 文件夹下的 icons 文件夹中提供了少量的可供开发者使用的图标，为了满足开发需要，开发者也可以使用自定义的图标。

　　首先找到 EasyUI 框架下 themes 文件夹中的 icons 文件夹，将自定义的图标保存到该文件夹下。然后打开 themes 文件夹下的 icon.css 文件，在文本末尾添加如下代码：

```
1   .icon-extend-lock{
2     background:url('icons/extend_lock.png') no-repeat center center;
3   }
```

10.5　小结

　　本章向读者简单介绍了 EasyUI 的主题样式。这些主题样式可以在一定程度上解决 EasyUI 的界面美观问题。开发者应该根据业务的需求设计不同的主题，或者提供全部的主题供用户选择。如果可能的话，尽量让用户选择的主题保存在服务器端。

第 11 章

jQuery EasyUI的扩展

EasyUI 提供了一系列的扩展，所谓的扩展就是将一些常用的功能通过插件的形式进行封装，它可以极大节约开发者的开发时间。本章将向读者介绍 EasyUI 的常用扩展插件。本章主要涉及的知识点有：

- 扩展于数据网格的常用插件。
- 扩展于树的常用插件。
- EasyUI 用于支持其他框架的插件。
- EasyUI 文本编辑器扩展插件。

11.1 数据网格视图

在第 7 章中曾经向读者介绍过 EasyUI 中的数据网格，数据网格本质上是一种数据的映射，它将指定格式的数据映射到界面中，所谓的界面就是数据展示的视图，到目前为止本书所使用的都是数据网格的默认视图。数据网格也允许开发者自定义视图，使用自定义视图时，需要在数据网格的 view 属性中定义视图的名称。自定义视图的过程较为复杂，但是针对一些常用的视图，EasyUI 给出了对应的扩展插件，这些扩展插件免去了开发者自定义视图的过程，提高了开发效率。本节将介绍几种常见的视图扩展插件，以及自定义视图的方法。

 本章所介绍的扩展插件参见随书资料【\资源\extends\view\】。

11.1.1 数据网格详细内容视图（DataGrid DetailView）

详细内容视图扩展于数据网格，它会在数据网格每一行的前面显示一个展开按钮，当用户单击该按钮时，会在该行下方显示详细的内容。使用详细内容视图时，需要引入 datagrid-detailview.js 文件。

1. 创建详细内容视图

创建详细内容视图时，需要设置数据网格的 view 属性为 detailview，如下代码所示。

```
01  <table id="tt"></table>
02  $('#tt').datagrid({
03      view: detailview,
04      。。。。。。
05  });
```

2. 详细内容视图的属性

详细内容视图的常见属性见表 11.1。

表 11.1　详细内容视图的常用属性

名称	类型	描述	默认
autoUpdateDetail	boolean	定义更新某一行时是否自动更新该行的详细内容	true
detailFormatter	function(index,row)	返回行的详细内容	

 在创建详细内容视图时，开发者必须设置 detailFormatter 属性，该属性的方法返回的是每行的详细内容，返回值是一段 HTML 代码。当用户单击每行前的展开按钮时，会显示其详细内容，详细内容可以是产品的说明、图片等，也可以是一个表单甚至是一个数据网格。

3. 详细内容视图的事件

详细内容视图的常用事件见表 11.2。

表 11.2　详细内容视图的常用事件

名称	参数	描述
onExpandRow	index,row	当展开行时触发
onCollapseRow	index,row	当折叠行时触发

 参数 index 为当前行索引，从 0 开始计数。row 为当前行的内容。

4. 详细内容视图的方法

详细内容视图的常用方法见表 11.3。

表 11.3　详细内容视图的常用方法

名称	参数	描述
fixDetailRowHeight	index	固定详细内容行的高度
getExpander	index	获取行的扩展对象
getRowDetail	index	获取行的详细内容容器
expandRow	index	展开指定的行
collapseRow	index	折叠指定的行

5. 演示

下面的例子使用详细视图来重新设计产品的数据网格,我们将一些用户较为关注的内容放到数据网格中, 将一些产品的说明等次要信息放到详细内容中。部分代码如下所示。

```
01  $('#dg').datagrid({
02      width:600,
03      columns:[[
04      {field:'productname' ,title:'产品名称',width:'25%'},
05      {field:'producttype',title:'产品类型',align:'center',width:'15%'},
06      {field:'productprice' ,title:'产品价格',align:'center',width:'25%'},
07      {field:'productvolume' ,title:'销售量',align:'center',width:'25%'}
08      ]],
09      view: detailview,
10      data:[
11          {productname:"空调",producttype:"电器
",productprice:"5000",productvolume:"30",
12              productaddress:'南京',producttime:"2017 年 7 月 8 日
",img:'air.jpg'},
13          {productname:"冰箱",producttype:"电器
",productprice:"7900",productvolume:"21",
14              productaddress:'南京',producttime:"2017 年 9 月 11 日
",img:'fridge.jpg'},
15          {productname:"瓜子",producttype:"零食
",productprice:"3",productvolume:"341",
16              productaddress:'上海',producttime:"2017 年 2 月 27 日
",img:'guazi.jpg'},
17          {productname:"薯片",producttype:"零食
",productprice:"7",productvolume:"897",
18              productaddress:'北京',producttime:"2017 年 2 月 27 日
",img:'shupian.jpg'},
19          {productname:"烤箱",producttype:"电器
",productprice:"3500",productvolume:"12",
20              productaddress:'北京',producttime:"2017 年 6 月 7 日
",img:'Oven.jpg'},
21          {productname:"电视",producttype:"电器
",productprice:"4600",productvolume:"67",
22              productaddress:'上海',producttime:"2017 年 9 月 17 日
",img:'television.jpg'},
23          ],
24      detailFormatter:function(index,row){
25          return "<img style='float:left' src='img/"+row.img+"' height='60px'
width='40px'>"+
26          "<div class='detail'>产地: "+row.productaddress+"</div>"+
27          "<div class='detail'>生产日期: "+row.producttime+"</div>";
28      }
29  });
```

最终运行结果如图 11.1 所示。

产品名称	产品类型	产品价格	销售量
✚ 空调	电器	5000	30
✚ 冰箱	电器	7900	21
✚ 瓜子	零食	3	341
▬ 薯片	零食	7	897
产地：北京 生产日期：2017年2月27日			
✚ 烤箱	电器	3500	12
✚ 电视	电器	4600	67

图 11.1　详细内容视图

【本节详细代码参见随书源码：\源码\easyui\example\c11\detailView.html】

11.1.2　数据网格分组视图（DataGrid GroupView）

分组视图用于以层次结构来显示数据网格中的数据。在第 7 章中曾经向读者介绍过树形网格，树形网格可以将数据分为多层，但是它的初始化数据结构却非常复杂。通常在应用中我们仅仅会将数据分为一层，例如仅会将全部的产品分为电器和零食两类，在这种情况下开发者就可以使用分组视图来代替树形网格。在分组视图中初始化的数据结构与数据网格一致，开发者仅需要指定分组字段即可。使用分组视图时，需要引入 datagrid-groupview.js 文件。

1. 创建分组视图

在创建分组视图时，需要设置数据网格的 view 属性为 groupview，并且需要指定分组的字段名称。如下代码所示。

```
01  $('#dg').datagrid({
02      groupField:'productid',
03      view: groupview,
04       。。。。。。。
05  });
```

2. 分组视图的属性

分组视图的常用属性见表 11.4。

表 11.4　分组视图常用属性

名称	类型	描述	默认
groupField	string	指定被分组的字段	
groupFormatter	function(value,rows)	格式化分组，并返回格式化后的分组内容。 ● 参数 value 为分组字段的值 ● 参数 rows 是各个分组下的全部行数据	
groupStyler	function(value,rows)	设置分组的样式，返回值为分组的样式（css）	

提示　在创建分组视图时，必须设置 groupFormatter 属性，该属性返回的是分组的显示内容。

3. 分组视图的事件

分组视图的常用事件见表 11.5。

表 11.5　分组视图常用事件

名称	参数	描述
onExpandGroup	groupIndex	展开分组时触发
onCollapseGroup	groupIndex	折叠分组时触发

4. 分组视图的方法

分组视图的常用方法见表 11.6。

表 11.6　分组视图常用方法

名称	参数	描述
expandGroup	groupIndex	展开指定的分组
collapseGroup	groupIndex	折叠指定的分组
scrollToGroup	groupIndex	滚动到指定的分组

5. 演示

下面我们将使用分组视图对产品的类型进行分组，部分代码如下：

```
01  $('#dg').datagrid({
02      width:600,
03      columns:[[
04              {field:'productname' ,title:'产品名称',width:'25%'},
05              {field:'producttype',title:'产品类型
',align:'center',width:'15%'},
06              {field:'productprice' ,title:'产品价格
',align:'center',width:'25%'},
07              {field:'productvolume' ,title:'销售量
',align:'center',width:'25%'}
08          ]],
09      groupField:"producttype",
10      view: groupview,
11      data:[
12          {productname:"空调",producttype:"电器
",productprice:"5000",productvolume:"30"},
13          {productname:"冰箱",producttype:"电器
",productprice:"7900",productvolume:"21"},
14          {productname:"瓜子",producttype:"零食
```

```
",productprice:"3",productvolume:"341"},
15          {productname:"薯片",producttype:"零食
",productprice:"7",productvolume:"897"},
16          {productname:"烤箱",producttype:"电器
",productprice:"3500",productvolume:"12"},
17          {productname:"电视",producttype:"电器
",productprice:"4600",productvolume:"67"},
18      ],
19      /*格式化分组,必须设置该属性方可创建分组视图网格
20          value:分组的字段名
21          rows:该分组下的全部行数据
22          返回值为分组的名称
23      */
24      groupFormatter:function(value,rows){
25          //返回分组的名称以及该分组下有多少行数据
26          return value+"("+rows.length+")";
27      },
28      //设置分组的样式，它返回的是一个 css 样式
29      groupStyler:function(value,rows){
30          //设置分组以蓝色字体显示
31          return  "color:blue";
32      }
33  });
```

最终运行结果如图 11.2 所示。

产品名称	产品类型	产品价格	销售量
⊟ 电器(4)			
空调	电器	5000	30
冰箱	电器	7900	21
烤箱	电器	3500	12
电视	电器	4600	67
⊞ 零食(2)			

图 11.2　分组视图

【本节详细代码参见随书源码：\源码\easyui\example\c11\groupView.html】

11.1.3　数据网格缓存视图（DataGrid BufferView）

通过第 7 章的学习我们已经知道，当数据网格中的数据量过大时，可以使用分页器来分页显示数据。不过我们也可以使用缓存视图来显示大量数据，缓存视图会在初始化时加载全部的数据并缓存到浏览器。开发者可以定义缓存视图每次显示的数据量，当用户浏览到网格的末尾时，它会自动从浏览器中加载数据，直到全部数据被加载完毕。使用缓存视图时，需要引入 datagrid-bufferview.js 文件。

1. 创建缓存视图

在创建缓存视图时，需要设置数据网格的 view 属性为 bufferview。如果从服务器获取初始化数据的话，服务器必须返回全部的数据。如下代码所示。

```
01  $('#dg').datagrid({
02      url:'getData.php'
03      view: groupview,
04  });
```

2. 演示

下面我们将使用缓存视图从服务器加载海量数据，部分代码如下所示。

```
01  $('#dg').datagrid({
02      url:'server/bufferView.php',
03      width:500,
04      height:400,
05      view:bufferview,
06      columns:[[
07              {field:'name',title:'姓名',width:'50%'},
08              {field:'age' ,title:'年龄',width:'50%'}
09      ]],
10      loadMsg:"数据正在加载，请稍等",
11      rownumbers:true,
12      pageSize:50
13  });
```

最终运行结果如图 11.3 所示。

	姓名	年龄
1	name0	51
2	name1	59
3	name2	93
4	name3	55
5	name4	51
6	name5	37
7	name6	82

图 11.3　缓存视图

【本节详细代码参见随书源码：\源码\easyui\example\c11\bufferView.html】

在创建缓存视图时，必须设置数据网格的高度，否则显示会产生异常。

11.1.4　虚拟滚动视图（VirtualScrollView）

虚拟滚动视图与缓存视图一样，都是用来显示海量的数据，不同的是虚拟滚动视图初始化时仅仅会加载部分数据，当用户浏览到网格的末尾时，它会向服务器发送一个请求以获取其他数据。虚拟滚动视图还提供了对详细内容的支持。使用虚拟滚动视图时，需要引入 datagrid-scrollview.js 文件。

1. 创建虚拟滚动视图

在创建虚拟滚动视图时，需要设置数据网格的 view 属性为 scrollview。如下代码所示。

```
01  $('#dg').datagrid({
02      url:'getData.php'
03      view: scrollview,
04  });
```

2. 虚拟滚动视图方法

虚拟滚动视图的常用方法见表 11.7。

表 11.7　虚拟滚动视图方法

名称	参数	描述
getRow	index	得到指定行的数据
gotoPage	page	滚动到指定的页
scrollTo	index	滚动到指定的行
fixDetailRowHeight	index	自动适应行详细内容的高度
getExpander	index	获取指定行的扩展对象
getRowDetail	index	获取指定行的详细内容对象
expandRow	index	展开指定的行
collapseRow	index	折叠指定的行

 虚拟滚动视图集成了详细内容视图的功能，它允许用户展开每一行显示详细内容，此时仅需要为其设置 detailFormatter 属性即可，用法与详细内容视图一致。

3. 演示

下面的例子将向读者演示虚拟滚动视图的使用方法，我们会为视图中的每一行添加详细内容，部分代码如下：

```
01  $('#dg').datagrid({
02      url:'server/scrollview.php',
03      width:500,
04      height:400,
05      view:scrollview,
06      columns:[[
07          {field:'name',title:'姓名',width:'50%'},
08          {field:'age' ,title:'年龄',width:'50%'}
09      ]],
```

```
10        loadMsg:"数据正在加载，请稍等",
11        rownumbers:true,
12        pageSize:50,
13        //设置该属性后将为每行添加详细内容
14        detailFormatter: function(rowIndex, rowData){
15            return "详细内容";
16        }
17    });
```

每当虚拟滚动视图滚动到当前数据底部时，会向服务器发送请求，请求中附带参数 rows 和 page，rows 表示每页显示多少行数据，page 表示需要服务器提供第几页的数据。此时服务器的代码如下所示。

```
01    //获取当前是第几页，默认显示第一页
02    $page  = isset($_POST["page"])?$_POST["page"]:1;
03    //获取每页显示多少数据，默认显示 0 条数据
04    $rows  = isset($_POST["rows"])?$_POST["rows"]:10;
05    //数据的起始位置
06    $start = ($page-1)*$rows;
07    //得到数据
08    $data  = db::select("select * from pagination limit
".$start.",".$rows."")->getResult();
09    //得到总数据量
10    $count = db::select("select * from pagination")->getCount();
11    //将数据发送给前端
12    echo Data::toJson(array(
13        "rows"=>$data,
14        "total"=>$count
15    ));
```

 虚拟滚动视图会根据服务器返回的总数据（total），来判断浏览到数据尾部时是否需要继续向服务器发送请求获取数据。如果服务器不提供 total 数据的话，当浏览到数据尾部时将不会向服务器请求数据。

本例最终运行结果如图 11.4 所示。

		姓名	年龄
1	⊟	name0	51
		详细内容	
2	⊹	name1	59
3	⊹	name2	93
4	⊹	name3	55
5	⊹	name4	51
6	⊹	name5	37

图 11.4　虚拟滚动视图

【本节详细代码参见随书源码：\源码\easyui\example\c11\scrollview.html】

11.1.5　自定义数据网格视图

通过前面的学习我们已经学会了使用 EasyUI 的扩展视图来显示数据，但是在现实开发中，我们可能需要根据不同的业务情况来设计视图样式。本节将介绍如何自定义数据网格的视图。

自定义视图其实是自定义每一行数据的渲染效果，而不是自定义整个数据网格的渲染效果。表 11.8 为自定义视图的方法。

表 11.8　数据网格自定义视图的方法

名称	方法	描述
render	target, container, frozen	渲染数据网格中的每一行，当数据加载完毕后会调用该方法
renderFooter	target, container, frozen	渲染数据网格的页脚
renderRow	target, fields, frozen, rowIndex, rowData	渲染数据网格中每行的内容，它会被 render 方法调用
refreshRow	target, rowIndex	定义如何刷新指定的行
onBeforeRender	target, rows	渲染视图前触发
onAfterRender	target	渲染视图后触发

详细参数的解释如下：

- target：数据网格的 DOM 对象，通过$(target)可以获取数据网格对象。
- container：数据网格中行的容器。
- frozen：是否渲染被冻结的容器。
- fields：数据网格中的列字段。
- rowIndex：当前行的索引。
- rowData：当前行的数据。

> 通常我们会使用$(target)来获取数据网格对象，通过数据网格对象可以调用数据网格的相关方法。fields 参数为数据网格中列的字段名称，可以通过 rowData[fields[i]]获取单元格中的数据。

下面我们将自定义卡片视图（Card View），所谓的卡片视图就是将每行中的数据以我们指定的样式进行排列显示，这些数据不局限于字符串，也可以是一张图片、动态图、视频等。卡片视图的定义如下：

```
01  var cardview = $.extend({}, $.fn.datagrid.defaults.view, {
02      renderRow: function(target, fields, frozen, rowIndex, rowData){
03          //将该行内的全部数据保存到数组中
04          var cc = [];
05          //定义表格中的一行
06          cc.push('<td colspan=' + fields.length + ' style="padding:10px
```

```
5px;border:0;">');
07              //不对冻结的容器进行渲染
08          if (!frozen){
09              //图片数据
10            var img = rowData.img;
11            cc.push('<img src="img/' + img + '"
style="width:150px;float:left">');
12              //其他文本数据
13            cc.push('<div style="float:left;margin-left:20px;">');
14            //设置该行中每一列的数据，fields 是网格中全部字段的数组
15            for(var i=0; i<fields.length; i++){
16            // $(target) 为数据网格对象，可以通过数据网格对象调用数据网格的相关方法
17              var copts = $(target).datagrid('getColumnOption', fields[i]);
18            // copts.title 为每列字段的名称，rowData[fields[i]]为该行中指定列的数
据
19              cc.push('<p><span class="c-label">' + copts.title +
20                  ':</span> ' + rowData[fields[i]] + '</p>');
21            }
22            cc.push('</div>');
23          }
24      cc.push('</td>');
25      //返回处理后的数据
26      return cc.join('');
27    }
28  });
```

在数据网格中使用卡片视图的方法如下：

```
01    $('#dg').datagrid({
02    width:600,
03    height:400,
04      view: cardview,
05      data:[
06            {productname:"空调",producttype:"电器",productprice:"5000",
07              producttime:"2017 年 7 月 8 日",img:'air.jpg'},
08            {productname:"冰箱",producttype:"电器",productprice:"7900",
09              producttime:"2017 年 9 月 11 日",img:'fridge.jpg'},
10            {productname:"瓜子",producttype:"零食",productprice:"3",
11              producttime:"2017 年 2 月 27 日",img:'guazi.jpg'},
12            {productname:"薯片",producttype:"零食",productprice:"7",
13              producttime:"2017 年 2 月 27 日",img:'shupian.jpg'},
14            {productname:"烤箱",producttype:"电器",productprice:"3500",
15              producttime:"2017 年 6 月 7 日",img:'Oven.jpg'},
16            {productname:"电视",producttype:"电器",productprice:"4600",
17              producttime:"2017 年 9 月 17 日",img:'television.png'},
18          ],
19      columns:[[
20            {field:'productname' ,title:'产品名称',width:'25%'},
21            {field:'producttype',title:'产品类型
',align:'center',width:'15%'},
22            {field:'productprice' ,title:'产品价格
```

```
',align:'center',width:'25%'},
23              {field:'producttime' ,title:'生产日期
',align:'center',width:'25%'}
24        ]],
25    });
```

最终运行结果如图 11.5 所示。

图 11.5　自定义卡片视图

【本节详细代码参见随书源码：\源码\easyui\example\c11\cardView.html】

11.2 可编辑的数据网格（Editable DataGrid）

我们曾经向读者介绍过，在数据网格中如何开启行编辑，但是通过 datagrid 来设计行编辑未免太过复杂，首先每次设计行编辑时都需要设计大量的代码来处理编辑前和编辑后的事件，其次当数据编辑完毕后我们还需要将数据保存到服务器中。这个过程使用数据网格操作起来相当烦琐。针对这个问题，EasyUI 提供了可编辑数据网格（edatagrid）插件，该插件使得数据网格的行编辑变得十分简单。使用可编辑的数据网格时，需要引入 jquery.edatagrid.js 文件。

可编辑的数据网格依赖于：

● datagrid

可编辑的数据网格扩展于：

● datagrid

1. 创建可编辑的数据网格

可编辑数据网格的创建方式与数据网格一致，例如：

```
01  <div id='dg'></div>
02  $("#dg").edatagrid({
03      width:600,
```

```
04        rownumbers:true,
05        toolbar:"#tb",
06        .........
07  });
```

2. 可编辑数据网格的属性

可编辑数据网格的常用属性见表 11.9。

表 11.9　可编辑数据网格属性

名称	类型	描述	默认
destroyMsg	object	删除某行时显示的确认对话框	object
autoSave	boolean	定义当被编辑的对象失去焦点时是否自动保存	false
url	string	获取服务器端数据的地址	null
saveUrl	string	保存数据的服务器地址	null
updateUrl	string	更新数据的服务器地址	null
destroyUrl	string	删除数据的服务器地址。它会向服务器发送一个名为 id 的参数，服务器通过该参数删除指定的数据	null

其中 destroyMsg 属性用于在删除某行时显示一段提示信息，例如：

```
01     destroyMsg:{
02         //当没有被选中的行时
03         norecord:{
04             title:'警告',
05             msg:'没有数据被选中'
06         },
07         //显示确认提示
08         confirm:{
09             title:'确认',
10             msg:'你确认要删除该数据吗?'
11         }
12     },
```

3. 可编辑数据网格的事件

可编辑数据网格的常用事件见表 11.10。

表 11.10　可编辑的数据网格事件

名称	参数	描述
onAdd	index,row	当添加新的一行时触发
onEdit	index,row	当某行被编辑时触发
onBeforeSave	index	当某行被保存前触发，返回 false 可以取消此次保存行为
onSave	index,row	当某行编辑完毕后、被保存前触发
onSuccess	index,row	当某行保存完毕后触发
onDestroy	index,row	当某行被删除后触发
onError	index,row	显示服务器错误

其中的 onError 事件用于显示服务器的报错信息，该事件的触发需要在服务器上实现。服务器在返回数据时需要返回一个'isError'属性，当该属性的值设置为 true 时，会触发 onError 事件，例如下面的服务器端代码所示。

```
01  echo json_encode(array(
02      'isError' => true,
03      'msg' => 'error message.'
04  ));
```

由于服务器端返回的数据中设置了'isError'属性为 true，此时会触发 onError 事件，例如下面代码所示。

```
01  $('#dg').edatagrid({
02      onError: function(index,row){
03          alert(row.msg);
04      }
05  })
```

4. 可编辑数据网格的方法

可编辑数据网格的常用方法见表 11.11。

表 11.11　可编辑的数据网格方法

名称	参数	描述
options	none	返回选项对象
enableEditing	none	允许数据网格被编辑
disableEditing	none	禁止数据网格被编辑
editRow	index	编辑某行
addRow	index	新增一行，index 为新增行的索引。假如未定义的话，默认新增在网格末尾
saveRow	none	保存被编辑的行
cancelRow	none	取消行的编辑状态
destroyRow	index	删除某行，index 为行的索引。如果未设置的话，默认删除全部被选中的行

11.3　可编辑树（Editable Tree）

与可编辑的数据网格一样，可编辑树可以方便开发者使用树结构创建一个 CRUD 应用。使用可编辑的数据网格时，需要引入 jquery.etree.js 文件。

可编辑的树依赖于：

- tree

可编辑的树扩展于：

- tree

1. 创建可编辑树

可以通过如下方法创建一个可编辑的树。

```
01  <ul id="tt"></ul>
02  $('#tt').etree({
03      url: 'tree_data.json',
04      createUrl: ...,
05      updateUrl: ...,
06      destroyUrl: ...,
07      dndUrl: ...
08  });
```

2. 可编辑树的属性

可编辑的树常用属性如下所示。

- url：获取服务器端数据的地址。
- createUrl：当创建一个新节点时，可编辑的树会向服务器传送一个名为'parentId'的参数，该参数为其父节点的 id，服务器应该返回新增节点的数据。
- updateUrl：当更新一个新节点时，可编辑的树会将'id'和'text'参数传送给服务器，服务器更新完毕后返回更新后的节点数据。
- destroyUrl：当销毁一个节点时，可编辑的树会将'id'参数传送给服务器，服务器删除数据后应该返回{"success":true}。
- dndUrl：当拖动和放置一个节点时，可编辑的树将参数'id', ' targetId', 'point'传输给服务器，其中参数 id 为被拖动的节点 id，targetId 为被放置的节点 id，point 指定放置的位置，可能的值有'append'、'top'、'bottom'。服务器操作完毕后，应该返回{"success":true}。

3. 可编辑树的方法

可编辑树的常用方法见表 11.12。

表 11.12　可编辑树的方法

名称	参数	描述
options	none	返回选项对象
create	none	创建一个新的节点
edit	none	编辑当前被选中的节点
destroy	none	销毁当前被选中的节点

4. 演示

下面的例子将向读者演示可编辑树的使用方法，部分代码如下：

```
01    /*新增节点的方法
02       该方法会在指定的父节点下创建一个子节点
03    */
04    function append() {
05        //获取当前选中的节点对象
06        var t = $('#tg');
07        var node = t.etree('getSelected');
08        //先判断选择的节点是否为一个叶节点，如果不是叶节点的话则可以在其下创建新的节点
09        if(!t.etree('isLeaf', node.target)){
10          t.etree('create');
11        }else{
12        $.messager.show({
13          title:'警告',
14          msg:'请勿在叶节点下创建新的节点',
15          timeout:5000,
16          showType:'slide'
17            });
18          }
19        }
20        //删除节点的方法，该方法会删除选中的节点
21        function removeit() {
22          var node = $('#tg').etree('getSelected');
23          $('#tg').etree('destroy', node);
24        }
```

最终运行结果如图 11.6 所示。

图 11.6 可编辑的树

【本节详细代码参见随书源码：\源码\easyui\example\c11\editableTree.html】

11.4 数据网格单元格编辑（Cell Editing in DataGrid）

数据网格单元格编辑插件是一个扩展于数据网格的插件，它省去了开发者重新定义单元格编辑方法的过程，大大节省了开发时间。使用数据网格单元格编辑时，需要引入 datagrid-cellediting.js 文件。

1. 创建数据网格单元格编辑

创建数据网格单元格编辑的方法如下：

```
01  $('#dg').datagrid({
02      dblclickToEdit : true,
03      columns : [[
04      //产品名称在编辑模式时使用文本框标记
05      {
06          field : 'productname',
07          title : '产品名称',
08          width : '25%',
09          editor : "textbox"
10          },
11          //产品类型在编辑模式时使用组合框
12          {
13          field : 'producttype',
14          title : '产品类型',
15          width : '25%',
16          editor : {
17              type : "combobox",
18              options : {
19                  valueField : 'id',
20                  textField : 'typename',
21                  data : [ {
22                      id : 1,
23                      typename : '电器'
24                  }, {
25                      id : 2,
26                      typename : '食品'
27                  } ]
28              }
29          }
30      },
31      }]],
32  ......
33  }).datagrid('enableCellEditing');
```

数据网格单元格编辑的创建与数据网格一致，不过默认情况下无法对单元格进行编辑。开发者需要通过 enableCellEditing 方法开启单元格编辑。

2. 数据网格单元格编辑属性

数据网格单元格编辑的属性见表 11.13。

表 11.13　数据网格单元格编辑属性

名称	类型	描述	默认
clickToEdit	boolean	定义是否单击单元格时编辑	true
dblclickToEdit	boolean	定义是否双击单元格时编辑	false

3. 数据网格单元格编辑事件

数据网格单元格编辑的事件见表 11.14。

表 11.14　数据网格单元格编辑事件

名称	类型	描述
onBeforeCellEdit	index,field	编辑单元格前触发，返回 false 取消此次编辑动作
onCellEdit	index,field,value	编辑单元格时触发
onSelectCell	index,field	选中单元格时触发
onUnselectCell	index,field	取消选中单元格时触发

4. 数据网格单元格编辑方法

数据网格单元格编辑的方法见表 11.15。

表 11.15　数据网格单元格编辑事件

名称	参数	描述
editCell	param	编辑单元格的方法，param 参数包含如下属性： ● index: 单元格所在行的索引 ● field: 单元格所在列的字段名
isEditing	index	返回 true 的话指定单元格在编辑状态。
gotoCell	param	高亮显示某个单元格，param 参数可能的值有'up' 'down' 'left' 'right'，也可以是包含如下属性的对象： ● index: 行索引 ● field: 列的字段名称
enableCellSelecting	none	允许单元格选中
disableCellSelecting	none	禁止单元格选中
enableCellEditing	none	允许单元格编辑
disableCellEditing	none	禁止单元格编辑
input	param	返回当前正在编辑的对象
cell	none	返回当前单元格的信息，返回值包含'index'和'field'属性
getSelectedCells	none	返回所有被选中的单元格

11.5 数据网格拖曳与放置（Drag and Drop Rows in DataGrid）

可拖放的数据网格插件可以方便用户动态地拖放数据网格中的每一行数据，它扩展于数据网格。创建可拖放的数据网格时，需要引入 datagrid-dnd.js 文件。

1. 创建可拖放的数据网格

创建可拖放的数据网格的方法与创建数据网格一致，开发者只需要引入 datagrid-dnd.js 插件即可。默认情况下数据网格不支持拖放，需要通过 enableDnd 方法开启，如下代码所示。

```
01  $('#dg').datagrid({
02    //配置
03  }).datagrid('enableDnd');
```

2. 可拖放的数据网格属性

可拖放的数据网格常用属性见表 11.16。

表 11.16 可拖放的数据网格属性

名称	类型	描述	默认
dropAccept	selector	定义允许被拖放的行	tr.datagrid-row
dragSelection	boolean	设置为 true 时允许拖动全部被选中的行，设置为 false 时只能拖动最后被选中的行	false

3. 可拖放的数据网格事件

可拖放的数据网格常用事件见表 11.17。

表 11.17 可拖放的数据网格事件

名称	参数	描述
onBeforeDrag	row	当某行被拖动前触发，返回 false 则取消此次拖动行为
onStartDrag	row	当开始拖动某行时触发
onStopDrag	row	当停止拖动某行时触发
onDragEnter	targetRow, sourceRow	当被拖动的行经过网格中的其他行前触发，targetRow 是拖动元素经过的行对象，sourceRow 为被拖动的行对象。当返回 false 时则禁止被拖动的行放置在目标行
onDragOver	targetRow, sourceRow	当被拖动的行经过网格中其他行时触发，当返回 false 时则禁止被拖动的行放置在目标行
onDragLeave	targetRow, sourceRow	当被拖动的行离开网格中其他行时触发
onBeforeDrop	targetRow,sourceRow,point	放置被拖动的行时触发，返回 false 时则取消放置。参数 point 指定放置的位置是在目标行前还是目标行后，可能的值有'top'和'bottom'
onDrop	targetRow,sourceRow,point	拖动的行放置完毕后触发

上述事件用于控制数据网格的行从开始拖动到放置完毕这一过程。

4. 可拖放的数据网格方法

可拖放的数据网格常用方法见表 11.18。

表 11.18　可拖放的数据网格方法

名称	参数	描述
enableDnd	index	该方法允许数据网格中的行被拖动和放置，参数 index 为允许被拖动和放置的行的索引。如果不设置的话，默认数据网格中所有的行都可以被拖动和放置

11.6　树形网格行的拖曳与放置（Drag and Drop Rows in TreeGrid）

与可拖放的数据网格一样，可拖放的树形网格是一个扩展于树形网格的插件，它允许用户拖放树形网格中的行。创建可拖放的树形网格时，需要引入 treegrid-dnd.js 文件。

1. 创建可拖放的树形网格

创建可拖放的树形网格的方法与创建树形网格一样，开发者只需要引入 treegrid -dnd.js 插件即可。默认情况下树形网格不支持拖放，需要通过 enableDnd 方法开启，如下代码所示。

```
01  $('#tg'). treegrid({
02    //配置
03  }). treegrid('enableDnd');
```

2. 可拖放的树形网格属性

可拖放的树形网格常用属性见表 11.19。

表 11.19　可拖放的树形网格属性

名称	类型	描述	默认
dropAccept	selector	定义允许被拖放的行	tr.datagrid-row
dragSelection	boolean	设置为 true 时允许拖动全部被选中的行，设置为 false 时只能拖动最后被选中的行	false

3. 可拖放的树形网格事件

可拖放的树形网格常用事件见表 11.20。

表 11.20　可拖放的树形网格事件

名称	参数	描述
onBeforeDrag	row	当某行被拖动前触发，返回 false 则取消此次拖动行为
onStartDrag	row	当开始拖动某行时触发
onStopDrag	row	当停止拖动某行时触发
onDragEnter	targetRow, sourceRow	当被拖动的行经过网格中的其他行前触发，targetRow 是拖动元素经过的行对象，sourceRow 为被拖动的行对象。当返回 false 时则禁止被拖动的行放置在目标行
onDragOver	targetRow, sourceRow	当被拖动的行经过网格中其他行时触发，当返回 false 时则禁止被拖动的行放置在目标行。
onDragLeave	targetRow, sourceRow	当被拖动的行离开网格中其他行时触发
onBeforeDrop	targetRow,sourceRow,point	放置被拖动的行时触发，返回 false 时则取消放置。参数 point 指定放置的位置是在目标行前还是目标行后，可能的值有'top' 和'bottom'
onDrop	targetRow,sourceRow,point	拖动的行放置完毕后触发

4. 可拖放的树形网格方法

可拖放的树形网格常用方法见表 11.21。

表 11.21　可拖放的树形网格方法

名称	参数	描述
enableDnd	index	该方法允许网格中的行被拖动和放置，参数 index 为允许被拖动和放置的行的索引。如果不设置的话，默认网格中所有的行都可以被拖动和放置

11.7　列的扩展（Columns Extension）

与可拖放的行插件一样，数据网格和树形网格中的列也可以被拖放，使用列的扩展插件需要引入 columns-ext.js。该插件允许用户动态地拖放数据网格或树形网格中的列，也允许开发者对列进行排序、冻结等操作。

1. 创建列的扩展网格

根据需要我们可以使用数据网格或树形网格来创建，默认情况下不支持列的拖放，需要通过 columnMoving 方法来开启列的拖放功能，如下代码所示。

```
01  $('#tg'). treegrid ({
02    //配置
03  }). treegrid('columnMoving');
```

```
04    $('#dg'). datagrid ({
05       //配置
06    }).datagrid('columnMoving');
```

2. 列的扩展事件

列的扩展网格常用事件见表 11.22。

表 11.22　列的扩展网格常用属性

名称	参数	描述
onBeforeDragColumn	field	当拖动某列前触发，返回 false 则取消本次拖动
onStartDragColumn	field	当开始拖动某列时触发
onStopDragColumn	field	当停止拖动某列时触发
onBeforeDropColumn	toField, fromField, point	当放置某列时触发，返回 false 则取消本次放置行为，参数如下： ● toField：放置到哪列 ● fromField::被拖动的列 ● point：指定放置的位置，可能的值有'before'和'after'
onDropColumn	toField, fromField, point	放置完毕后触发

3. 列的扩展方法

列的扩展网格常用方法见表 11.23。

表 11.23　列的扩展网格常用方法

名称	参数	描述
columnMoving	none	该方法允许列被拖动和放置
freezeColumn	field	冻结指定的列
unfreezeColumn	field	取消冻结指定的列
moveColumn	param	移动指定的列，参数 param 有如下属性： ● field：被放置的列的字段名称 ● before：定义放置在哪一列前方 ● after：定义放置在哪一列后方
reorderColumns	fields	重新排序列的顺序，fileds 参数为列的字段名数组

4. 演示

下面的例子中，我们对数据网格的列重新进行排序，部分代码如下：

```
01    $('#dg').datagrid({
02       width:700,
03       columns:[[
04       {field:'productname' ,title:'产品名称',width:'25%'},
```

```
05      {field:'producttype',title:'产品类型',align:'center',width:'25%'},
06      {field:'productprice' ,title:'产品价格',align:'center',width:'25%'},
07      {field:'productvolume' ,title:'销售量',align:'center',width:'25%'}
08    ]],
09    data:[
10    {productname:"空调",producttype:"电器
",productprice:5000,productvolume:30},
11      {productname:"冰箱",producttype:"电器
",productprice:7900,productvolume:21},
12      {productname:"瓜子",producttype:"零食
",productprice:3,productvolume:341},
13      {productname:"薯片",producttype:"零食
",productprice:7,productvolume:897},
14      {productname:"烤箱",producttype:"电器
",productprice:3500,productvolume:12},
15      {productname:"电视",producttype:"电器
",productprice:4600,productvolume:67},
16    ],
17    });
18    //重新排列行的顺序
19    $('#dg').datagrid('reorderColumns',
20        ['productname','productprice','producttype','productvolume']);
21    //开启列拖动
22    $('#dg').datagrid('columnMoving');
```

最终运行结果如图 11.7 所示。

产品名称	产品类型	产品价格	销售量
空调	✔ 产品名称	5000	30
冰箱	电器	7900	21
瓜子	零食	3	341
薯片	零食	7	897
烤箱	电器	3500	12
电视	电器	4600	67

图 11.7　可拖动的列

【本节详细代码参见随书源码：\源码\easyui\example\c11\columns-ext.html】

必须在列被重新排序完毕后才可以开启列的拖动，否则列无法被拖动。

11.8　数据网格的过滤（DataGrid Filter Row）

数据网格过滤插件（datagrid-filter）扩展于数据网格，它支持用户动态地过滤数据网格中的数据，这些过滤操作集成在过滤栏中，其结构如图 11.8 所示。

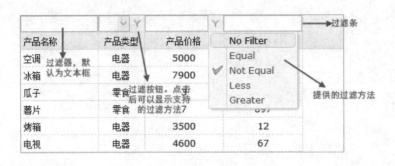

图 11.8 过滤栏

读者可以发现过滤栏是由过滤器和过滤方法组成的，默认的过滤方法介绍如下：

- contains: 包含。
- equal: 等于。
- notequal: 不等于。
- beginwith: 以某个内容开始。
- endwith: 以某个内容结束。
- less: 小于。
- greater: 大于。
- lessorequal: 小于等于。
- greaterorequal: 大于等于。

> JSON 格式数据默认为字符串，因此如果需要对数字进行过滤的话，必须先进行强制类型转换。

创建可过滤的数据网格时，需要引入 datagrid-filter.js 文件。

1. 创建可过滤的数据网格

创建可过滤的数据网格与创建数据网格的方法一样，开发者只需要使用'enableFilter'方法启用过滤即可，使用可过滤的数据网格时，需要引入 columns-ext.js 文件。如下代码所示。

```
var dg = $('#dg');
dg.datagrid();    // 创建数据网格
dg.datagrid('enableFilter');    // 启用过滤
```

2. 可过滤的数据网格属性

可过滤的数据网格的常用属性见表 11.24。

表 11.24　可过滤的数据网格属性

名称	类型	描述	默认
filterMenuIconCls	string	定义过滤方法选中的图标样式	icon-ok
filterBtnIconCls	string	定义过滤按钮的图标	icon-filter
filterBtnPosition	string	过滤按钮相对于过滤器的位置，可能的值有'left'和'right'	right
filterPosition	string	定义过滤栏在字段名的哪侧，可能的值有'top'和'bottom'	bottom
showFilterBar	boolean	设置为 true 时显示过滤栏	true
remoteFilter	boolean	设置为 true 时允许远程过滤。当启用时，'filterRules' 参数将发送到远程服务器	false
filterDelay	number	定义当用户输入完毕最后一个字符时延迟多久进行过滤	400
filterRules	array	定义每个字段的默认过滤规则，每个过滤规则包含如下属性： ● 'field'：字段名称 ● 'op'：过滤方法 ● 'value'：过滤器的值	[]
filterMatchingType	string	指定过滤后的行的匹配类型，可能的值有： ● 'all'：满足全部的匹配规则时方能匹配成功 ● 'any'：满足任意一个匹配规则时即可匹配成功	all
filterIncludingChild	boolean	定义当匹配一个节点时是否匹配其子节点	false
defaultFilterType	string	默认的过滤器类型	text
defaultFilterOperator	string	默认的过滤方法	contains
defaultFilterOptions	object	默认的过滤器属性	
filterStringify	function	把过滤规则格式化为字符串的函数	function(data){　　　return　　JSON.stringify(data);　}
val	function	该函数用于获取符合过滤规则的数据	function(row,　field,　formattedValue){　　　return　formattedValue　‖　row[field]; }

过滤规则是由过滤器和过滤方法共同组合而成的，例如过滤器的值为'5'，过滤方法为'less'，那么这个过滤规则是匹配所有小于'5'的数据。

3. 可过滤的数据网格事件

可过滤的数据网格的常用事件见表 11.25。

表 11.25　可过滤的数据网格事件

名称	参数	描述
onClickMenu	item,button,field	当单击过滤方法时触发，返回 false 则取消此次过滤行为，参数如下： ● item：被单击的过滤方法对象，可以通过 item.name 获取过滤的方法 ● button：过滤方法本身的按钮对象 ● field：字段名称

4. 可过滤的数据网格方法

可过滤的数据网格的常用方法见表 11.26。

表 11.26　可过滤的数据网格方法

名称	参数	方法
enableFilter	filters	该方法创建一个可被过滤的网格.。参数'filters'包含如下过滤配置： ● field：指定需要被过滤的字段 ● type：指定过滤器类型，可能的值有 label、text,textarea、checkbox、numberbox、validatebox、datebox、combobox、combotree ● options：过滤器配置 ● op：过滤方法，可能的值有 contains、equal、notequal、beginwith、endwith、less、lessorequal、greater、greaterorequal
disableFilter	none	禁止过滤
destroyFilter	none	销毁过滤栏
getFilterRule	field	获取指定字段的过滤规则
addFilterRule	param	新增过滤规则
removeFilterRule	field	移除过滤规则。如果参数'field' 未明确指定字段的话，将移除全部字段的过滤规则
doFilter	none	使用指定的过滤规则进行过滤
getFilterComponent	field	获取指定字段上的过滤器组件
resizeFilter	field	调整过滤器组件的尺寸

5. 本地过滤演示

下面的例子将演示如何在本地过滤数据，部分代码如下所示。

```
01  $(function(){
02  $('#dg').datagrid({
03      width:700,
04      columns:[[
05          {field:'productname' ,title:'产品名称',width:'25%'},
06          {field:'producttype',title:'产品类型',align:'center',width:'25%'},
07          {field:'productprice' ,title:'产品价格',align:'center',width:'25%'},
08          {field:'productvolume' ,title:'销售量',align:'center',width:'25%'}
```

```
.09        ]],
10         data:[
11         {productname:"空调",producttype:"电器
",productprice:5000,productvolume:30},
12           {productname:"冰箱",producttype:"电器
",productprice:7900,productvolume:21},
13           {productname:"瓜子",producttype:"零食
",productprice:3,productvolume:341},
14           {productname:"薯片",producttype:"零食
",productprice:7,productvolume:897},
15           {productname:"烤箱",producttype:"电器
",productprice:3500,productvolume:12},
16           {productname:"电视",producttype:"电器
",productprice:4600,productvolume:67},
17         ],
18         filterPosition:'top',//在字段名称上侧显示过滤栏
19         }).datagrid("enableFilter", [
20         //产品类型为一组字符串，过滤器使用文本框
21         //对于字符串而言需要用到
'contains','equal','notequal','beginwith','endwith'过滤方法
22         {
23         field:'productname',
24         type:'textbox',
25         op:['contains','equal','notequal','beginwith','endwith']
26         },
27         //产品类型是一个组合框
28         //对于组合框而言需要用到'equal','notequal'过滤方法
29         {
30         field:'producttype',
31         type:'combobox',
32         options:{data:[
33             {id:'电器',typename:'电器'},
34             {id:'零食',typename:'零食'}
35         ],
36         valueField:'id',
37         textField:'typename'},
38         op:['equal','notequal']
39         },
40         //产品价格为数字
41         //对于数字而言需要用到'equal','notequal','beginwith','endwith',
42         //'less','greater','lessorequal','greaterorequal'过滤方法
43         {
44         field:'productprice',
45         type:'textbox',
46         op:['equal','notequal','beginwith','endwith','less','greater',
'lessorequal','greaterorequal']
47         },{
48         field:'productvolume',
49         type:'textbox',
50         op:['contains','equal','notequal','beginwith','endwith','less',
'greater','lessorequal',
```

```
51        'greaterorequal']
52    }]);
53  });
```

最终运行结果如图 11.9 所示。

产品名称	产品类型	产品价格	销售量
瓜子	零食	3	341
薯片	零食	7	897

图 11.9　本地数据过滤

 过滤器中是由存储值作为过滤值的，例如上例中产品类型过滤器是一个组合框，它是使用的'id'字段的值作为过滤值。

【本节详细代码参见随书源码：\源码\easyui\example\c11\localFilter.html】

6. 演示服务器过滤

本地过滤有一个最大的问题，它需要初始化时载入全部的数据，但是大多是情况下我们会对数据进行分页，初始化时仅仅会载入一页的数据，这就导致本地过滤仅仅是对当前页进行过滤，这样，无法得到预期结果。针对这个情况我们可以使用服务器端来进行数据过滤，其用法如下：

```
01      $("#dg").datagrid({
02          width:500,
03          rownumbers:true,
04          url:"server/getRemoteFilterData.php",
05          columns:[[
06              {field:'name',title:'姓名',width:'50%'},
07              {field:'age' ,title:'年龄',width:'50%'},
08          ]],
09          remoteFilter:true,//开启服务器过滤
10          //将过滤规则通过'filterRules'参数传输给服务器
11          //注意其为 JSON 格式，例如
[{"field":"age","op":"endwith","value":"5"}]
12      //服务器需要将 JSON 格式转化成数组
13          filterStringify:function(data){
14              return JSON.stringify(data);
15          },
16          loadMsg:"数据正在加载，请稍等",
17          pagination:true,
18      }).datagrid("enableFilter", [
19          {
20              field:'name',
21              type:'textbox',
22              op:['equal','notequal','beginwith','endwith']
```

```
23                },{
24                    field:'age',
25                    type:'textbox',
26                    op:['contains','equal','notequal','beginwith','endwith',
'less','greater',
27                        'lessorequal','greaterorequal']
28            }]);
29        });
```

服务器端代码如下：

```
01  //当前是第几页
02  $page = $_POST["page"];
03  //每页显示多少数据
04  $rows = $_POST["rows"];
05  //获取匹配条件
06  if(isset($_POST["filterRules"])){
07      //将 JSON 格式的过滤规则参数转换成数据
08      $condition = json_decode($_POST["filterRules"],true);
09      //需要被过滤的字段
10      $field = $condition[0]['field'];
11      //过滤的方法
12      $op   = $condition[0]['op'];
13      //过滤的值
14      $value = $condition[0]['value'];
15
16      //根据不同的过滤方式过滤数据
17      switch($op){
18          case 'contains':{//包含
19              $where = "where ".$field." Like '%".$value."%'";
20              break;
21          }
22          case 'equal':{//等于
23              $where = "where ".$field."='".$value."'";
24              break;
25          }
26          case 'notequal':{//不等于
27              $where = "where ".$field."<>'".$value."'";
28              break;
29          }
30          case 'endwith':{//以。。开头
31              $where = "where ".$field." Like '%".$value."'";
32              break;
33          }
34          case 'beginwith':{//以。。结尾
35              $where = "where ".$field." Like '".$value."%'";
36              break;
37          }
38          case 'less':{//小于
39              $where = "where ".$field."< '".$value."'";
40              break;
```

```
41              }
42          case 'greater':{//大于
43              $where = "where ".$field."> '".$value."'";
44              break;
45          }
46          case 'lessorequal':{//小于等于
47              $where = "where ".$field."<= '".$value."'";
48              break;
49          }
50          case 'greaterorequal':{//大于等于
51              $where = "where ".$field.">= '".$value."'";
52              break;
53          }
54      }
55      //查询数据库中指定条件
56      $data = db::select("select * from pagination ".$where."
57                  limit ".($page-1)*$rows.",".$rows)->getResult();
58      //查询数据库中的指定条件数据总数
59      $total = db::select("select * from pagination ".$where)->getCount();
60  }
61  else{
62      //查询数据库中指定范围的数据
63      $data = db::select("select * from pagination limit
64  ".($page-1)*$rows.",".$rows)->getResult();
65      //查询数据库中的数据总数
66      $total = db::select("select * from pagination")->getCount();
67  }
68
69  $info = array(
70      "total"=>$total,
71      "rows"=>$data
72  );
73  //将数组转换成 JSON 格式并返回
74  echo Data::toJson($info);
```

最终运行结果如图 11.10 所示。

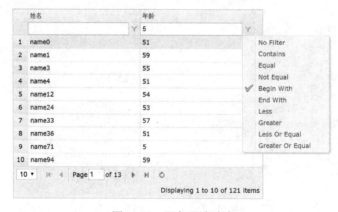

图 11.10　服务器端过滤

【本节详细代码参见随书源码：\源码\easyui\example\c11\remoteFilter.html】

11.9　数据分析器（PivotGrid）

PivotGrid 是一个扩展于树形网格的插件，它主要用于用户对数据进行分析和统计，其有如下特性：

- 数据分析：用户可以动态的过滤网格内容，调整网格布局。
- 数据统计：可以对列进行求和、求最大值、求最小值等常用操作。
- 数据排序：用户可以动态地对指定列数据进行排序。

使用数据分析器时，需要引入 jquery.pivotgrid.js 文件。

1. 数据分析器属性

数据分析器的常用属性见表 11.27。

表 11.27　数据分析器常用属性说明

名称	类型	描述	默认
forzenColumnTitle	string	冻结列的名称	
valueFieldWidth	number	指定每列数据的宽度	80
valuePrecision	number	指定每列数据精确到小数点后多少位	0
valueStyler	function(value,row)	指定单元格内数据的显示风格，返回值为其 css 风格。 ● value 为单元格内的数据 ● row 为当前单元格所在行的数据	
valueFormatter	function(value,row)	格式化单元格内的数据	
pivot	object	数据分析器的默认配置	
i18n	object	i18n 默认配置	
defaultOperator	string	默认的操作器	sum
operators	object	每列数据的操作器，可能的值有 'sum' 'count' 'max' 'min'	

pivot 属性定义网格的初始化布局，它有如下属性：

- rows: 数组，用于定义显示在网格左侧的内容。
- columns:: 数组，用于定义显示在网格最上方的列内容。
- values: 数组，定义显示在列下方的值。
- filters: 数组，定义需要被过滤的数据。

- filterRules：对象，定义过滤规则。

为了详细介绍该属性的使用，我们创建如下的 JSON 格式数据：

```
01  {"name":"手机","type":"电器
","year":"2010","cost":"1120","sales":"1630","volume":"134"},
02  {"name":"手机","type":"电器
","year":"2011","cost":"2563","sales":"2562","volume":"253"},
03  {"name":"手机","type":"电器
","year":"2012","cost":"3200","sales":"3300","volume":"245"},
04  {"name":"手机","type":"电器
","year":"2013","cost":"2657","sales":"3600","volume":"356"},
05  {"name":"手机","type":"电器
","year":"2014","cost":"3690","sales":"4336","volume":"377"},
06  {"name":"手机","type":"电器
","year":"2015","cost":"4001","sales":"6555","volume":"452"},
07  {"name":"手机","type":"电器
","year":"2016","cost":"4410","sales":"8852","volume":"587"},
08  {"name":"手机","type":"电器
","year":"2017","cost":"4903","sales":"10213","volume":"610"},
09  {"name":"冰箱","type":"电器
","year":"2010","cost":"1963","sales":"2120","volume":"562"},
10  {"name":"冰箱","type":"电器
","year":"2011","cost":"1563","sales":"2666","volume":"425"},
11  ......
```

在 JSON 数据中提供了每类产品在 2010~2017 年的销售情况，每条数据有产品名称、产品类型、成本、销售额等属性。下面我们使用数据分析器来显示这些数据，部分代码如下：

```
01  $('#pg').pivotgrid({
02      title:'PivotGrid',
03      forzenColumnTitle:"产品",
04      width:700,
05      height:300,
06      url:'pivotgrid.json',
07      pivot:{
08          rows:['type','name'],
09          columns:['year'],
10          values:[
11              {field:'cost'},
12              {field:'sales'}
13          ],
14              filters:['year','type'],
15      },
16  });
```

最终运行结果如图 11.11 所示。

图 11.11　数据分析器使用方法

数据分析器允许用户动态的改变网格布局，通过 layout 方法可以打开布局更改容器，i18n 属性用于定义布局更改容器的说明文字，它有如下属性：

● fields：字段区域的标题。

● filters：过滤区域的标题。

● rows：行区域的标题。

● columns：列区域的标题。

● ok：确定按钮的标题。

● cancel：取消按钮的标题。

其使用方法如下所示。

```
01  i18n:{
02      rows:'rows',
03      columns:'columns',
04      filters:'filters',
05      fields:'fields',
06      values:'values',
07      ok:'确定',
08      cancel:'取消'
09      }
```

最终运行结果如图 11.12 所示。

图 11.12　布局更改容器。

 fields 区域中存放的是未在表格中使用的字段。拖动每个区域中的内容即可动态地改变网格布局。

【本节详细代码参见随书源码：\源码\easyui\example\c11\pivotGrid.html】

2. 数据分析器方法

数据分析器常用方法见表 11.28 所示

表 11.28　数据网格分析器的常用方法

名称	参数	描述
options	none	返回选项对象
getData	none	获取加载的数据
layout	none	打开布局更改容器

11.10 DWR 加速

在本书的示例中，每个服务器端的代码都单独放到了一个 php 的脚本中，这么做的好处是我们可以通过地址快速的访问各个服务器文件。不过在实际应用中会产生大量的服务器文件，且这些服务器文件相互独立，既不利于代码的复用也不利于后期的维护工作。因此在实际的应用开发中，我们通常会将一个模块的服务器端代码封装到一个类中，例如下面的 Java 代码将产品模块的服务器代码封装到一个名为 Product 的类中：

```
01  //产品类
02  public class Product{
03      //新增产品
```

```
04        public  List<Map<String,Object>> create(){
05        //逻辑代码
06        }
07        //获取产品
08        public List <Map<String,Object>> retrieve(){
09        //逻辑代码
10        }
11        //更新产品
12        public  List<Map<String,Object>> update(){
13        //逻辑代码
14        }
15        //删除产品
16        public  List<Map<String,Object>> delete(){
17        //逻辑代码
18        }
19  }
```

　　将一个模块的服务器代码封装到一个类中的好处是，有利于代码的复用以及后期的维护，但是开发者此时就无法通过服务器文件的地址来访问相关的功能,通常后端开发人员需要为类中的每个方法配置路由以供前端调用。

　　DWR 的全称是 DirectWebRemoting，字面意思是直接调用 Web 的远程服务。它可以通过 JavaScript 直接调用 Java 的方法，如下代码所示。

```
01  $("#dg").edatagrid({
02     url:product. retrieve,
03     saveUrl: product. create,
04     updateUrl: product. update,
05     destroyUrl: product. delete,
06  });
```

　　EasyUI 提供了对 DWR 的支持，此时需要引入 dwrloader.js 文件。

> DWR 不是 EasyUI 的一个特性,它本身也是一个框架。dwrloader.js 文件仅仅提供了 EasyUI 对 DWR 的支持。因此开发者如果需要使用 DWR 加速的话，还需要引入 DWR 框架文件。DWR 是基于 Java 的，并不适用于 php 开发。关于 DWR 的使用方法，读者可以查阅相关资料，本书不做详细介绍。

11.11　RTL 的支持

　　RTL 插件主要用于更改 EasyUI 中文本的对齐方式，默认情况下 EasyUI 中的文本对齐方式为左对齐，引入 RTL 插件之后，更改 EasyUI 中的文本对齐方式为右对齐。

　　使用 RTL 时需要引入 easyui-rtl.js 和 easyui-rtl.css 文件，除此之外还需要在 body 标记中新增值为'rtl'的属性'dir'，例如：

```
<body dir="rtl">
```

我们在数据网格分组视图中引入 RTL 支持，最终运行结果如图 11.13 所示。

			▭ 电器(4)
空调	电器	5000	30
冰箱	电器	7900	21
烤箱	电器	3500	12
电视	电器	4600	67
			▭ 零食(2)
瓜子	零食	3	341
薯片	零食	7	897

11.13　RTL 下的分组视图

可以发现产品分组名称以及产品名称的对齐方式变成了右对齐,而其他字段的对齐方式没有发生改变，这是因为 RTL 仅仅更改默认的对齐方式，其不会更改开发者定义的对齐方式。在上图中我们已经定义了其他字段的对齐方式为居中对齐，部分代码如下：

```
01  [[
02  {field:'productname' ,title:'产品名称',width:'25%'},
03  {field:'producttype',title:'产品类型',align:'center',width:'15%'},
04  {field:'productprice' ,title:'产品价格',align:'center',width:'25%'},
05  {field:'productvolume' ,title:'销售量',align:'center',width:'25%'}
06  ]],
```

11.12　Ribbon——Office 功能区界面

Ribbon 可以用来创建类似于 Office 的功能区界面，Ribbon 将页面中的所有功能有组织地集中存放，不再需要查找级联菜单、工具栏等。Ribbon 的风格如图 11.14 所示。

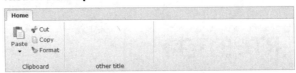

图 11.14　Ribbon 界面

设计 Ribbon 界面需要引入 jquery.ribbon.js、ribbon.css、ribbon-icon.css 文件。

【本节详细代码参见随书源码：\源码\easyui\example\c11\ribbon.html】

11.13　文本编辑器（TextEditor）

文本编辑器允许用户对文本进行编辑，例如设置字号、对齐方式、字体等风格，它会以 HTML 的形式获取当前的编辑内容，HTML 中保留了编辑时的样式。创建文本编辑器时需要引入 texteditor.css 和 jquery.texteditor.js 文件。

文本编辑器扩展于：

```
dialog
```

1. 创建文本编辑器

创建文本编辑器的方法如下：

```
$("#et").texteditor();
```

2. 文本编辑器属性

文本编辑器的常用属性见表 11.29。

表 11.29　文本编辑器常用属性

名称	类型	描述	默认
name	string	定义表单的字段名	
toolbar	array	定义文本编辑器顶部工具栏内的元素	['bold','italic','strikethrough','underline','-', 'justifyleft','justifycenter','justifyright','justifyfull','-', 'insertorderedlist','insertunorderedlist','outdent','indent','-' ,'formatblock','fontname','fontsize']
commands	object	定义指令	

commands 属性可以用来定义相关的指令，例如黑体指令的定义如下所示。

```
01  $.extend($.fn.texteditor.defaults.commands, {
02      'bold': {
03          type: 'linkbutton',
04          iconCls: 'icon-bold',
05          onClick: function(){
06              $(this).texteditor('getEditor').texteditor('execCommand','bold');
07          }
08      }
09  });
```

3. 文本编辑器方法

文本编辑器的常用方法见表 11.30。

表 11.30　文本编辑器常用方法

名称	参数	描述
options	none	返回选项对象
execCommand	cmd	执行一个指令
getEditor	none	获取编辑器对象
insertContent	html	在当前鼠标位置插入一段 HTML 代码
destroy	none	销毁文本编辑器
getValue	none	获取文本编辑器的值
setValue	html	设置文本编辑器的值
disable	none	禁用文本编辑器
enable	none	启用文本编辑器
readonly	mode	启用/禁用文本编辑器

getValue 方法用于获取文本编辑器的内容，其得到的是一段 HTML 代码，如图 11.15 所示。

图 11.15　获取文本编辑器的内容

【本节详细代码参见随书源码：\源码\easyui\example\c11\texteditor.html】

　通过图 11.15 可以发现，获取到的文本编辑器的内容并非是完整的 HTML 代码，它会将 HTML 的预留字符转换为字符实体，例如<和>都是预留字符，如果不转换为实体字符的话，浏览器会误以为它们是标签。例如上图中我们输入 <script>alert(document.cookie)</script>，如果不转换为实体字符的话，运行后会打印出当前站点的全部 cookie。

11.14 小结

　　本章主要向读者介绍了常用的 EasyUI 的扩展插件，这些插件将复杂的处理逻辑封装起来，只提供给开发者使用它们的接口，从而大大地提高了开发效率。特别是数据网格的相关扩展，在实际项目中非常实用。读者可以发现部分的扩展并不需要我们做任何事，只需要引入扩展文件即可。

　　在本章的最后向读者介绍了几种 EasyUI 所支持的文本编辑器，其中 Ribbon 仅仅是提供了编辑器的 Office 风格界面，它没有提供针对各种样式的处理逻辑，开发者需要自行设计。而文本编辑器（TextEditor）只支持对文本的处理，它不提供对图片、视频等功能的支持。

　　如果开发者需要对图片、音乐、视频等信息进行编辑的话，可以使用百度的 ueditor 编辑器，它不需要任何的 EasyUI 扩展即可使用。

第 12 章

设计一个实战项目

本章虽然叫作设计一个实战项目，但是并不打算简单地向读者演示一个实战项目，因为本书所能讲解的"实战项目"本质上是将前面 11 个章节的内容进行一个合并而已，对于读者而言并没有太大的学习和参考价值，况且目前互联网上的 EasyUI 模板铺天盖地，我们可以很轻松地下载一整套各种类型的 EasyUI 项目模板。因此本章将重点向读者讲解如何"设计"一个实战项目。

网站是什么？读者可能会回答网站不就是实现用户的需求吗，例如要开发一个购物网站，我们首先需要知道用户的具体需求是什么，然后根据需求设计数据结构、设计数据库，接着再设计对应的 UI 界面。其实这种回答仅仅是站在网站内容的角度上进行思考，网站的投资人往往也只会关注网站的内容，不过对于网站的开发者而言网站的内容仅仅是开发的一部分而已，因此一个实际的商业网站往往是由以下三部分组成的：

- 网站内容：这是网站的核心，它的作用是完成一系列的用户需求，比如产品的 CRUD、产品的销售统计、用户访问量的图表分析等。
- 网站的防御机制：这是保证网站能正常运行的基础，比如登录验证系统、加密系统、用户输入不可信原则下的设计理念等。这一层上如果出现失误，那么网站的内容将没有任何意义，因为任何恶意用户都可以轻易篡改它们。
- 网站的界面设计：界面设计决定了使用者能否轻松地操作网站的内容，一个糟糕的界面设计会导致使用者对系统失去信心，试想使用者想创建一个产品，却需要花费很长的时间才能在界面上找到对应的按钮，这是怎样一个痛苦的经历！

第 1~11 章主要向用户介绍了如何使用 EasyUI 设计网站，尽管我们也介绍了页面布局的设计方法，但是仅仅是在组件使用的范围内介绍，因此本章将重点向读者介绍如下两个内容：

- 网站防御机制的设计方案：例如登录验证、加密方式、用户输入不可信原则等。
- EasyUI 界面框架：带领读者分析一些 EasyUI 项目模板，并探讨这些项目的设计理念。

12.1 登录验证设计

EasyUI 通常都是用来开发管理员端页面，在一个网站中管理员往往拥有最高权限，一旦管理员端被黑客攻破，则意味着我们的站点将会被黑客全面控制。因此使用 EasyUI 开发站点时需要额外注意站点的安全防御。

12.1.1　如何确认身份

从前有一位英勇善战的统帅，他东征西讨并且只忠于他的国君。但是每次国君需要下达进军命令时，都需要召集统帅进宫，面对面下达命令统帅才会去执行。战场情况往往瞬息万变，如果每次都需要统帅见到国君本人才能确认身份，往往会耽误大量的战机。于是人们发明了兵符。兵符制成两半，右半留存在国君，左半交给统帅。调发军队时，必须在兵符验证正确之后方能生效。此时兵符就可以代替国君进行身份验证。

在网站中服务器是一个忠诚的统帅，管理员是至高无上的国君，服务器会执行管理员的一切命令，但是在执行命令前服务器必须确认是否执行的是管理员的请求，因此它必须进行身份验证，这种身份验证我们叫作登录，所谓的登录也就是国君面对面的向统帅下达命令。不过一个网站中往往需要向服务器下达成百上千个命令，如果每次下达命令都需要进行一次登录的话，会极大地增加网站的使用难度，因此人们在网站中也发明出了"兵符"，右半留存在管理员端保存，我们称其为 Cookie，左半交给服务器保存，我们称其为 Session，这样每次管理员向服务器发送请求时就无须进行登录，只要验证"兵符"是否一致即可。详细示意图如图 12.1 所示。

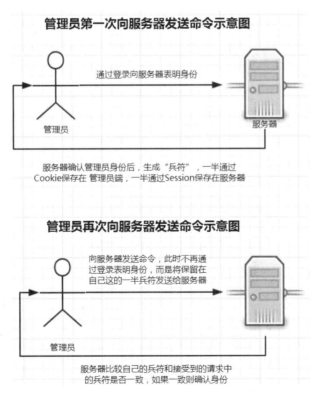

图 12.1　通过"兵符"验证身份示意图

12.1.2　如何验证身份

兵符并非总能正确表明国君的身份,往往也会被他人盗用。公元前 257 年,秦国发兵围困赵国国都邯郸,赵国平原君的夫人为魏国信陵君的姐姐,于是向魏王及信陵君求援,魏王派老将晋鄙率 10 万军队救援赵国,但后来又畏惧秦国的强大命令驻军观望。魏国公子信陵君为了救援邯郸,便与魏王夫人如姬密谋,使如姬在魏王卧室内窃得虎符,并以此虎符夺取了晋鄙的军队,大破秦兵,救了赵国。

如果从网站的角度来看信陵君窃符救赵的故事,这应该是一起相当严重的黑客入侵事件,黑客(信陵君)通过病毒(如姬)获得管理员(魏王)的 Cookie(虎符),并通过该 Cookie 向服务器(晋鄙的部队)发送请求,成功冒充管理员身份控制了服务器。这个事件告诉我们,兵符并不能准确地表明国君的身份,它极容易被他人盗取,那么有没有一种更为安全的方式向服务器表明身份呢?

随着技术的不断进步,身份验证的方法也发生了巨大的变革,例如传统的通过密码验证身份已经发展成了通过人脸识别、指纹认证的方式,这些方式都有一个共性,那就是认证方式是人的一个固有特征,而非一连串的数字。同样我们也可以使用请求者的特征来进行身份验证,例如:

```
$_SERVER['HTTP_USER_AGENT']
```

这段代码可以用来获取页面的访问者在使用什么操作系统(包括版本号)、浏览器(包括版本号),我们可以将访问者的特有信息通过加密保存在服务器,并且无须再给访问者"兵符",之后每当访问者发送请求给服务器时,服务器都会获取访问者的相关特征,并比较其是否与保存在服务器中的一致,如果一致则验证通过。详细示意图如图 12.2 所示。

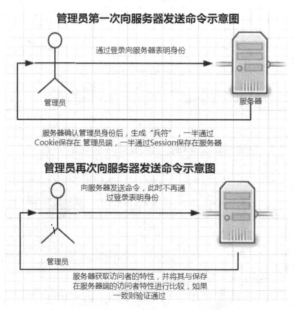

图 12.2　通过访问者特征验证示意图

> 访问者的特有信息除了操作系统、浏览器之外，还可以使用其 IP 以及保存在数据库中的用户特有信息。

其实通过管理员的特有信息来进行验证也并非万无一失，因为无论是指纹认证还是人脸识别都会有被盗用的可能，此时我们所能做的只有增加黑客破解的成本，常见的做法如下：

● 将 Cookie 的名称变成乱码，使黑客无法快速找到有用信息。
● 增加大量无用 Cookie 作为干扰项。
● 开发人员必须秉承"输入不可信原则"。

总之，在网站开发中并没有绝对的安全，只有尽可能地安全。无论是前端还是后端开发者在设计网站时必须奉承"用户输入不可信原则"，具体的是前端开发者必须对用户的一切输入进行过滤和检查，后端开发者应该对前端请求的参数进行详细过滤。

12.1.3　登录页面的设计

一个基础的登录页面由三部分组成，分别是用户名、密码、验证码。它们的作用分别如下所示：

● 用户名：表明是哪个用户。
● 密码：用于验证用户的身份。
● 验证码：防止暴力破解密码。

图 12.3 展示了一个最简单的登录界面。

图 12.3　简单的登录界面

1. 账号

每个系统中的账号可能会使用如下的三种方案进行设计：

● 【方案一】由字母、数字、下画线组成的字符串。

- 【方案二】邮箱。
- 【方案三】手机号码。

第一种方案设计的账号最为简单，开发者只需要设计指定的验证规则即可，但是这种设计方案必须考虑用户如何找回密码的问题（除非网站的使用者是指定的人员），此时我们通常会设计一个找回密码的页面，并在注册的时候让用户设置一些问题及答案。比如"母亲的名字"、"最喜欢的动物"等，让用户回答预先设计好的问题，通过用户的答案来判断用户的身份，最终帮助用户重置密码。这种方案并不安全，无论恶意人员是否有相关的黑客技术，都可以通过这种方法逐步破解密码。

 无论开发者使用哪种方案，密码只能被重置而不能被找回。其中的原因我们将会在下一节中具体讲解。

第二种方案是目前网站开发中最常用的方法，它在用户注册账号时要求用户输入邮箱信息，随后它会向用户的邮箱发送一个邮件，邮件中附带了激活地址，用户单击激活地址后，即可注册成功。其设计流程如图 12.4 所示。

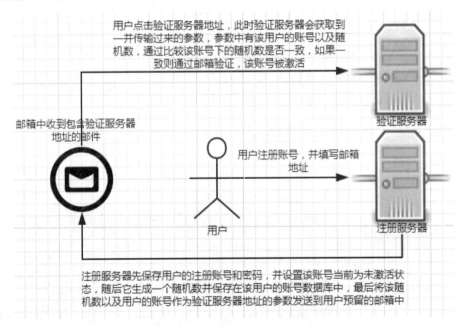

图 12.4　通过邮箱注册的示意图

通过邮箱作为账号或者注册时的资料可以解决找回密码的问题，当用户忘记密码时，仅需要向用户的邮箱发送一封邮件来确认身份即可重置密码。

随着技术的发展，尤其是智能手机的普及，当前第三种方案正在逐步普及，通过手机号码作为账号，开发者无须要求用户填写密码，仅仅通过短信验证码即可完成身份验证，此时也不存在忘记密码的可能。不过通过短信验证码完成身份验证的方法需要额外的经济成本。开发者具体选择哪种方式应该以实际项目需求为准。

2. 密码

密码通常只会允许用户输入包含字母、数字、下画线以及部分特殊字符的字符串，不过为了降低用户密码被盗取的威胁，开发者通常都需要限定密码组合，例如密码长度不得小于 8 个字符，必须由字母、数字组成等。为了进一步防患于未然，开发者需要设计允许密码输入错误的次数，例如当用户连续 7 次以上输入错误密码时，该账号应该被冻结 30 分钟等。

3. 验证码

我们知道所谓的前端界面仅仅是收集数据的一个图形工具而已，真正处理这些数据的是服务器，而前端是通过地址向服务器发送请求的，这就意味着我们可以绕过前端界面直接向服务器发送请求。正如图 12.1 所示，在登录系统时是通过账号、密码进行验证的，此时并没有所谓"兵符"的存在，因此登录模块往往是最容易受到攻击的地方，因为此时它的服务器端并没有任何防御机制，例如下面的服务器地址：

```
http://www.easyui.com/server/login.php?account=sj001&password=122334
```

我们通过 GET 的方式向服务器发送参数 account 和 password（大多数情况下我们会使用 POST 方式发送，不过其原理一致），服务器获取账号和密码的值，并将其与数据库中的数据进行比较，如果一致就登录成功并返回成功代码，如果失败则返回失败代码。如果按照这种设计方法，那么黑客可以通过比较服务器的输出代码来判断登录是否成功，如果服务器没有任何防御机制的话，黑客可以通过相关的软件以每秒成百上千次的速度向登录服务器发送登录请求，直到服务器返回登录成功的代码为止。这种破解方式我们称为暴力破解，其示意图如图 12.5 所示。

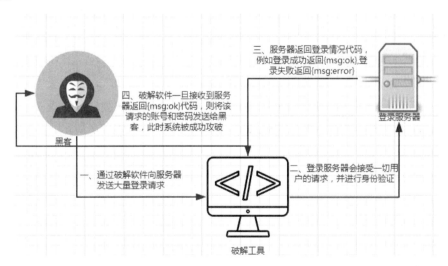

图 12.5　暴力破解示意图

读者可以发现防御暴力破解的根本在于服务器必须判断当前接受到的登录请求是机器发送的还是访问者发送的，而验证码就用于完成这一工作，它的原理如图 12.6 所示。

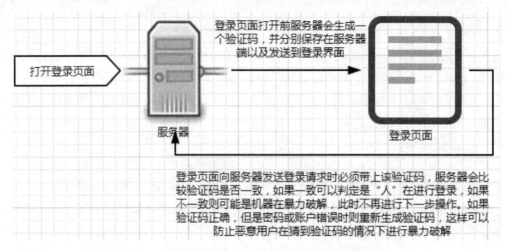

图 12.6　验证码防止暴力破解的示意图

12.1.4　登录验证系统设计方案

本节将向读者介绍一个完整的登录验证系统的设计方案，该方案适用于一些小型的网站开发，它具有较高的可靠性。

登录系统数据库中的字段如下：

● Id：是一个随机数用于标志唯一信息。

● Account：账号字符串。

● Password：密码字符串。

● Salt：盐值，用于密码的加密，详细介绍见本章的加密与解密相关内容。

● Recent：最近一次登录时间。

● Failtime：最近一次登录失败的时间。

● Failcount：登录失败的次数。

下面我们设计一个登录系统，它允许用户在 20 分钟内密码连续输入错误 7 次，如果超过 7 次输入错误密码，它会冻结该账户 30 分钟。该系统的设计如图 12.7 所示。

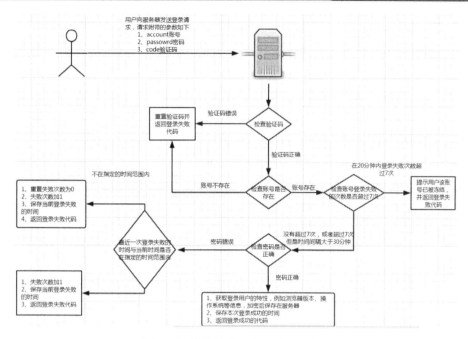

图 12.7 简单的登录验证系统设计图

一个网站登录系统的设计往往比网站本身的内容设计要复杂得多,很多初学者认为登录仅仅是两三个文本框而已,其实这是一个大错特错的想法。登录系统的设计是非常复杂的,它牢涉到加密、统计等多种技术,并且往往会跟系统的日志模块、报警系统、用户分析系统等紧密结合。本节中我们介绍的登录验证系统设计仅仅是一个基本设计方案,在实战项目中读者可以根据图 12.7 所演示的方案进行扩展设计,例如可以增加每当验证码错误时记录下该访问者的 IP,如果指定时间段内该 IP 连续多次验证码错误,则将该 IP 拉入黑名单,并不再接受其任何请求。总之,登录验证系统的设计方案需要根据实际项目的安全等级要求进行设计。

12.2 加密与解密技术

在实战项目开发中,通常需要对用户的输入信息进行加密,例如对用户的真实姓名、电话号码等私人信息进行加密,以及对用户的登录密码信息进行加密。本节将简单介绍几种常见的加密方式。

12.2.1 对称加密

对称加密是指使用密钥来进行加密,且加密解密过程中使用的密钥是同一把。对称加密常用的算法有 DES、3DES、AES 等。

对称加密有两种使用方法,一是为整个网站设置一个公共密匙,无论对何种数据进行加密或解密都使用该密匙;二是针对不同的数据使用不同的密匙,此时将加密后的数据发送给前端时,同样要把密匙也发送给前端。在项目开发中通常会对一些用户的私人信息以及敏感数据使用对称加密,以降低信息泄露后造成的损失。

12.2.2 非对称加密

与对称加密算法不同,非对称加密算法需要两个密钥:公开密钥(publickey)和私有密钥(privatekey)。公开密钥与私有密钥是一对,如果用公开密钥对数据进行加密,只有用对应的私有密钥才能解密;如果用私有密钥对数据进行加密,那么只有用对应的公开密钥才能解密。因为加密和解密使用的是两个不同的密钥,所以这种算法叫作非对称加密算法。

在非对称加密中使用的主要算法有 RSA、Elgamal、背包算法、Rabin、D-H、ECC(椭圆曲线加密算法)等。

12.2.3 不可逆加密

不可逆加密手段主要针对用户的密码,它的特征是加密过程中不需要使用密钥,输入明文后由系统直接经过加密算法处理成密文,这种加密后的数据是无法被解密的,只有重新输入明文,并再次经过同样不可逆的加密算法处理,得到相同的加密密文,并被系统重新识别后,才能真正解密。

通常一个网站的密码都是使用不可逆加密,一旦用户确定了登录密码,无论是管理员还是网站的开发者,都无法了解其密码的明文是什么,开发者只能比较加密后的数据是否一致来判断密码是否正确。

最常见的不可逆加密算法是 MD5,不过近年来关于 MD5 的破解屡见不鲜,因此在当前的网站开发中,开发者至少需要使用盐值加密的等级。所谓的盐值加密,就是在加密前给明文混入一些随机数,这个随机数我们称为盐值(虽然称其为随机数,实际上它的数字组合是有一定规范的),不同的用户有不同的盐值,该盐值会与用户的账号、密码等信息一起保存,因此不同的用户输入同样的密码,其加密后的密文也是不同的。

因为密码通常使用不可逆加密手段,因此当用户忘记密码时,只能帮助其重置密码,而不能找回其密码。

12.3 EasyUI 界面框架

在第 5 章中向读者介绍过复杂布局的设计方式,我们在布局的西部区域使用折叠面板设计导航栏,在布局的中部区域使用标签页来设计网站的内容,布局的北部区域设计成网站的名称,详细如图 12.8 所示。

图 12.8　复杂布局

事实上这正是一个最简单的 EasyUI 界面框架,我们可以在其基础上进行更进一步的设计,例如在布局的南部区域新增网站当前的版本号,在网站的北部区域新增管理员的账号名称以及相关页面的链接按钮等,这样就形成了一个简单的、商用的 EasyUI 界面,详细如图 12.9 所示。

图 12.9　简单的商用 EasyUI 界面

当然我们还可以设计得更加复杂,例如在布局的北部区域新增主题切换按钮、添加一个工具栏、显示管理员头像等,如图 12.10 所示。

图 12.10　复杂的商用 EasyUI 界面

　　设计界面框架是一个十分痛苦的过程，除了需要确定大量的图标等素材外，还需要设计 CSS 来美化页面。界面框架的设计时间往往要比网站内容开发的时间要长得多，不过实际开发中我们也不会这么去做，因为我们希望将更多的时间花在项目内容上而非界面设计上，因此我们会使用别人制作过的、成熟的界面框架。

　　一旦确定了界面框架，下面的任务就是在框架内添加项目的具体内容了。

12.4　小结

　　本章主要向读者介绍了 EasyUI 实战项目的设计方法，一个网站主要由网站内容、安全系统、界面框架组成，其中安全系统和界面框架对于各个项目来讲都是通用的，市场上也有大量程序的技术和模板，因此开发者可以将主要精力集中在网站内容开发中。